轻松学会 C++
(第 3 版)

[美]布莱恩·奥弗兰(Brian Overland) 著

周　靖　译

清华大学出版社

北 京

内容简介

本书共 18 章 9 个附录，在兼顾 C++关键主题的同时，注重编程思维的培养和练习，兼顾逻辑和游戏，以丰富的图表和其他结构化方式直观呈现出 C++以及 C++14 的知识点和基础概念。作者通过深入浅出、通俗易懂的语言，丰富的范例，清楚的解释，大量的练习，全方位讨论了 C++的关键主题，从一般的编程概念到技术到 C++的具体特性。通过本书的阅读，读者可迅速掌握 C++编程精髓。

本书破除了 C++难学的迷思，适合读者自学，也是一本适合课堂教学的入门经典。

Authorized translation from the English language edition, entitled C++ WITHOUT FEAR, 3rd Edition, by OVERLAND, BRIAN, published by Pearson Education, Inc., copyright ©2016 Pearson Education, Inc. All Rights Reserved. No part of this book may be reproduced or transmitted in any form or by any means, electronic or mechanical, including photocopying, recording or by any information storage retrieval system, without permission from Pearson Education, Inc. CHINESE SIMPLIFIED language edition published by TSINGHUA UNIVERSITY PRESS Copyright © 2019.

本书中文简体翻译版由培生教育出版集团授权给清华大学出版社出版发行。未经许可，不得以任何方式复制或抄袭本书的任何部分。

北京市版权局著作权合同登记号　图字：01-2016-9790

本书封面贴有 Pearson Education(培生教育出版集团)激光防伪标签，无标签者不得销售。

版权所有，侵权必究。侵权举报电话：010-62782989　13501256678　13801310933

图书在版编目(CIP)数据

轻松学会 C++：第 3 版/(美)布莱恩·奥弗兰(Brian Overland)著；周靖译. —北京：清华大学出版社，2019

书名原文：C++ Without Fear, 3rd Edition

ISBN 978-7-302-53161-6

Ⅰ. ①轻…　Ⅱ. ①布…　②周…　Ⅲ. ①C++语言—程序设计　Ⅳ. ①TP312.8

中国版本图书馆 CIP 数据核字(2019)第 114383 号

责任编辑：文开琪
封面设计：李　坤
责任校对：周剑云
责任印制：丛怀宇
出版发行：清华大学出版社
　　　　网　　址：http://www.tup.com.cn, http://www.wqbook.com
　　　　地　　址：北京清华大学学研大厦 A 座　　　邮　　编：100084
　　　　社 总 机：010-62770175　　　　　　　　　邮　　购：010-62786544
　　　　投稿与读者服务：010-62776969, c-service@tup.tsinghua.edu.cn
　　　　质量反馈：010-62772015, zhiliang@tup.tsinghua.edu.cn
印 装 者：清华大学印刷厂
经　　销：全国新华书店
开　　本：178mm×233mm　　　印　张：31.25　　　字　数：676 千字
版　　次：2019 年 8 月第 3 版　　　　　　　　　印　次：2019 年 8 月第 1 次印刷
定　　价：128.00 元

产品编号：068305-01

译者序

两年里利用业余时间断断续续完成了本书翻译(感谢编辑大人的耐心与宽容)。原因不是本书无趣,而是因为太有趣,而译者的时间又不够而已。真的是一本 C++入门的好书。语言精炼且前后呼应。你看到了一个不太理解的术语/概念,没问题,后面肯定有对它的详尽解释(而且是用你很容易明白的话)。

原书基于 Visual Studio 2015 写作,后来 Visual Studio 2017 问世,所以译者在中文版中添加了对 Visual Studio 2017 的支持。不想用微软的 IDE?没问题,译者在这里推荐一些IDE:CodeLite,Dev C++,Eclipse,NetBeans……实在太多了。具体链接可参考译者的主页:*https://bookzhou.com*。

除了最基本的 C++编程概念,一些"新潮"的东西都有所涉及,包括 STL 模板、C++11和 C++14 的新功能。至于指针,听起来很"高大上",但读了本书之后,就会发现其实是小事一桩。关键在于,所有这些内容作者都用浅显的语言讲得明明白白。

本书之所以有趣,是因为里面讲述了太多实际问题的解决方案,例如汉诺塔、三门和扑克牌(发牌、洗牌和判断一手牌的大小)等。

逻辑和游戏,这是你通过本书来学习 C++的主要动机之一(就不说就业必备技能了)。

最后,本书几乎所有源代码的注释和输出内容都有中文。中文版代码可通过译者主页下载(*https://bookzhou.com*)。

C++可以说是当今世界最重要的编程语言。

该语言广泛运用于创建从操作系统到字处理软件的商业应用。曾有一段时间大型应用程序需用机器码来写，因计算机容量太小，其他都装不了。但今非昔比。比尔·盖茨(Bill Gates)不得不将整个 BASIC 压缩成 64K 的时代一去不复返了！

作为 C 语言的继任者，C++在保留了开发高效率程序这一目标的同时，还最大化提升了程序员的生产力。它生成的可执行文件在简洁性上一般仅次于机器码，但能干的事儿要多得多。C++大多数时候都是专业人员的首选语言。

然而，名气虽大，C++却不是最容易学的。这正是写作本书的目的。

我们是来找乐子的

任何值得学的都值得付出努力。但不是说这个过程就不能变得更有趣，本书的目的就是帮助大家轻松有趣地学会 C++。我从 20 世纪 80 年代开始 C 编程，从 90 年代开始 C++编程，创建过商业和系统级的应用程序。接触过各种陷阱，比如未初始化的指针和在 if 条件中该用两个等号(==)的时候用了一个(=)。我可以指导你避开多年前我要花上好几个小时来调试的错误。

我也喜欢逻辑和游戏。学习一门编程语言并不一定意味着枯燥。本书将探索汉诺塔和三门等有趣的问题。

图表能使学习编程的过程更有趣和容易。本书将大量运用表格和插图。

为什么选择 C 和 C++

不是说其他编程语言有什么问题。我是全世界首批写 Visual Basic 代码的人(Microsoft 主导的一个项目)，而且我承认 Python 是高级脚本工具。

但只要稍微注意一下，就会发现 C++学起来同样容易。语法比 Visual Basic 和 Python 复杂一些，但 C++长久以来都被公认为是一种简洁、灵活和优雅的语言。这正是其前身 C 语言受这么多专家推崇的原因。

C 语言一开始的思路就是为重复写的代码行提供快捷方式。例如，可用++n 使变量递增 1，而不用写 n = n + 1。用 C 或 C++写的程序越多，就越离不开这些快捷方式，离不开它们的简洁和灵活。

C++是怎样"思考对象"的

计算机科学家丹尼斯·里奇(Dennis Ritchie)创建 C 来作为写操作系统的一种工具(1983 荣获图灵奖)。他需要一种简洁和灵活的语言，可在必要时操纵像物理地址这样的低级东西。结果是 C 在其他领域也快速流行。

后来，比雅尼·斯特劳斯特鲁普(Bjarne Stroustrup)创建了 C++，最开始只是一种"有类的 C"。添加了面向对象功能，这是我以后要花很多笔墨讲述的主题(从第 10 章起)。面向对象是围绕智能数据类型构建程序的一种方式。本版的一个主要目标就是演示如何将面向对象作为一种高级的、更模块化的编程方式，以及如何"思考对象"。

C++最终演化成远非仅仅一种"有类的 C"。多年来添加了许多新功能，最引人注目的是标准模板库(Standard Template Library，STL)。STL 不难学，本书将演示如何用它简化许多编程工作。假以时日，这个库会成为 C++程序员的工作中心。

第 3 版的目标

第 3 版的目标很简单，就是保持过去版本的优势并修正一些缺陷，尤其是这一版更有趣且更易使用。前两版的大多数特色都予以保留，但更着重 C++的实用性(和娱乐性)和面向对象，不在很少用到的功能上花太多笔墨。例如，我假定你不想写自己的 string 类，因为所有新的 C++编译器很早就在提供该功能了。

这一版还强调了 C++社区的"正确"语言规范。这些规范要么已成为标准，要么马上成为标准。

这一版正式使用 Microsoft C++编译器(社区版)。也可以用其他顺手的 C++编译器，因为大多数例子都是用标准 C++写成的。不过，第 1 章会指导你使用与 Visual Studio 配套提供的 Microsoft 编译器。

本书还包括其他特色。

- **涵盖 C++11 和 C++14 新功能**：这一版会介绍自 C++11 以来引入的许多新功能，并介绍 C++14 的一些前沿功能。假定你的 C++编译器至少和 Microsoft 社区版一样新，所以这一版拿掉了一些过时的编程规范。

- **更多谜题、游戏、练习和插图**：这些特色都是第 2 版大受欢迎的要素。第 3 版进一步"发扬光大"。

- **更着眼于面向对象的"为什么"和"怎么做"**：C++的类和对象功能一直都被寄予厚望。本版在修订时的一个主要目标就是强调类和对象的实用性以及如何"思考对象"。

- **更多 STL 的知识**：标准模板库不难学，能简化编程并提高效率。这一版会更多地探索 STL。

- **有用的参考**：这一版在书末保留并扩展了快速参考附录。

怎么开始

这一版假定你对编程一无所知或只知道一点。会开电脑，会用菜单系统、键盘和鼠标就行。第 1 章将指导你安装和使用 Microsoft C++社区版。注意，该版本的 C++在 Microsoft Windows 上运行。使用其他系统(比如 Mac OS)需下载不同的工具。但 C++常规的东西是共通的，本书大多数内容可以直接使用。

更多图标

前两版引入了许多有用的图标，这一版更多，作用是帮你快速定位自己需要的内容。请特别留意这些符号，它们强调了需要特别关注的部分。

剖析示例程序，逐行解释工作原理。不需要自己读长长的代码，我帮你做了！(或者说，我们一起研究。)

在每个完整的示例程序后面，都提供了至少一个练习(通常几个)。它们围绕例子展开，鼓励你修改并扩展刚才看到的程序代码。这是最好的学习方式。练习答案在作者的网站(brianoverland.com)提供。

围绕一个例子展开，分析如何改进、变得更短或更高效。

修改例子做其他事情。

提示新的语言关键字，清楚解释其用法。

 和"关键字"相似，但提示的是不涉及关键字的 C++语法。

 "伪代码"是用自然语言描述的程序或程序片断。作用是帮你弄明白程序需要做的事情。然后将其直接转换成 C++语句即可。

花絮 本书还穿插了一些有意思的"花絮"。不是特别关键，供闲暇时阅读。

注 意 ▶列出重要事项，要么是需要注意的特殊事项，要么是一些"陷阱"，例如版本问题和需要最新编译器的一些语言功能。

C++14 ▶表明当前主题只适合最新的 C++14 语言规范。

不涉及哪些主题

生命中没什么是免费的，除了爱、落日、空气和小狗。(实际上小狗都可能不是免费的。前不久我看了一些大丹犬，每只都要大概 3000 美元。但真的很可爱。)

由于需要强调对于初级到中级程序员来说重要的主题，所以这一版稍微减少了对于一些不常用功能的讨论。例如，操作符重载(前期一般都不会在类中编码这一功能)被移到了最后一章。其他大多数主题(包括相对高级的主题，比如位操作)都只是稍微提了一下。重点还是基础。

C++或许是目前规模最大的编程语言，就像英语拥有自然语言中最大的词库一样。一本面面俱到的入门书，这个出发点本身就是错的。但是，如果想学习 C++的高级主题，也有大量资源可以参考。

有两本书我特别推荐。一本是 C++语言创始人比雅尼·斯特劳斯特鲁普(Bjarne Stroustrup)的《C++编程语言》第 4 版，这是一本权威、全面和详尽的大部头参考书，建议在 C++上手之后学习。如一本易于使用的参考书，推荐我自己写的 *C++ for the Impatient*，它覆盖了语言和标准模板库的几乎一切内容。

图形用户界面(GUI)编程对平台依赖较大，要选择专门的书来学习。本书介绍核心 C++语言及其库和模板，这些是独立于平台的。

再次提醒：找乐子

C++没什么好怕的。偶有陷阱，但我会引领你绕开。在你不小心或者不知道自己在做什么的时候，C++有时会显得稍难。但通过不停思考这些问题，情况会变得越来越好。

C++并不抽象。希望你通过实例来解谜和游戏，并从中获得乐趣。虽然本书目的是教会你一门新知识，但也希望寓教于乐。

源代码、练习答案和勘误

从作者或译者主页下载本书源代码、练习答案和勘误。作者主页是 *http://brianoverland.com/books/* 或 *https://github.com/transbot/CPP-without-fear*。译者主页是 *https://bookzhou.com*。

致谢

这一版是编辑金姆(Kim Boedigheimer)和我在西雅图派克市场附近喝茶的时候确定下来的。这本书更像是她的孩子而不是我的。她带来了一个出色的编辑和生产团队，极大简化了我的工作。团队成员包括科瑟尔(Kesel Wilson)、黛博拉(Deborah Thompson)、克里斯(Chris Zahn)、苏珊(Susan Brown Zahn)和约翰(John Fuller)。

特别感谢莱奥尔(Leor Zolman)出色的技术审校。感谢微软前软件开发工程师约翰(John R. Bennett)提供许多有益的反馈。还要感谢网络作家大卫(David Jack)提供一些有用的插图。

作者简介

布莱恩·奥弗兰(Brian Overland) 14 岁就在专业数学期刊上发表了他的第一篇文章。从耶鲁大学毕业后，开始从事 C 和 Basic 的大型商业项目，包括惠及全球的一套灌溉控制系统。还从事数学、计算机编程和写作方面的教学，主要在微软和社区大学授课。另外，毕生热爱写作的他还在本地报纸上发表电影和戏剧评论。他是一名非常独特的技术图书作者，因为他的工作涉及如此多真正的编程、教学和写作经历。

在微软工作的十年期间，他担任过测试员、文档人员、程序员和管理人员。进行技术写作的时候，他成为了众多高级工具的专家，比如链接器和汇编器。另外，如果要写关于新技术的文章，他绝对是那个靠得住的人。最大的成就可能是组织了 Visual Basic 1.0 的全套文档，并是那个年代宣传"基于对象"编程的领军人物。他还是 Visual C++ 1.0 团队成员。

自那之后，他致力于成立新的初创公司(有时担任 CEO)。他目前正在写一本小说。

目录

特色段落清单

开始使用 C++

一有所成，成就便接踵而来。本章着眼于获取第一个成就：成功安装和使用 C++编译器，这个工具可以将 C++语句转换成可执行程序(或应用程序)。

本书假定你使用 Microsoft Visual Studio 社区版。其中含有一个出色的 C++编译器，它强大，快速，而且支持几乎所有最新功能。但 Microsoft 编译器存在一些特殊问题，本章目标之一就是让你熟悉这些问题以便成功使用 C++。

如果决定不用这款编译器，请阅读 1.7 节。

以后会更多地讲解 C++的抽象概念，但先让我们把这款编译器安装起来。

1.1 安装 Microsoft Visual Studio 2015/2017

即使安装有老版本的 Microsoft Visual Studio，也应考虑升级到最新社区版，它支持本书讲到的几乎所有最新功能。如已安装企业版，那么恭喜你，但仍要保证它是最新的。本书基于 Microsoft Visual Studio 2015 写作，但完全可以拿到 Visual Studio 2017 上使用，几乎不用怎么改动。需要改动的地方会说明。

按以下步骤安装 Microsoft Visual Studio 2015 社区版(建议)。

1.　访问 http://go.microsoft.com/fwlink/?LinkId=517106，下载 Microsoft Visual Studio 社区版。点击页面底端的"旧版本"，展开"2015"，点击"下载"。

2.　获得安装程序*.exe 并运行。

3.　启动安装程序后，会看到下图所示屏幕。

4. 点击"自定义",选择 Visual C++并开始安装。

按以下步骤安装 Microsoft Visual Studio 2017 社区版。

1. 访问 *http://go.microsoft.com/fwlink/?LinkId=517106*,下载 Microsoft Visual Studio 社区版。如下图所示,在"社区"区域点击"免费下载"。

2. 获得安装程序*.exe 并运行。
3. 启动安装程序后会看到下图所示屏幕,请至少勾选"使用 C++的桌面开发"。

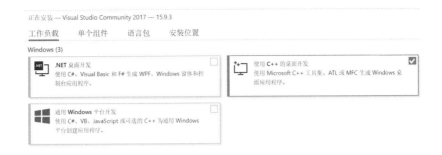

4. 点击"安装"按钮。

最后，Microsoft Visual Studio 连同 Microsoft C++编译器会安装到计算机上，现在就可以开始编程了。但先要新建一个项目。

1.2 用 Microsoft Visual Studio 创建项目

即使最简单的程序也需要一些文件和设置，Visual Studio 将所需的一切都放到"项目"中。Visual Studio 提供创建项目时所需的一切来简化操作。注意，要为每个新程序新建项目。

现在新建一个项目：

1. 启动 Visual Studio。
2. 选择"文件" | "新建" | "项目"。随后会出现下图所示的"新建项目"窗口。

3. 在左侧窗格选择 Visual C++模板。

4. 在中间窗格选择"Win32 控制台应用程序"(Visual Studio 2017 更名为"Windows 控制台应用程序")。

5. 在底部的"名称"文本框中输入"print1"。解决方案名称随后会自动显示相同文本。

6. 单击"确定"按钮或直接按 Enter 键。

如果出现"应用程序向导",请单击"完成"按钮。

完成这些步骤后,新项目就创建好了。屏幕上的主要区域是一个可供输入程序代码的文本窗口。Visual Studio 提供了新程序的框架(称为样板文件)。注意 Visual Studio 2017 生成的样板文件有所不同,最主要的是#include "stdafx.h"变成#include "pch.h"。

```
// print1.cpp : 定义控制台应用程序的入口点。
//
#include "stdafx.h"
int main()
{
    return 0;
}
```

首先注意,以//开头的都是注释,会被编译器忽略。注释仅供程序员参考,作用是方便理解代码,但 C++编译器并不关心这些注释。我们目前也不关心,只需要关心以下代码:

```
#include "stdafx.h"
int main()
{
    return 0;
}
```

1.3 用 Microsoft Visual Studio 写程序

现在开始用 Visual Studio 写第一个程序。上一节展示了框架,现在的任务是插入新代码。新添加的代码加粗显示:

```
#include "stdafx.h"

#include <iostream>
using namespace std;

int main()
```

```
    {
        cout << "别怕，C++很简单!";
        return 0;
    }
```

不要改动#include "stdafx.h"和 int main()语句，直接添加加粗的代码。1.5 节会详细说明这些不要改动的语句。先运行一下程序。

1.4 用 Visual Studio 运行程序

现在转换并运行程序。在 Visual Studio 中按快捷键 Ctrl+F5 或选择"调试" | "开始执行(不调试)"。Visual Studio 可能会说程序过期，询问是否重新生成。单击"是"。

注意 ▶ 也可按功能键 F5 来生成并运行程序，但程序输出只是"闪现"一下，不会在屏幕上停留。所以要用快捷键 Ctrl+F5 以调试方式执行。

出现错误消息可能是因为打字错误。C++"可怕"的一个地方在于，即使输错了一个字符，也可能造成一系列"连锁"错误。所以不要惊慌，检查拼写即可。尤其注意以下几点。

* 两个 C++语句(输入的大多数代码行都是 C++语句)以分号(;)结尾，所以不要忘了这些分号。

    #include 指令不以分号(;)结尾。

* C++大小写敏感(但大多数空白间距不敏感)。除了引号中的文本，这个程序没有任何大写字母。

确定打字无误后，按快捷键 Ctrl+F5 重新生成程序。

1.5 兼容性问题#1：stdafx.h 或 pch.h

没人喜欢处理兼容性问题，无脑敲代码多爽！但在使用 Microsoft Visual Studio 的时候，有两个兼容性问题需要注意。

为支持所谓的"预编译头"，Microsoft Visual Studio 在程序开头插入下面这一行代码。本来没什么，但如果从其他地方复制了普通 C++代码，并覆盖掉了这一行，程序将无法编译。

```
#include "stdafx.h"  // VS2017 换成了"pch.h"
```

问题是其他编译器不支持这行代码，但用 Microsoft Visual Studio 生成的程序需要，除非像本节描述的那样进行了修改。

在 Microsoft Visual Studio 中编译程序有下面几种方式。

- 最简单的就是确定在用 Visual Studio 创建的任何程序中，这行代码总是第一行。所以，从别处拷贝普通的 C++代码到 Visual Studio 项目，一定不要删除这一行：

```
#include "stdafx.h"  // VS2017 换成了"pch.h"
```

- 如果想编译普通 C++代码(非 Microsoft 专用的那种)，创建项目时不要在“应用程序向导”中直接单击“完成”。相反，单击“下一步”。在“应用程序设置”窗口中取消勾选“预编译头”。
- 项目创建好之后也可以更改设置。首先选择“项目”｜“属性”(快捷键 Alt+F7)。在左侧窗格选择“预编译头”。(可能要先展开“配置属性”和“C/C++”。)最后在右侧窗格从相应下拉列表中选择“不使用预编译头”。

选择后两种方式，Microsoft 专用行(比如#include "stdafx.h")依然存在。但在不使用预编译头之后，这些行可以被普通 C++代码覆盖。

还要注意，Visual Studio 可能使用以下 main 函数框架：

```
int _tmain(int arg, _TCHAR* argv[])
{
}
```

而不是下面这样：

```
int main()
{
}
```

两种在 Visual Studio 中都合法，但要注意，如果使用_tmain 版本，也要求有#include stdafx.h。_tmain 后圆括号中的项用于支持命令行参数。由于本书不会用到命令行参数，所以两种 main 都可以。

1.6 兼容性问题#2：暂停屏幕

如前所述，按快捷键 Ctrl+F5 生成并运行程序应获得令人满意的结果。但如果按功能键 F5，会出现屏幕一闪而过的问题。如使用 Microsoft Visual Studio，最简单的方案是每次要生成并运行程序时都直接按快捷键 Ctrl+F5。但并非所有编译器都支持这个选项。

解决输出闪现问题的另一个方案是在 `return 0;` 这行代码上方添加下面这一行代码:

```
system("PAUSE");
```

该语句效果大致等同于按 Ctrl+F5。它造成程序暂停,并打印"请按任意键继续"。问题在于,该语句是系统特有的。在 Windows 中能达到目的,其他平台则不一定。仅在确定程序必定在 Windows 系统上运行时才加入该语句。

其他平台需要寻求其他解决方案,可以查看编译器文档了解详情。

现在,如果使用 Microsoft Visual Studio,请转到例 1.1。

1.7 如果不用 Visual Studio

如果不用 Microsoft Visual Studio 作为编译器,前几节描述的大多数步骤都不适用。请仔细阅读你的编译器提供的文档。和 Microsoft Visual Studio 一样,每种编译器都有自己的独特性。

使用非 Visual Studio 的编译器时,不要添加 `#include "stdafx.h"` 这一行,并使用最简 `main` 框架。

```
int main() {
}
```

从下一节起,本书将以普通 C++为主,也就是不依赖于平台或厂商。但本章会一直提醒你注意 Visual Studio 的独特性。

例 1.1: 打印消息

以下是前面展示过的程序,使用普通 C++(但用注释提醒了 Visual Studio 的注意事项)。

```
print1.cpp

    // 使用 Microsoft V.S.请保留下面这一行:
    // #include "stdafx.h"    // VS2017 换成了 "pch.h"

    #include <iostream>
    using namespace std;
```

```
int main()
{
    cout << "别怕，C++很简单!";
    return 0;
}
```

记住，怎么加空白不重要，但大小写至关重要。还要记住，如果使用 Visual Studio 编译，在程序开头一定保留下面这一行代码：

#include "stdafx.h"

输入程序后生成并运行(在 Visual Studio 中按快捷键 Ctrl+F5)，将显示以下结果：

别怕，C++很简单!

但在这个输出后面紧跟着一条消息"请按任意键继续..."以后会纠正该问题。

 工作原理

不管你信不信，这个程序真正的语句只有一个。目前可将其他语句看成是"样板"，必须存在但可安全地忽略。(有兴趣的话，参见稍后"花絮"对#include 指令的讨论。)

除了用斜体显示的那一行，其他行都是"样板"。即使程序什么事情都不做，这些样板都必须存在。目前不必深究这些行存在的原因，随着学习的深入，你会逐渐体会到它们的作用。在大括号{}之间插入程序真正的语句。

```
#include <iostream>
using namespace std;

int main()
{
    在此输入你的语句!
    return 0;
}
```

目前只有一条真正的语句，不要忘了在语句末尾添加分号(;)。

cout << "别怕，C++很简单!";

cout 是什么？它是一个对象，本书后半部分将着重讨论这个概念。目前只需要知道 cout 代表"控制台输出"(console output)。目前的控制台就是计算机屏幕。将东西发送给屏幕，就会在屏幕上打印出来，这正是我们需要的。

C++打印输出需使用 cout 和左箭头流操作符(<<)，表示数据从一个值(本例就是文本字符串"别怕，C++很简单!")流动到控制台，如下图所示。

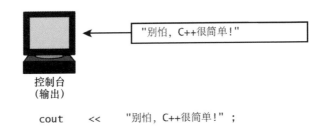

别忘了分号(;)。除少数例外，所有 C++语句必须以分号结尾。

技术原因造成 cout 必须出现在代码行最左侧。本例的数据向左流动。左箭头操作符实际是一对小于符号(<<)。

下表展示了 cout 的其他简单应用。

语句	操作
cout << "Do you C++?";	打印"Do you C++?"
cout << "I think,";	打印"I think, "
cout << "Therefore I program.";	打印"Therefore I program. "

 练习

练习 1.1.1. 写程序打印消息 Get with the program!。如果愿意，可以使用例子中的源代码，根据需要进行修改。提示：只修改引号中的文本。

练习 1.1.2. 写程序打印你的姓名。

练习 1.1.3. 写程序打印 Do you C++?

 #include 和 using 是什么意思？

我说过程序第 5 行才是"真正"的语句。但我故意忽略了第一行：

```
#include <iostream>
```

这是 C++预处理器指令的一个例子，这种指令用于向 C++编译器发出指令，以下形式的指令：

    t#include <文件名>

将加载作为 C++标准库一部分的声明和定义。不加载 *iostream*，就无法使用 **cout**。

如熟悉旧版本的 C++和 C，可能会奇怪为什么不添加.h 扩展名。这里的文件名 iostream 是虚拟包含文件，其中的信息是以预编译形式存储的。

如果是刚学习 C++，只需要记住必须使用#include 来启用对 C++标准库特定部分的支持。以后使用 sqrt(平方根)等数学函数时，还需启用对数学库的支持：

    #include <cmath>

这算不算多余的工作？有一点。包含文件源于 C 语言和标准运行库之间的差异。(专业 C/C++程序员有时不用标准库而是用他们自己的。)库函数和对象(虽然它们对于初学者来说是必须的)被视为用户自定义函数，这意味着(第 4 章会学到)必须声明它们。这正是包含文件要做的事情。

using 语句则是为了简化编程。可直接引用 **cout** 这样的对象，而不必写其全称 **std::cout**。例如，如果没有 **using**，打印消息就要像这样写：

    std::cout << "别怕，C++很简单!";

由于要频繁使用 **cout**(及其兄弟 **cin**)，所以在每个程序开头无脑使用 **using** 语句就好了。

1.8　跳到下个打印行

在 C++中，发送给屏幕的文本不会自动跳到下一行，只有手动打印一个换行字符。(有一个例外：如果一直不打印换行，文本会在实际占满一行之后自动换行，这样会很难看。)

打印换行最简单的方式是使用预定义常量 endl。例如：

    cout << "别怕，C++很简单!" << endl;

注意 ▶ endl 是 end line 的简称。最后是字母 l 而不是数字 1，发音是 end ELL 而非 end ONE。还要注意，endl 全称是 std::endl。using 语句帮我们少打一个 std::。

打印换行的另一个方式是插入字符\n。这称为"换码序列"，C++把它解释成具有特殊含义而不是字面意思。以下语句效果和前一个语句一样：

```
cout << "Never fear, C++ is here!\n";
```

例 1.2：打印多行

以下程序打印多行文本。输入代码时，仍然要注意大小写不要弄混，虽然引号中的文本可以随意改变大小写而不影响程序的正常运行。如果使用 Visual Studio，唯一需要添加的是加粗的几行代码。#include stdafx.h 和_tmain(后者在新版本 Visual Studio 中可能改成了默认为 main)都保留。如果使用其他编译器，代码就是书中展示的这个样子，注释可以删除。

```
print2.cpp

// 使用 Microsoft V.S.请保留下面这一行:
// #include "stdafx.h"    // VS2017 换成了"pch.h"

#include <iostream>
using namespace std;

int main()
{
    cout << "I am Blaxxon," << endl;
    cout << "the godlike computer." << endl;
    cout << "Fear me!" << endl;

    return 0;
}
```

记住，空白间距随便定，但大小写务必一致。如果使用 Visual Studio，最后的程序如下所示。加粗的代码由你添加。

```
#include "stdafx.h"    // VS2017 换成了"pch.h"

#include <iostream>
using namespace std;

int main()
{
    cout << "I am Blaxxon," << endl;
    cout << "the godlike computer." << endl;
    cout << "Fear me!" << endl;
```

```
        return 0;
    }
```

生成并运行，将获得以下输出：

```
I am Blaxxon,
the godlike computer.
Fear me!
```

 工作原理

本例和前面介绍的第一个例子相似。主要区别是使用了换行符。如省略，程序会打印以下结果：

```
I am Blaxxon, the godlike computer.Fear me!
```

这就太难看了。下图解释了程序的工作原理。

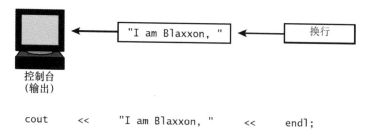

```
    cout      <<      "I am Blaxxon, "      <<      endl;
```

可以像这样打印任意数量的文本项，但没有换行符(endl)同样不会实际跳到下一行。可以在一个语句中打印几个项，例如：

```
cout << "This is a " << "nice " << "C++ program.";
```

输出如下：

```
This is a nice C++ program.
```

也可以嵌入换行符，例如：

```
cout << "This is a" << endl << "C++ program.";
```
输出如下：

```
This is a
C++ program.
```

本例和上个例子一样会返回一个值。“返回值”是指送回一个信号的过程。本例是向操作系统或开发环境送回信号。用 return 语句返回值：

```
return 0;
```

main 的返回值送回操作系统，0 代表成功。本书的例子都是返回 0，但也可以返回错误码 (例如-1)。

练习

练习 **1.2.1.** 从本节的例子中删除换行符，但在引号内添加额外的空格使它们不紧挨在一起。(注意，在字符串之间添加的空格会被 C++忽略。)最终的输出如下所示：

```
I am Blaxxon, the godlike computer. Fear me!
```

练习 **1.2.2.** 修改例子在每行文本之间打印一个空行(双倍行距)。提示：每个文本字符串后面打印两个换行。

练习 **1.2.3.** 修改例子在每文本之间打印两个空行。

什么是字符串？

之前出现了许多引号文本，例如：

```
cout << "I am Blaxxon," << endl;
```

引号外是 C++语法的一部分，里面是数据。计算机所有数据实际都用数字存储，但取决于怎么用，它们可以被解释成一串可打印字符。本例就是这种情况。

你也许听说过 ASCII 码，本例的 I am Blaxxon,就是这种数据。字符 I，a，m，B 等用单独的字节来存储。每个都是一个数值码，对应一个可打印字符。

第 8 章会进一步讨论这种数据。重点在于，引号中的文本被视为原始数据而非命令。这种数据称为"文本字符串"或直接称为"字符串"。

1.9 存储数据：C++变量

打印消息只是 C++最简单的一个应用。计算机程序的一个基本功能是从某个地方获取数据 (例如用户输入)，然后对其进行处理。这种操作需要变量，即放入数据的位置。可将变量想象成容纳值的百宝箱。程序运行期间，可以读取、写入或更改值。如下图所示，使用名为 ctemp 和 ftemp 的变量分别容纳摄氏温度和华氏温度。

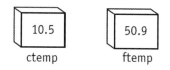

值怎么进入变量？一个办法是通过控制台输入。C++使用 cin(代表控制台输入)对象输入值。如下图所示，用流操作符>>指明数据向右侧流动。

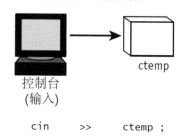

```
cin    >>    ctemp ;
```

下面是运行该语句发生的事情。(实际过程更复杂，但目前只需知道这么多。)

1. 程序暂停运行并等候用户输入值。
2. 用户输入数字并按 Enter。
3. 获取数字并放到变量 ctemp 中。
4. 程序恢复运行。

所以，代码虽然只有下面这么短短一行，但实际发生了许多事情：

```
cin >> ctemp;
```

但变量在 C++中必须先声明再使用。这是强制性规则，也是 C++有别于 Basic 的一个地方。后者在这方面就比较松散，不要求先声明。由于过于重要，所以我把它单列出来：

＊ C++变量必须先声明再使用。

声明变量必须知道要使用什么数据类型。和其他大多数语言一样，这也是 C++的一个关键概念。

1.10 数据类型简介

变量是可在其中放入信息(或者说数据)的百宝箱。但能放哪种数据？所有计算机最终都是数值，但具有下图所示的三种基本格式：整数、浮点和文本字符串。

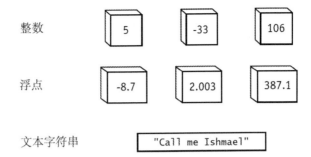

整数   5   -33   106

浮点   -8.7   2.003   387.1

文本字符串   "Call me Ishmael"

浮点和整数格式存在几处区别，但语言规范很简单：

✱ **保留小数要用浮点变量，否则用整型。**

C++主要浮点类型是 double。这个奇怪的名称代表"双精度浮点"(double-precision floating point)。还有单精度浮点类型 float，但用得较少。保留小数直接用 double 好了。这样可获得更好的结果，错误消息也较少。

用以下语法声明 double 变量。和大多数语句一样，该语句要以分号(;)结尾。

    double variable_name;

还可在一个 double 声明中创建多个变量：

    double variable_name1, variable_name2, ...;

例如，以下语句声明 double 变量 aFloat：

    double aFloat;

以下语句声明 double 变量 b，c，d 和 amount：

    double b, c, d, amount;

上述语句等价于：

    double b;
    double c;
    double d;
    double amount;

这些语句创建 4 个 double 变量。

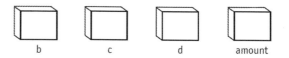

b　　　　c　　　　d　　　amount

一个良好编程习惯是及时初始化变量。可在声明的同时初始化：

```
double b = 0.0;
double c = 0.0;
double d = 0.0;
double amount = 0.0;
```

从下一章起，会更多地讨论数据类型和初始化。但就下一个程序来说，我想让代码尽可能简单。

例 1.3：温度换算

我每次去加拿大都要心算摄氏换算成华氏是多少度。用电脑做这个换算要方便得多。换算公式如下，星号(*)代表乘法：

```
Fahrenheit = (Celsius * 1.8) + 32
```

可以写一个小程序将输入的任何摄氏度换算成华氏度。程序功能包括两个：

- 获取用户输入
- 将值存储到变量

下面是完整程序。新建项目 convert，输入代码编译并运行。

```
convert.cpp
    // 使用 Microsoft V.S.请保留下面这一行:
    // #include "stdafx.h"    // VS2017 换成了"pch.h"

    #include <iostream>
    using namespace std;

    int main()
    {
        double ctemp, ftemp;

        cout << "Input a Celsius temp and press ENTER: ";
        cin >> ctemp;
        ftemp = (ctemp * 1.8) + 32;
        cout << "Fahrenheit temp is: " << ftemp;
        return 0;
    }
```

再次提醒大家注意(重要的事情重复说!)，在(而且只有在 Microsoft Visual Studio 环境下，必须在程序的开始处加入以下这行代码:)

    #include "stdafx.h"

C++用双斜杠(//)添加注释。编译器会忽略注释(不会影响程序的行为)，但它们有利于人们理解程序。下面是该程序的完全注释版本。

```
convert2.cpp
    // 使用 Microsoft V.S.请保留下面这一行:
    // #include "stdafx.h"    // VS2017 换成了"pch.h"

    #include <iostream>
    using namespace std;

    int main()
    {
        double ctemp; // 摄氏温度
        double ftemp; // 华氏温度

        // 提示并输入 ctemp 的值
        cout << "Input a Celsius temp and press ENTER: ";
        cin >> ctemp;

        // 计算华氏温度并输出
```

```
    ftemp = (ctemp * 1.8) + 32;
    cout << "Fahrenheit temp is: " << ftemp << endl;

    return 0;
}
```

注释版虽易理解，但要花更多时间录入。使用本书的例子时，你可随意选择不添加注释或以后添加。记住注释的语言规范：

✱　C++代码以双斜杠(//)开头，C++编译器会忽略直至行末的所有内容。

虽然注释有用，尤其是别人(甚至你自己)需要研究代码的时候，但注释总是可选。

 工作原理

main 的第一个语句声明 double 变量 ctemp 和 ftemp，分别存储摄氏温度和华氏温度。

    double ctemp, ftemp;

如下图所示，这样就创建了两个存储数值的位置。由于是 double 类型，所以可包含小数。

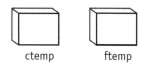

ctemp　　　　ftemp

接着如下图所示，两个语句提示用户输入数据并将其存储到 ctemp。假定输入 10，则数值 10.0 存储到 ctemp。

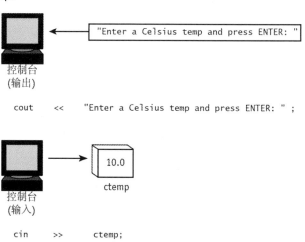

可以用类似的语句在你自己的程序中打印提示消息并存储输入。提示很有用，否则用户会不知所措。

注 意 ▶ 输入 10，实际存储为 10.0。数学上 10 和 10.0 是一码事，但在 C++中，10.0 表示值以浮点格式而非以整型存储。两者有重要区别。

下个语句执行换算，用 ctemp 中存储的值计算 ftemp 的值：

    ftemp = (ctemp * 1.8) + 32;

该语句中，要注意赋值：等号(=)右边的值拷贝给左边的变量。这是 C++最常见的操作。同样地，假设输入 10，下图解释了程序中的数据流动。

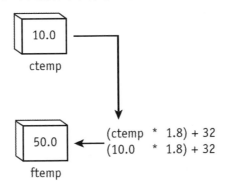

如下图所示，程序最后打印结果，本例是 50。

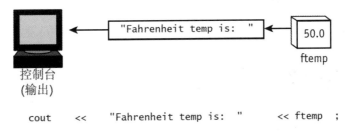

优化代码

看到前面这个例子，你是否会产生疑问："真有必要声明两个而不是一个变量吗？"实际上，确实没有必要。欢迎进入优化环节。新版本将删除 ftemp 变量并将换算和输出合二为一。

```
convert3.cpp
    // 使用 Microsoft V.S.请保留下面这一行：
    // #include "stdafx.h"    // VS2017 换成了"pch.h"

    #include <iostream>
    using namespace std;

    int main()
    {
        double ctemp; // 摄氏温度

        // 提示并输入 ctemp 的值
        cout << "Input a Celsius temp and press ENTER: ";
        cin >> ctemp;

        // 换算并输出
        cout << "Fahr. temp is: " << (ctemp * 1.8) + 32;
        cout << endl;

        return 0;
    }
```

看出模式了吗？这种最简程序的模式往往是像下面这样的。

1.　声明变量。
2.　从用户获取输入(先提示)。
3.　执行计算并输出结果。

例如，下个程序执行的计算不同，但模式一样。先提示输入数字再打印它的平方。语句和上个例子相似，只是用了不同的变量(x)和计算方式。

```
square.cpp
    // 使用 Microsoft V.S.请保留下面这一行：
    // #include "stdafx.h"      // VS2017 换成了"pch.h"

    #include <iostream>
    using namespace std;

    int main()
    {
        double x = 0.0;
```

```
        // 提示并输入 x 的值
        cout << "Input a number and press ENTER: ";
        cin >> x;

        // 计算并输出平方
        cout << "The square is: " << x * x << endl;

        return 0;
}
```

 练习

练习 **1.3.1.** 重写例子执行反向换算，输入华氏度 ftemp，换算成摄氏度 ctemp 并输出。
提示：公式是 ctemp = (ftemp − 32) / 1.8)。

练习 **1.3.2.** 只用变量 ftemp 写华氏度到摄氏度换算程序，优化练习 1.3.1 的程序。

练习 **1.3.3.** 写程序向变量 x 输入值，输出立方值(x * x * x)。记得将字符串中的 square
改成 cube。

练习 **1.3.4.** 改写 square.cpp，使用变量 num 而非 x。所有用了 x 的地方都要改。

1.11 变量名和关键字的注意事项

本章使用了变量 ctemp，ftemp 和 x。练习 1.3.4 要求将 x 改成 num。看起来变量名可以
随便取，但前提是遵守以下规则。

- 首字母应该是字母。不能是数字。虽然首字母也可以是下划线(_)，但 C++库已经使
  用了这个命名规范，所以我们应尽量避免。
- 名字其余部分可以是字母、数字或下划线(_)。
- 不能使用在 C++预定义的单词，比如关键字。

C++关键字不必记全。输入和 C++冲突的名称时编译器会报错。改个名字就好。

 练习

练习 **1.3.5.** 以下哪些是合法 C++变量名，哪些不是？

```
x1
EvilDarkness
PennslyvaniaAve1600
1600PennsylvaniaAve
Bobby_the_Robot
Bobby+the+Robot
whatThe???
amount
count2
count2five
5count
main
main2
```

小结

- 写 C++源代码来创建程序。源代码由 C++语句构成。这些语句和英语相似，较为直观。(与此相反，机器码一点都不直观，除非你能理解所有 1 和 0 的组合。)程序真正运行前要转换成机器码，这才是计算机能理解的东西。

- 将 C++语句转换成机器码的过程称为"编译"。

- 编译之后，程序还需链接到 C++库中存储的标准函数。该过程称为链接。这一步成功完成后才获得一个可执行程序。

- 在开发环境中，编译、链接和运行按一个功能键就可完成。编译和链接统称为"生成"。如果使用 Microsoft Visual Studio，按组合键 Ctrl+F5 来生成并运行程序。

- Microsoft Visual Studio 要求每个程序的第一行都是#include "stdafx.h"。使用"新建" | "项目"命令自动添加该行。

- 简单 C++程序一般采用以下形式：

```
#include <iostream>
using namespace std;

int main()
{
在此输入你的语句!
    return 0;
}
```

- 打印输出用 cout 对象。示例如下：

```
cout << "Never fear, C++ is here!";
```

- 打印输出并跳到下一行用 cout 对象并发送一个换行符(endl)。示例如下：

  ```
  cout << "不要怕，C++很简单!" << endl;
  ```

- 大多数 C++语句都以分号(;)结尾。主要例外的是以#开头的指令。

- 双斜杠(//)开始一条注释；直到行末的内容会被编译器忽略。注释对维护程序的人很有用。

- 变量必须先声明再使用。示例如下：

  ```
  double x; // 将 x 声明为浮点变量
  ```

- 要存储小数部分，变量应定义为 double 类型。double 代表双精度浮点数。只有在浮点数据量过大时才应使用单精度浮点类型(float)。

- 用 cin 对象将键盘输入存储到变量。示例如下：

  ```
  cin >> x;
  ```

- 还可用赋值操作符(=)将数据存储到变量。先对等号右边的表达式进行求值，再将结果存储到左边的变量。示例如下，

  ```
  x = y * 2; // y 乘以 2，结果放到 x 中
  ```

第 2 章

判断语句

第 1 章是编程入门：获取输入、处理数字并打印输出。但要做任何真正有趣的事情，程序必须能执行判断：*如果……那么……*

计算机并不是真的像人那样判断(稍后讨论的人工智能例外)。和程序中其他代码一样，判断必须清晰而准确，而且要依赖于对两个值的比较结果。虽然如此，基于这些简单的判断，完全可以构建出复杂、有趣和丰富的行为。

2.1 准备功课：数据类型

可将变量想象成百宝箱或者篮子。但每个变量容纳的信息有限。第 1 章展示了浮点数据的例子。本章要使用整数数据。记住整型不能容纳小数部分。你或许以为浮点类型 double 能通吃一切，但在不需要浮点的时候用 double 纯属浪费。

在幕后，整数和浮点格式完全不一样。下图展示了值 150 以不同格式存储的样子。注意，这里进行了大量简化。例如，浮点格式实际使用二进制而非十进制形式。另外，整数格式一般使用所谓的 2 补码(将在附录 B 描述)。

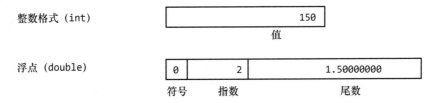

double 范围比整数大得多，还可存储数的小数部分，但需要更多计算机资源。此外，它表示极大整数的精度有限，而且可能发生舍入误差。

所以，要针对当前工作选用适当数据类型。如果只是处理整数，整型较佳。

下面是声明 int(整数)变量的语法。虽然声明时可以不初始化，但这是一个好习惯。如忘记初始化函数的局部变量(稍后讨论)，会自动用一些垃圾值(随机的、无意义的值)初始化。

```
int variable_name;
int variable_name = initial_value;
```

还可以一次性声明多个 int 变量：

```
int variable1, variable2, variable3,...;
```

每个变量都可单独初始化，不管其他是否初始化。(但要记住，初始化是个好习惯。)示例如下：

```
int a = 0, b = 1, c, d, e, f, g = 20;
```

整型和浮点变量可以相互赋值。但将浮点值赋给整数时，编译器会警告可能丢失数据。

```
int n = 5;
double x = n; // Ok: 5 能无损转换成浮点
n = 3.7; // 警告：从 double 转换成 int
n = 3.0; // 同样会警告
```

将 3.7 赋给 n 将丢失小数部分 0.7，所以 n 实际存储 3。赋值 3.0 依然会警告。因为有小数点(.)，所以原始值还是浮点(double)格式。

C++14 从 C++11 开始支持 long long int 类型，可以处理相当大的整数。第 10 章会更多地讨论。(注意：部分编译器支持该类型已经好几年了。)支持该类型的大多数实现使用 64 位而非默认的 32 位整数。

2.2 在程序中判断

记住，计算机只支持清晰和精确的指令。计算机总是按指令行事。只要是能识别的指令，就不会发出任何质疑，即使是人看起来荒谬的指令。下面列出了这个语言规范。

✱ **计算机只支持清晰定义的指令。**

计算机实际不会像人那样进行决策或判断。它只能遵循数学上精确的规则，比如比较两个值是否相等。

人工智能(AI)

"但是，"你肯定会说，"计算机应该有智能啊，它能够自己判断。否则阿尔法狗是怎么回事？"

人工智能(Artificial Intelligence，AI)确实有点不一样。阿尔法狗是不是真正的人工智能？对此，目前还有争议。因为表面上是 AI 程序在进行判断，但实际上它走的每一步棋都由成千上万个单独的小判断构成，每个在数学意义上都是简单和清晰的。它和人的大脑有一定相似性。每个神经元都很简单，给予足够的刺激就会激活；否则不会。这种神经元网络和大型计算机程序的几百万行代码是不是很相似。

那么两者到底是不是一回事？这导致我们进入一个哲学上的困境。如果有意识，把它关了或者丢了算不算谋杀？如果没有意识，人的大脑有何特殊？回答这些问题远远超出了本书的范围，我在这里只能启发大家思考这个问题：机器人或计算机理论上能否获得意识？这是当今哲学领域的一个核心问题。

if 和 if-else

最简单的程序行为是这样的：如果 A 为真，那么做 B。C++用 if 语句完成这个判断，下面是 if 语句的简单形式：

```
if (条件)
    语句
```

该语句更复杂的形式稍后就会讲到。先看看比较两个变量 x 和 y 的 if 语句。

```
if (x == y)
    cout << "x and y are equal.";
```

用了两个等号(==)而不是一个(=)是不是很奇怪？这不是打字错误。它们是 C++的两个独立的操作符。一个等号是赋值，将值拷贝给变量。两个等号是判断相等性。

注 意 ▶测试相等性(==)时使用赋值操作符(=)是常见的 C++编程错误。使用 C 家族的任何语言(C#，C++，Java 等)写程序时，应尽快适应这个重要的规则。

条件符合时想执行多个语句怎么办？答案是使用复合语句(或称"代码块")。

```
if (x == y) {
    cout << "x and y are equal." << endl;
    cout << "Isn't that nice?";
```

```
        they_are_equal = true;
    }
```

代码块的特点是要么所有语句都执行，要么都不执行。如条件不为真，程序跳到代码块后面的语句执行。可在 `if` 语法中插入代码块是基于以下语言规范。

✳ 任何能使用一个语句的地方，都能改为使用复合语句(代码块)。

代码块本身不是以分号(;)结尾，其中语句才是。下面再次列出 `if` 语句的语法：

```
if (条件)
    语句
```

套用刚才的规范，可以插入代码块：

```
if (条件) {
    多个语句
}
```

其中，"*多个语句*"可以是零到任意数量的单独 C++语句。

还可指定条件不成立时执行的语句。这是可选的。相应关键字是 `else`。

```
if (条件)
    语句1
else
    语句2
```

语句 1 和*语句 2* 都可改成代码块。事实上，许多编程老师和专家建议坚持使用"块风格"，即使其中只有一个语句。这种风格更易读，方便以后添加更多语句，避免因为不慎造成错误。下面是一个例子：

```
if (x == y) {
    cout << "x and y are equal";
} else {
    cout << "x and y are NOT equal";
}
```

右图解释了控制流程。

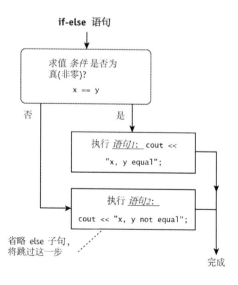

if-else 语句相当灵活。虽然技术上不存在 else-if 关键字，但在 else 子句中添加新的 if 能实现该效果。例如：

```
if (x == 1) {
    cout << "x equals 1";
} else if (x == 2) {
    cout << "x equals 2";
} else if (x == 3) {
    cout << "x equals 3";
} else if (x == 4) {
    cout << "x equals 4";
}
```

如只是打印 x 的值，这实际是一种很糟糕的写法，但它确实演示了通过层叠 if 和 else 子句可以创建出 else-if 效果。本例更简单的写法如下：

```
cout << "x equals " << x;
```

花絮

为什么要两个操作符(=和==)?

如果用过 Pascal 或 Basic 等语言，可能奇怪为什么=和==是两个独立的操作符。例如，Basic 用单个等号(=)实现赋值和相等性测试，根据上下文判断具体用途。

在 C 和 C++中，以下代码语法正确，但肯定有逻辑错误：

```
int x, y;
...
if (x = y)
    // 逻辑错误!是赋值不是判断!
    cout << "x and y are equal";
```

该例将 y 值赋给 x，并用该值作为测试条件。如该值非零，就被认为是"真"。所以，只要 y 值非零，条件就总是为"真"，总是执行 cout 语句。

以下是逻辑正确的版本：

```
if (x == y)
    // 逻辑正确：测试相等性
    cout << "x and y are equal";
```

x == y 测试相等性，求值结果是真或假。一定记住不要将相等性测试和赋值(x = y)混涩。既然这么容易犯错，那么为什么要允许？原因是 C++大多数表达式都会返回一个值（一个主要的例外是 void 函数调用），其中包括赋值(=)，它实际是具有副作用[1]的一种表达式，也就是会改变变量的值。例如，可像下面这样一次初始化三个变量：

```
x = y = z = 0; // 所有变量设为0
```

它等价于：

```
x = (y = (z = 0)); // 所有变量设为0
```

从最右边的开始(z = 0)，每个赋值表达式都返回所赋的值(0)，该值赋在下个赋值表达式(y = 0) 中使用。换言之，0 被传递了三次，每次都拷贝给一个新变量。

C++将 "x = y" 视为能返回一个值的表达式。这本来没什么问题，但几乎所有有效的数值表达式都可作为判断条件使用。所以，如果像下面这样，编译器并不认为语法上有错，只是一般都存在逻辑问题：

```
if (x = y)
    // 做某事... (可能应该使用==? )
```

例 2.1：奇偶判断

好了，预热完毕。接着来看一个完整的判断程序。这是个很简单的例子，但它演示了新的操作符(%)和 if-else 语法的实际应用。程序从键盘获取值并报告它是奇数还是偶数。

even1.cpp

```cpp
#include <iostream>
using namespace std;

int main()
{
    int n = 0, remainder = 0;

    // 从键盘获取一个数
    cout << "输入一个数并按 ENTER: ";
    cin >> n;
```

---

[1] 译注：计算机编程的"副作用"(side effect)跟平时的用法差不多，就是某个时候在某个地方造成某个东西的状态发生改变。例如修改变量值、将数据写入磁盘或者启用/禁用 UI 上的某个按钮等等。

```
    // 求除以 2 之余
    remainder = n % 2;

    // 如余 0，该数是偶数
    if (remainder == 0) {
        cout << "该数为偶。"<< endl;
    } else {
        cout << "该数为奇。" << endl;
    }
    return 0;
}
```

如果自己输入代码，注释(以//开头的)可选，不需要输入。记住，C++编译器会忽略注释。它们称为"空操作"(no-ops)。但如果以后想复查程序，修改或向别人展示，注释就很有用了。一看就能想起程序的各个部分是做什么的。虽然注释中理论上什么都能写，但还是要以帮助人理解程序为准。

 工作原理

程序第一个语句声明两个整数变量 n 和 remainder：

```
int n = 0, remainder = 0;
```

接着获取一个数并存储到变量 n 中，你现在应该熟悉这个模式了：

```
cout << "输入一个数并按 ENTER: ";
cin >> n;
```

输入完毕后，程序只需测试 n 是奇还是偶。这通过将数字除以 2 取余来实现。如余 0，该数为偶(换言之，该数被 2 整除)；否则为奇。下个语句做的就是这件事情，它计算除以 2 的余数，该过程称为"取余"。结果存储到变量 remainder 中。

```
int remainder = n % 2;
```

余数为 0，表明 n 被 2 整除。例如，2，4，6，8 和 10 都是偶数，被 2 除的余数都是 0。而 1，3，5 和 7 都是奇数，被 2 除的余数都是 1。

百分号(%)在 C++中有特殊含义，代表"取余"。下表列出了一些例子。

例子	余数	结论
3 % 2	1	奇
4 % 2	0	偶
25 % 2	1	奇
60 % 2	0	偶
25 % 5	0	能被 5 整除
13 % 5	3	不能被 5 整除；余 3

取余除法仅限整型。除法操作符(/)返回商，取余操作符(%)返回余：

```
int my_quotient = 17/3;  // 商 5
int my_remainder = 17%3;  // 余 2
```

相反，浮点数相除(比如 4.5 除以 2.0)产生单个浮点结果(本例为 2.25)。用 2 除获得的余数要么为 0(偶)，要为么 1(奇)。if 语句将 remainder 和 0 比较来打印正确的消息：

```
if (remainder == 0) {
    cout << "该数为偶."<< endl;
} else {
    cout << "该数为奇." << endl;
}
```

注意，用的是双等号(==)。如前所述，测试相等性要用双等号，单等号(=)是赋值。我老是提到这一点，是因为我刚开始学 C 语言的时候，在这上面犯了大量的错误！

优化代码

奇偶程序可以更高效，起码不需要 remainder 变量。下面是稍微优化的版本。

even2.cpp
```
#include <iostream>
using namespace std;

他 int main()
{
int n;

    // 从键盘获取一个数
    cout << "输入一个数并按 ENTER: ";
    cin >> n;
```

```
    // 求除以 2 之余
    // 如余 0，该数是偶数
    if (n % 2 == 0) {
        cout << "该数为偶.";
    } else {
        cout << "该数为奇.";
    }
    return 0;
}
```

该版本直接在条件中取余，结果和 0 比较。这样就可以拿掉变量 remainder 了。

练习

练习 2.1.1　写程序报告一个数能否被 7 整除。

2.3　循环入门

任何编程语言最强大的一个功能就是循环。只执行一个简单的计算就退出，这样的程序岂
非太幼稚？循环使程序变得更成熟、更强大。本节演示了如何通过短短几行 C++代码就能
使一个操作多次执行(几次到成千上万次)。

程序处于循环时，一个操作只要条件为真就反复执行。最简单的形式就是经典的 while
语句。

> **while** (*条件*)
> 　　*语句*

和 if 一样，*语句*可替换成代码块，从而循环执行多个语句。

```
while (条件) {
    多个语句
}
```

while 关键字创建循环，对条件求值，条件为真就执行语句。然后，循环重复这个操作，
直到条件为假。演示循环最简单的程序或许就是打印从 1 到 n 的数字。其中 n 从键盘输
入。先以伪代码形式研究一下该程序。在伪代码中用变量名 I 和 N 会更易读。假定变量
已声明。下面是打印 1 到 N 的伪代码。

1. 从键盘获取一个数并存储到 N。
2. 将 I 设为 1。
3. While I 小于或等于 N，
   3A. 将 I 输出到控制台。
   3B. I 递增 1。

如下图所示，前两个步骤初始化整数变量 I 和 N。I 直接设为 1。N 设为键盘输入。假定用户输入 2。

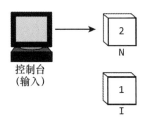

如下图所示，步骤 3 很有趣。程序首先判断 I(当前为 1)是否小于等于 N(2)。由于 I 小于 N，所以程序执行步骤 3A 和 3B。首先打印 I 的值。

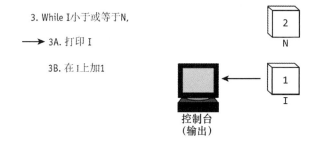

如下图所示，然后在 I 上加 1，这称为使 I 递增 1。

如下图所示，程序再次测试条件。由于是 while 而不是 if 语句，所以程序继续执行步骤 3A 和 3B，直到条件不再为真。

3. While I小于或等于N,

→ 3A. 打印I

3B. 在I上加1

控制台
(输出)

如下图所示，再次测试条件仍为真(I 小于或等于 2)，所以循环继续。

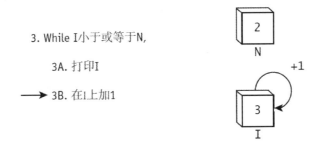

3. While I小于或等于N,

3A. 打印I

→ 3B. 在I上加1

打印 I 的新值之后，程序再次递增 I。再次测试条件，由于 I 现在大于 N，所以条件(I 小于或等于 N)测试失败，造成程序退出循环，3 永远不会打印。程序最终输出：

    1 2

由于用户输入 2，循环执行再次。但为 N 输入较大的数(例如 1024)，循环也能执行许多次。这就是循环的妙用！同样几行代码，既能打印短短两个数，也能打印成千上万个数(取决于为 n 输入的值)。n 的值理论上无限，只要不超过整数变量的最大许可范围。32 位 int 变量能存储的最大值约为 20 亿。注意，新的 `long long int` 类型(C++11 和 C++14 规范要求)更大，它们一般都是 64 位整数。

花絮 **无限循环**

可不可以将循环条件设为永远为真？真的这样做会发生什么？答案是可以，将一直循环，直到将其打断。(一个打断办法是使用稍后讨论的 break 关键字。)

最好不要让循环一直运行，应提供循环退出机制。否则程序会出现"假死"症状，好像什么事情都没干。它实际在做某事，只是陷入无意义的循环，好像要一直这样运行到时间的尽头。

例 2.2：打印 1 到 N

现在用 C++代码实现前面描述的循环。使用简单的 while 循环和代码块。本书遵循为变量名使用小写字母的 C++编程规范。

```
count1.cpp
#include <iostream>
using namespace std;

int main()
{
    int i = 0, n = 0;

    // 从键盘获取一个数并初始化变量
    cout << "Enter a number and press ENTER: ";
    cin >> n;
    i = 1;

    while (i <= n) { // While i 小于或等于 n,
        cout << i << " "; // 打印 i,
        i = i + 1; // i 递增 1
    }
    return 0;
}
```

注释很短，可以和 C++语句写在同一行中。注释也可另起一行。太长的注释在编辑器界面上可能自动换行，影响阅读。

程序作用是从 1 数到用户输入的数。例如，输入 6 将打印以下结果：

    1 2 3 4 5 6

 工作原理

这个例子引入了新的操作符<=，执行"小于或等于"测试。

    i <= n

它是下表所示的几个关系操作符之一，所有这些操作符都返回真或假。

操作符	含义
==	测试相等性
!=	测试不相等性(大于或小于)
>	大于
<	小于
>=	大于或等于
<=	小于或等于

按 2.3 节"循环入门"的逻辑操作，就知道循环本身很直观。大括号({})创建代码块，使循环每次能执行两个而不是一个语句。

```
while (i <= n) {        // While i 小于或等于 n,
    cout << i << " ";   // 打印 i,
    i = i + 1;          // i 递增 1
}
```

打印的最后一个数是 n，这正是我们想要的。一旦 i 大于 n，循环终止，不执行输出语句。循环中的第一个语句如下：

```
cout << i << " "; // 打印 i,
```

该语句在打印 i 之后添加空格，对输出进行美化：

```
1 2 3 4 5
```

而不是像下面这样：

```
12345
```

进入下一次循环前 i 递增 1。这确保最后能退出循环，因为 i 最终都会变得大于 n(此时循环终止)。

```
i = i + 1; // i 递增 1
```

右图展示了 while 循环的控制流程。

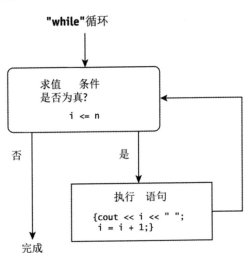

 优化程序

变量 i 的声明和初始化可以同时完成，不必用两个单独的语句。用等号(=)为数值或字符串变量赋值：

```
int 变量 = 值;
```

在程序修订版本中，i 在声明时初始化为 1。n 也被初始化。虽然严格说不需要，但声明时初始化是个好习惯。

count2.cpp

```cpp
#include <iostream>
using namespace std;

int main()
{
    int i = 1, n = 0;

    // 从键盘获取一个数并初始化变量
    cout << "Enter a number and press ENTER: ";
    cin >> n;

    while (i <= n) { // While i 小于或等于 n,
        cout << i << " "; // 打印 i,
        i = i + 1; // i 递增 1
    }
    return 0;
}
```

 练习

练习 2.2.1. 写程序打印从 n1 到 n2 的所有数。n1 和 n2 由用户输入。提示：提示输入 n1 和 n2 的值，将 i 初始化为 n1，在循环条件中使用 n2。

练习 2.2.2. 修改例子反向打印，输出从 n 到 1 的数，例如 5 4 3 2 1。(提示：在循环中递减变量使用 i = i - 1;。)

练习 2.2.3. 修改例子只打印偶数，例如 0, 2, 4。提示：i 初始化为 0。

2.4　C++的真和假

真假到底是什么？这些值和其他值一样在计算机中以数值形式存储吗？是的，每个布尔(关系)操作符都返回 1 或 0，如下表所示。

如条件求值为	表达式返回
真	1
假	0

另外，所有非零值都被解释为"真"，所以下例的语句总是执行：

```
if (true) {        // 总是执行
    // 在此添加语句
}
```

下例创建无限循环，这通常是逻辑错误，除非提供了中断循环的手段(比如 break 语句或 return 语句)。

```
// 无限循环!
while (true) {
    // 在此添加语句
}
```

花絮　**bool 数据类型**

C++支持 bool(布尔或 Boolean)类型已有多年。它和整型相似，但只能容纳两个值：true(1)或 false(0)。任何非零值都转换成 1(true)。如支持，应尽量使用 bool 类型。

```
bool is_less_than;
is_less_than = (i < n); // i 小于 n 就在该 bool 变量中存储 true(1)
```

只有极老的编译器才不支持 bool。这种情况应使用 int 代替 bool，用数字 1 代替 true。

2.5　递增操作符(++)

代码看多了，就知道许多语句都是重复的。最后你会开始怀疑人生，有没有什么"捷径"能减少编码量？C 和 C++很擅长这个，这也是 C 家族的语言至今都很流行的原因。其中一个捷径就是使变量递增 1 这个常见操作。C++是在变量名前或后写两个加号(++)。

例如:

```
n++;
++n;
```

两个语句的效果都是使 n 递增 1。下面来看看上一节的循环:

```
while (i <= n) {          // While i 小于或等于 n,
    cout << i << " ";     // 打印 i,
    i = i + 1;            // i 递增 1
}
```

循环中的第二个语句可以改成使用递增操作符:

```
while (i <= n) {          // While i 小于或等于 n,
    cout << i << " ";     // 打印 i,
    ++i;                  // i 递增 1
}
```

目前只是少打了一些字而已。但还有其他妙用。用专业术语来说,++i 这样的表达式具有"副作用",意思是不仅会执行一个操作(运算),还会产生并返回一个新值。这是前缀版本,是先递增变量,再返回值。C++还支持后缀版本,即 i++,先返回 i 的当前值,再使 i 递增 1。所以上述循环可进行一步缩短:

```
while (i <= n) { // While i 小于或等于 n,
    cout << i++ << " "; // 先打印 i,再使 i 递增 1
}
```

看出名堂了吗?语句打印 i 的当前值,再使其递增。

注意,不要将问题复杂化。在一个语句中多次使用表达式 i++会造成多次递增,可能获得不符合预期的结果。一个好习惯是每个语句最多用一个。

你肯定会问是否存在对应的递减版本。事实上,递增/递减操作符共有 4 种形式。下表假定 var 是整数变量,这种变量能和递增/递减操作符很好地配合。

表达式	操作
var++	返回 var 当前值,再使 var 递增 1
++var	var 递增 1,再返回结果
var--	返回 var 当前值,再使 var 递减 1
--var	var 递减 1,再返回结果

许多时候 i++和++i 可以随便使用，不影响程序逻辑。例如，表达式作为单独语句时怎么写都无关紧要：

```
++i;
```

这种情况下，过去首选的风格是后缀版本(i++)。但现在大多数 C++专家都推荐前缀版本(++i)。处理整型时，前缀和后缀的区别并不明显，但在处理较复杂的类型时，前缀版本可能更高效。许多专家都认为正确的习惯最重要，这正是推荐在即使无关紧要的情况下也要使用前缀版本(++i)的原因。本书尽量使用递增(++)和递减(--)操作符的前缀版本。

2.6 语句和表达式

之前直接使用语句和表达式这两个术语而没有解释。作为 C++的两个基本概念，值得花费笔墨澄清。一般是通过末尾的分号(;)识别语句。

```
cout << ++i << " ";
```

一般将这种简单语句称为 C++程序中的一个代码行。但记住分号用于终止语句，所以完全可以一行写两个语句(虽然不推荐)：

```
cout << i << " "; ++i;
```

好了，语句(通常)是 C++程序的一个代码行，以分号结尾，那么什么是表达式？表达式通常返回一个值(只有少数例外)。在表达式后加分号就是一个简单的语句。下表罗列了一些表达式，并解释了每个返回的值：

反评论肯定	操作
x	// 返回 x 的值
12	/ 返回 12
x + 12	// 返回 x + 12 的结果
x == 33	// 测试相等性并返回结果：true 或 false
x = 33	// 赋值：返回所赋的值
++num	// 先递增再返回
i = num++ + 2	// 复杂表达式，先使 num 递增 1，再加 2，最后返回 i 的新值

由于都是表达式，所以每个都可以作为一个更大的表达式(包括赋值=)的一部分使用。最后三个表达式具有副作用：x = 33 改变了 x 的值；++num 改变了 num 的值；最后一个则同时改变了 num 和 i。任何表达式都可通过添加分号来转变成语句：

```
++num;
```

由于任何表达式都能像这样转变成语句，所以有可能造成一些奇怪的结果。例如，可将常量转变成语句：

```
12;
```

这是合法的 C++语句。但为什么没有人这样写呢？答案是没必要。它的作用只是演示除了少数例外，任何 C++表达式都能转变成语句。

但并不是说这种语句就不直观。将表达式放到不同的语句中，可保证在进入下一个语句之前，上个语句中的一切都会求好值。在一个语句中写完所有操作(运算)的坏处是很难预测复杂表达式的求值顺序。在以下语句中，所有操作(运算)的顺序都是清晰的：

```
++i; // 递增 i
++i; // 再次递增 i
j = i++; // i 赋给 j，再递增 i
```

2.7　布尔(短路)逻辑入门

有时需要使用 and、or 以及 not 这样的词来表示一个完整条件。例如，下面是使用了 and 的一个条件(采取伪代码的形式)：

> *If age > 12 and age < 20*
> 　　*此人是青少年*

程序员用布尔代数(Boolean algebra)表达这种条件。该名称源自 19 世纪数学家乔治·布尔(George Boole)。例如，`age > 12` 和 `age < 20` 这两个子表达式分别求值；如两者均为真，则最终的表达式：

```
age > 2 and age < 20
```

求值为真。

下表总结了 C++的逻辑(布尔)操作符。

操作符	操作	C++语法	结果
&&	AND	expr1 && expr2	求值 expr1，为真就求值 expr2。两者为真就返回真；否则返回假
||	OR	expr1 || expr2	求值 expr1，为假就求值 expr2。除非两者都为假，否则返回真
!	NOT	!expr1	求值 expr1，返回相反值

因此，前面的例子在C++中可以像下面这样表示：

```
if (age > 12 && age < 20) // If age > 12 AND age < 20
    cout << "此人是青少年.";
```

逻辑操作符的优先级低于关系操作符(<，>，>=，<=，!=和==)，后者又要低于算术操作符，比如+和*。因此，以下语句的求值顺序或许正是你希望的：

```
if (x + 2 > y && a == b)
    cout << "数据通过测试";
```

这意味着"如果 x + 2 大于 y，而且 a 等于 b，那么打印消息"。另外，随时都可用圆括号进一步澄清自己的意思。

```
if (((x + 2) > y) && (a == b))
    cout << "数据通过测试";
```

如下图所示，C++的操作符&&和||采用了短路逻辑。换言之，只有在绝对必要的时候才对第二个操作数进行求值。所以，如果第二个条件具有副作用(是不是想在第二个条件中更改某个变量的值？)，就一定要小心。

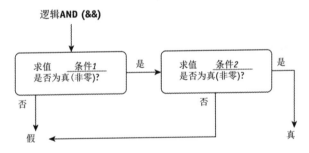

以&&为例，如果第一个操作数求值为 false，那么第二个操作数根本不需要求值。类似地，对于||操作符，如果第一个操作数求值为 true，第二个操作数也不需要求值。

注 意 ▶ 不要混淆逻辑操作符和按位操作符(&，|，^和~)。按位操作符逐个比较两个操作数中的位。按位操作符无短路逻辑，而逻辑操作符有。

花 絮   何为"真"？

逻辑操作符(&&，||和!)可获取任何表达式作为输入，只要该表达式能返回 bool 值(整型的一个子类型)。所有非零值都被视为"真"。有的程序员利用这个特点来取巧：

```
if (n && b > 2) {
    cout << " n 非零，而且 b 大于 2。";
}
```

许多程序员不喜欢使用除非具有明显真/假值(比如 x > 0 或 x == 0)的条件。但以下条件
(n 非零)受到许多人的青睐：

```
if (n--) { // 如果 n 不等于 0
    cout << n << endl;
}
```

这几行代码能很高效地从 n 数到 0。问题是将 n 初始化为负值就麻烦了，因为递减操作符
(--)会不停地使 n 减 1，永远不会变成 0。即使在这种情况下，也应采取更安全的写法：

```
if (n-- > 0) {
    cout << n << endl;
}
```

例 2.3：测试年龄

本节演示了逻辑 AND 操作符(&&)的一个简单应用。程序将判断一个数字是否在特定范围
内，本例是 13 到 19 岁(含)这个"青少年"阶段。

range.cpp

```cpp
#include <iostream>
using namespace std;

int main() {
    int n;
    cout << "输入年龄并按 ENTER: ";
    cin >> n;

    if (n > 12 && n < 20) {
        cout << "此人是青少年" << endl;
    } else {
        cout << "此人不是青少年" << endl;
    }

    return 0;
}
```

工作原理

这个简单的程序使用了一个由两个个关系测试构成的条件:

```
n > 12 && n < 20
```

由于**&&**优先级低于关系操作符**>**和**<**,所以**&&**运算最后执行。上述代码相当于以下代码:

```
(n > 12) && (n < 20)
```

因此,如果输入的数字大于 **12** 而且小于 **20**,整个条件就求值为真,程序打印消息"此人是青少年"。

程序员一般省略这种表达式中的多余圆括号,因为优先顺序似乎很明显。但在 C++新手那里可能就没有这么明显了。附录 A 的表格列出了所有操作符及其优先级。但是,除了查表,还可记住一些基本原则。通常,算术操作符具有高优先级,关系操作符(比如**<**, **>**和**==**)次之,赋值(**=**)最低。

递增和递减操作符(**++**和**--**)具有最高优先级,除去它们存在副作用的事实。

练习

练习 2.3.1. 写程序测试一个数是否在 0 到 100 之间(含)。

2.8 Math 库入门

目前一直在用 C++标准库的输入和输出流支持。这使我们能在代码中使用 cout 和 cin,这正是程序中为什么一直要有下面这行代码的原因:

```
#include <iostream>
```

现在来体验一下数学函数。可在没有库支持的前提下使用 C++操作符**+**, *****, **-**, **/**和**%**,因为它们是语言固有的。但使用数学函数必须添加下面这行代码:

```
#include <cmath>
```

这个#include 指令引入对所有数学函数的声明,这样就不需要自己输入它们的原型了。(第 5 章会更多地讨论函数原型。)C++支持许多数学函数,包括三角和指数函数。本章只介绍一个数学函数,即返回平方根的 sqrt。

```cpp
#include <cmath>
// ...
double x = sqrt(2.0);        // 将 2 的平方根赋给 x
```

sqrt 读作"squirt"。和大多数数学函数一样,它接受并返回一个浮点值。将结果赋给整型变量,C++会丢弃小数部分(同时给出一个警告)。

```cpp
int n = sqrt(2.0);           // 将 1.41421 截短为 1 再赋给 n
double x = sqrt(2);          // Ok: int 转换为 double
```

第二个语句之所以没有问题,是因为整数可自由赋给期待浮点值的变量,不会造成数据丢失。反方向则不然。(从 1.41421 变成 1 完全是灾难性的数据损失。)

例 2.4: 质数测试

现在已掌握了足够的 C++工具。接着可以做一件有趣和有用的事情:判断输入的数是不是质数。质数是只能被自己和 1 整除的数。12000 显然不是,因为能被 10 整除;但对于 12001 这个数字,你或许就拿不准了。计算机适合做一些人力难为,但用程序能轻松做到的事情。"质数测试"正是其中的典型。下面是代码。

prime1.cpp

```cpp
#include <iostream>
#include <cmath>
using namespace std;

int main() {
    int n = 0;                    // 要进行质数测试的值
    int i = 2;                    // 循环计数器
    bool is_prime = true;         // 布尔标志; 目前假定为 true

    // 从键盘获取一个数
    cout << "输入一个数并按 ENTER: ";
    cin >> n;

    // 用 2 到 sqrt(n)的所有整数来除它, 看是否能整除
    while (i <= sqrt(n)) {        // 在 i <= sqrt(n)的情况下,

        if (n % i == 0) {         // 如果 n 被 i 整除,
            is_prime = false;     // 表明 n 不是质数。
        }
        ++i;                      // i 递增 1
    }
```

```
    // 打印结果
    if (is_prime) {
        cout << "是质数。";
    } else {
        cout << "不是质数。";
    }
    return 0;
}
```

运行程序并输入 12000，程序打印：

    不是质数。

自己运行一下程序看 12001 是不是质数。

注 意 ▶ 输入 12000 而不能输入 12,000。C++程序正常情况下不支持数字中的千分号。第 10 章解释如何解决该问题。

工作原理

程序核心是以下循环：

```
while (i <= sqrt(n)) {          // 在 i <= sqrt(n)的情况下,
    if (n % i == 0) {           // 如果 n 被 i 整除,
        is_prime = false;       // 表明 n 不是质数。
    }
    ++i;                        // i 递增 1
}
```

下面来仔细研究。该循环的伪代码版本如下：

将 i 设为 2
  While i 小于等于 n 的平方根
    If n 可由循环计数器 (i) 整除,
        n 不是质数
        i 递增 1

该循环执行整除测试，将除数设为从 2 到 n 的平方根。一个数最大只能被自己的平方根整除。整除测试使用前面介绍过的取余操作符(%)，它执行除法并返回余数。n 能被 i 整除将返回 0，表明 n 不是质数。

```
if (n % i == 0) {
    is_prime = false;
}
```

程序开头假定数字是不是质数(is_prime = true)。如果没有发现整除数，结果将保持 true。记住，true 和 false 是当代所有 C++编译器预定义的。

 优化程序

该程序有多处可以优化，最重要的是，一旦发现整除数，就要退出循环，否则浪费 CPU 时间。用 C++语言的 break 关键字退出当前循环。

```
while (i <= sqrt(n)) {
    if (n % i == 0) {
        is_prime = false;
        break; // 中断循环!
    }
    ++i;
}
```

 练习

练习 **2.4.1.** 优化程序，只计算平方根一次而不是反复计算。声明新变量并设为 n 的平方根。应该是 double 类型。在 while 条件中使用该变量。

例 2.5：减法游戏(NIM)

最后一个例子利用本章学到的知识创建一个简单游戏，为计算机赋予必胜策略，除非人类玩家每次也能采取最佳策略。欢迎来到 NIM 游戏！该游戏最简单的版本就是减法游戏，两个玩家依次从一个数(total)减 1 或 2。率先减至零或更小赢。

1.   从 7 开始，你先。
2.   你减 2，得 5。
3.   我减 2，得 3。
4.   你减 1，得 2。
5.   我减 2，得 0。我赢了！

这是一个具有简单必胜策略的简单游戏。假定初始数字是 3，那么无论你减 1 还是 2，我总是能造成下一次做减法的时候得零并赢。所以，只要把初始数字设为 3，我就必赢。类似地，将初始数设为 6，那么无论你减 1 还是 2，我都能将下一个数设为 3，仍然必赢。

因此，必胜策略是总是将轮到我时的数设为 3 的倍数。用程序怎么实现？如下表所示，还是要用到我们的老朋友：取余操作符(%)。

前提	最佳应对
total % 3 得 2	减 2；新 total 必然是 3 的倍数
total % 3 得 1	减 1；新 total 必然是 3 的倍数
total % 3 得 0	total 已经是 3 的倍数；我减 1 就可以了

程序伪代码版本如下所示：

> *打印消息，要求输入初始值(total)*
> *While true // 建立无限循环*
>   *If total % 3 等于2*
>   *从 total 减2，要求对方走棋(输入1 或2)*
>   *Else*
>   *从 total 减1，要求对方走棋(输入1 或2)*
>   *If total 等于0 或更小*
>   *宣布"我赢了！"并退出*
>   *提示对方走棋*
>   *While 输入不为1 或2*
>   *重新提示走棋(输入1 或2)*
>   *从 total 减输入的数并宣布结果*
>   *If total 等于0 或更小*
>   *宣布"你赢了！"并退出*

这是迄今为止最复杂的一个程序。结果是一个完整的且总是采用最佳策略的游戏。用户要赢必须每次都走对。

```cpp
nim.cpp

int main()
{
    int total = 0, n = 0;

    cout << "欢迎进入 NIM 游戏，选一个数吧: ";
    cin >> total;

    while (true) {
        // 选择最佳应对并打印结果
        if ((total % 3) == 2) {
            total = total - 2;
            cout << "我减 2。" << endl;
        }
```

```
        else {
            total--;
            cout << "我减 1。" << endl;
        }
        cout << "现在的数是: " << total << endl;
        if (total <= 0) {
            cout << "我赢了!" << endl;
            break;
        }

        // 获取用户的应对; 必须是 1 或 2
        cout << "输入要减多少(1 或 2): ";
        cin >> n;
        while (n < 1 || n > 2) {
            cout << "只能输入 1 或 2。" << endl;
            cout << "请重输: ";
            cin >> n;
        }
        total = total - n;
        cout << "现在的数是: " << total << endl;
        if (total <= 0) {
            cout << "你赢了! "<< endl;
            break;
        }
    }
    return 0;
}
```

 工作原理

程序利用了早先描述的 OR 操作符(||)。两个条件(n 小于 1 或大于 2)任何一个为真，就要求用户输入新值。

```
while (n < 1 || n > 2) {
    cout << "只能输入 1 或 2。" << endl;
    cout << "请重输: ";
    cin >> n;
}
```

因为短路逻辑的存在，第一个条件(n < 1)为真，第二个就不需要求值了。程序还使用了 break 关键字提前退出循环。

练习 **2.5.1.** 一个问题是假如初始值小于 1，则程序必须处理负数，永远停止不了。修改程序只接受大于 0 的初始值。

练习 **2.5.2.** 进一步完善程序，允许减从 1 到 n 的任何数，n 在游戏开始前规定。例如，可提示每个玩家都能减从 1 到 7 的数。能为这种常规情况创建最优计算机策略吗？

练习 **2.5.3.** 修改程序，除非用户明确表示退出，否则就一直玩这个游戏。提示：在主循环外再加一层循环。

小结

- 做什么事情就用什么数据类型。没有小数的变量应使用 `int` 类型，除非它超出了 `int` 类型的范围限制(正负 20 亿之间)。

- 声明一个整数变量先写 `int` 关键字，后跟变量名和分号。如声明多个 `int` 变量，各个变量名以逗号分隔：

  `int` *变量*;
  `int` *变量1，变量2*; ...;

- 常量可以是 `int` 或 `doule` 类型。具有小数点的任何常量值都被自动视为浮点值：3 作为 `int` 存储，但 `3.0` 作为 `double` 存储，因其包含小数点。

- C++最简单的判断结构是 `if` 语句：
  `if` (*条件*)
  　语句

- `if` 语句有一个可选的 `else` 子句：

  `if` (*条件*)
  　语句
  `else`
  　语句

- 任何能使用一个语句地方都能使用复合语句(代码块)。复合语句由一个或多个语句构成，所有语句都封闭在一对大括号(`{}`)中。

  `if` (*条件*) {
  　多个语句
  }

- 不要混淆赋值(=)和相等性测试(==)。后者比较两个值，并返回 true(1) 或 false(0)。赋值会返回所赋的值。下面是两个操作符的正确用法：

  ```
  if (x == y)
    is_equal = true;
  ```

- while 语句在条件为 true 的前提下反复执行一个语句(或复合语句)。具体地说，每次执行*语句*，*条件*都会重新求值。如条件为 true，*语句*再次执行。同样，*语句*可替换成复合语句(代码块)。

  while (*条件*)
    语句

- 取余操作符执行除法并返回余数。例如，以下表达式的结果是 3：

  ```
  13 % 5
  ```

- 变量、字面值或其他子表达式通过 C++操作符(包括赋值操作符=)合并到一起，就构成了一个表达式。表达式可以在更大的表达式中使用。

- 表达式附加分号即成语句。例如：

  ```
  num++;
  ```

- 递增操作符简化了递增 1 的操作。它创建了一个具有"副作用"的表达式：

  ```
  cout << n++;        // 打印 n，再使 n 递增 1(副作用)
  ```

- 可用 C++布尔操作符&&，||和!来创建复杂条件。前两者使用短路逻辑。

- 跳出循环最简单的方式是使用 break 关键字。

  ```
  break;
  ```

第 3 章

判断语句进阶

上一章演示如何通过简单判断结构来做复杂和有趣的事情，比如玩游戏、重复操作多次以及执行算术运算。这些操作的核心是所谓的控制结构，一组关键字(if, else 和 while)和相应语法的组合。它们控制着程序接着做的事情。几乎完全从 C 语言照搬的这些控制结构使用了几个简单但相当通用的关键字。本章再介绍两个：do-while 和 switch。

记住，控制程序接着做的事情就相当于控制了整个程序！是不是很容易理解？

3.1 do-while 循环

通过第 2 章的学习，大家体验到了 while 循环的强大。事实上，单用 while 循环就能写出很复杂的程序。但 while 并非没有缺点。我们来看看它的语法：

```
while (条件) {
    语句
}
```

循环前先测试条件无可厚非。但如果无论如何都想先循环一次呢？这种情况其实很普遍。以扔硬币为例，扔到正面就停止。在这种情况下，总要先扔一次才决定是否停止。用标准 while 逻辑的伪代码如下：

```
While 没有扔到正面
    扔硬币并看结果
```

可以这样写，但不高效。第一次还没扔就判断纯属浪费。更高效的方案如下：

```
Do
    扔硬币并看结果
While 没有扔到正面
```

相当于：

扔硬币并看结果
While 没有扔到正面
　　扔硬币并看结果

效率提升不大，现在能做的事情以前也不是不能做。但蚊子腿再小也是肉，这个方案确实提升了效率。C/C++语言效率至上！这个方案用 do-while 关键字实现，语法如下：

```
do 语句
while (条件);
```

和往常一样，语句可换成代码块(复合语句)，即使循环中只有一条语句。

```
do {
    多个语句
} while (条件);
```

一个简单的例子是用 do-while 循环倒数。

```
do {
    cout << n << endl;
    --n;
} while (n > 0);
```

看起来和第 2 章的 while 循环差不多。一个区别是循环主体(打印 n 值)至少执行一遍。下图是 do-while 的流程图。

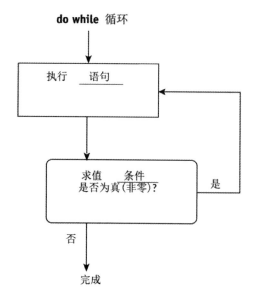

例 3.1：加法机

所有 do-while 能做的事情 while 都能做，只是有时 do-while 更合适。以虚拟加法机为例，用户输入一系列数字，直至输入一个特殊码退出(可选择 0)。程序反复提示输入，但运行程序时至少要提示一次。这种情况适合使用 do-while。

adding.cpp

```cpp
#include <iostream>
using namespace std;

int main()
{
    int sum = 0;
int n = 0;

    do {
        cout << "输入一个数(0 退出)：";
        cin >> n;
        sum += n;
    } while (n > 0);
cout << "总和是：" << sum << endl;

    return 0;
}
```

简单却有用。如唯一要做的就是累加一组数字，该程序比电子表格更快、更方便。下面是累加 4 个数(11, 124, 89 和 477)的输入和输出：

```
输入一个数(0 退出)：11
输入一个数(0 退出)：124
输入一个数(0 退出)：89
输入一个数(0 退出)：477
输入一个数(0 退出)：0
总和是：701
```

工作原理

sum + = n;语句等价于以下语句：

```
sum = sum + n;
```

变量 sum 被求值两次：加 n，新值重新赋给 sum。可以使用较长的版本，但这样写更精简。下面是程序的伪代码。

将 Sum 初始化为 0
Do
    提示输入一个数
    将该数赋给 N
        将 N 加到 Sum 上
    While N > 0
    打印 Sum

简单地说，就是"提示输入一个数 N 并把它加到 Sum 上"，重复直到 N 不再大于 0。用 while 循环也能写。最简单的就是用 while(true) 创建无限循环，用 break 退出。

```cpp
while (true) {
    cout << "输入一个数(0 退出): ";
    cin >> n;
    sum += n;
    if (n <= 0) { // 如 n 不再大于 0
      break; // 退出.
    }
}
```

练习

练习 3.1.1. 修改程序来接收浮点输入并打印浮点结果。常量要正确表示。

练习 3.1.2. 修改例子使用 while 循环但不用 do 或 break 关键字。要求程序行为和例 3.1 完全一样。

3.2 随机数入门

后面要用 do-while 循环制作另一个游戏程序，但在此之前要先学会生成随机数。这是游戏和模拟经常用到的东西。听起来容易，但生成随机数并不是一件简单的事情。不妨想一下：从哪里获得这种数？用什么当"虚拟骰子"？

人自己生成随机数不靠谱。如要求写 10 个随机数，可能绝对不会写 1-2-3 或 9-9-9 这样的连续数。再以买彩票为例，聪明人绝对不会买 8-8-8-8-8-8-8 或者 1-2-3-4-5-6-7 这样的号码。随机数嘛，人们会想，不应该有模式的。

但是，只要样本足够够，这些序列都是有可能生成的，而且最终必将生成！

幸好，C++程序员可通过两个步骤生成随机数。这是我们的"虚拟骰子"。

1. 设置随机数种子。
2. 通过复杂的数学运算生成序列中的下一个数(细节不重要)。

我准备反着讲。复杂的数学运算(步骤 2)获取一个数并生成另一个。由于采用非常复杂的算法，所以用户预测不到下一个数是什么。这足以模拟随机性。

只有一个问题：虽然序列几乎不可能预测，但它仍是确定性的，数字计算机中的一切都是确定性的。不设置随机数种子，程序每次运行都获得相同的随机数序列。所以，第二次生成的数就不是真正的随机数了。为防止这种情况的发生，必须设置种子，而且每次都要不同。这就回到了原来的问题：从哪里获得这样的一个数？解决方案很简单：系统时间。

从 C++程序员的角度看，获取随机数实际是一个分三步走的过程。首先用 include 指令引入对 C++库的两个部分的支持：

```
#include <cstdlib> // 支持 srand 和 rand 函数
#include <ctime> // 支持 ctime 函数
```

包含 cstdlib 后，就获得了随机函数的声明。包含 ctime 是因为要用到时间函数。

下一步是设置种子。记住不管程序要获得随机数多少次，都只需设置该种子值一次：

```
srand(time(nullptr));
```

注意 ▶ 从 C++11 开始支持 nullptr 关键字，即空指针(null pointer)。如编译器较老，可改为 NULL 或 0。

设置好随机数种子后，就可调用 rand 函数来生成随机数了。再次提醒：种子值无需多次设置。

```
cout << rand() << endl; // 打印一个随机数
cout << rand() << endl; // 打印另一个
```

获得的是什么随机数？范围多大？答案是无符号整数范围中的任何一个数。最大值在 <cstdlib>中定义为 RAND_MAX。听起来似乎很神奇，但应用取余操作符(%)将总是获得范围在 0 到 n-1 之间的一个数。所以，要获得 1 到 n 的随机数，加 1 即可。例如，以下程序模拟掷 10 次骰子，每次生成 1 到 6 的随机数。

```
#include <iostream>
```

```
#include <cstdlib> // 支持随机函数
#include <ctime> // 支持 ctime.
using namespace std;

int main() {
    srand(time(nullptr));
    for (int i = 0; i < 10; ++i) {
        cout << (rand() % 6) + 1 << endl;
    }
    return 0;
}
```

注意，表达式(rand() % 6) + 1 可以拿掉最外层括号，因为操作符%的优先级高于操作符+：

```
cout << rand() % 6 + 1;
```

知道如何生成随机数之后，就可以进入下一节了，将创建一个有趣和好玩的游戏。

例 3.2：猜数游戏

玩法很简单。首先利用上一节介绍的随机数生成机制"想"一个随机数，然后让用户猜。输入猜的数之后，程序必须做出判断。

- 如猜的数大于目标数，报告这一事实，提示再猜。
- 如猜的数小于目标数，报告这一事实，提示再猜。
- 猜的数正确，报告这一事实，退出循环，游戏结束。

除非猜对，程序就必须继续，所以需要一个循环。do-while 最合适，因其至少执行一次循环主体。还有一个问题要考虑：即使再好玩的游戏也需要提前退出的机制。用 0 来表示提前退出。程序伪代码如下：

将布尔变量do_more 设为true.
Do
*   随机选择1 到50 的一个目标数*
*   提示用户输入一个数并存储到N*
*   If N 等于0*
*   将do_more 设为false*
*   Else if N > 目标数*
*   打印"太大"*
*   Else if N < 目标数*
*   打印"太小"*

> *Else*
> > *打印"你赢了!"*
> > *将 do_more 设为 false*
> > *While do_more 等于 true*

bool 变量 do_more 控制循环。设为 false，将退出循环，否则就报告用户猜的数是大了、小了还是刚刚好。

```
guessing.cpp
#include <iostream>
#include <cstdlib> // 支持 rand 和 srand.
#include <ctime>    // 支持时间函数
using namespace std;

int main()
{
    int n = 0;
    bool do_more = true;
    srand(time(nullptr));          // 设置随机数种子
int target = rand() % 50 + 1;      // 获取 1-50 的随机数

    do {
        cout << "1-50，你猜是哪个: ";
        cin >> n;
        if (n == 0) {
            cout << "再见! ";
            do_more = false;
        } else if (n > target) {
            cout << "太大" << endl;
        } else if (n < target) {
            cout << "太小" << endl;
        } else {
            cout << "你赢了! ";
            cout << "答案是: " << n << endl;
            do_more = false;
        }
} while (do_more);

    return 0;
}
```

假定程序运行并选择 35 作为目标数。一次示例输入/输出如下所示：

```
1-50，你猜是哪个：25
太小
1-50，你猜是哪个：40
太大
1-50，你猜是哪个：32
太小
1-50，你猜是哪个：36
太大
1-50，你猜是哪个：35
你赢了！答案是：35
```

只要策略正确，猜出正确的数根本不需要试 50 次。事实上，25 次都不需要。可以自己算出最多需要几次吗？

 工作原理

程序很简单。基本思路是：生成随机数，提示用户猜数，直到猜对或输入 0。此外，程序会提示用户猜得太大还是太小。程序每次运行都要选择一个新的随机数并存储，否则就是千篇一律，玩一次就不想玩了。每次都猜一个随机的、未知的数才能激起兴趣。需要随机数的每个程序都需要下面几行代码：

```
#include <cstdlib>        // 支持 rand 和 srand.
#include <ctime>          // 支持时间函数
...
srand(time(nullptr));     // 设置随机数种子
```

前两行#include 指令引入要调用的函数的声明。设置随机数种子的 srand 调用只能在一个函数(例如 main)中进行。但不管要生成多少个随机数，它只需调用一次。

在 main 中执行的下一行代码实际生成随机数：

```
int target = rand() % 50 + 1; // 获取 1-50 的随机数
```

稍微解释一下。调用 rand 将生成无符号 int 范围内的任何数字，这太大了！取余操作符(%)将该数字除以 50 并返回余数，结果在 0 到 49(含)之间。加 1 就得到需要的范围：1 到 50。

C++14 ▶ C++14 规范在标准模板库中提供了新的、增强的随机函数。虽然还是需要设置种子值，但在范围、随机数生成引擎和概率分布方面更灵活。不过，对于这种最简单的应用程序，标准的、老式的随机函数功能已经足够。

主循环本身提示用户选择，并报告猜的数太大、太小还是刚刚好。最后，根据布尔变量 do_more 的值来决定是继续还是退出。

```
do {
        cout << "1-50，你猜是哪个：";
        cin >> n;

        // 响应用户的输入
} while (do_more);
```

上述代码有一点即使老练的程序员有时都没有注意。测试布尔变量时，不需要显式地把它和 true 进行比较。例如，你可能像下面这样写：

```
do {
        cout << "1-50，你猜是哪个：";
        cin >> n;

        // 响应用户的输入
} while (do_more == true);
```

do_more == true 这个测试合法但非必要。因为结果要么是 true，要么是 false，但 do_more 已经求值为 true 或 false 了，它本来就是布尔值。所以，像这样写相当于把一个布尔值转换成相同的布尔值。这毫无意义！但是，如果想反转真/假条件，测试 do_more 是否为 false 呢？当然可以像下面这样写：

```
    do_more == false
```

如 do_more 为 false，求值结果为 true；反之亦然。但更简单的写法是使用逻辑 NOT 操作符(!)：

```
    !do_more
```

它表示 NOT do_more。如 do_more 为 false，求值结果为 true；反之亦然。

注　意▶ 一些老版本 C/C++编译器不支持 bool 类型，程序员必须用整数变量代替。1 表示 true，0 表示 false。但除非生活在石器时代，否则可以安心使用 bool。

 优化代码

如果使用 Microsoft Visual Studio，你可能会注意到调用 srand 会造成开发环境显示一条

警告。因为将 time_t 类型(一个长整数)的数据赋给获取 unsigned int 的函数后,可能造成数据丢失。

两个都是整数,正负号也不是问题,所以可安全忽略该警告。但许多老程序员不喜欢警告。解决方案是执行强制类型转换(cast)。最简单的是老式 C 风格的强制类型转换:

```
srand((unsigned int) time(nullptr));
```

然而,目前的首选方案是使用新的强制类型转换操作符 static_cast。语法有点复杂,也不好看,但成为首选是有原因的。参考附录 A 更多地了解强制类型转换。

```
srand(static_cast<unsigned int>(time(nullptr)));
```

static_cast 常规语法如下所示:

static_cast<*类型*>(*表达式*)

它获取指定*表达式*,并将其转换成指定*类型*。即使编译器已知如何转换(比如将有符号整型赋给无符号整型),不显式执行强制类型转换还是消除不了警告。

练习

练习 3.2.1. 修改程序来使用 while 循环。可继续使用 do_more 变量,也可去掉该变量,使用 break 关键字在必要时退出。

练习 3.2.2. 玩过几次游戏后(不玩也行),应该对最优的玩家策略有所体会。可以用伪代码总结该策略吗?

练习 3.2.3. 完成练习 3.2.2 后,应该能写一个程序来实现最优策略。你心记一个数,程序通过循环猜数,每次都询问是太大、太小还是刚刚好。然后,程序根据你的回答来调整所猜的数。当然,你需要诚实作答。提示:为方便写程序,用一套记号系统来表示你的回答:1=太大, 2=太小, 3=答对了。应该在提示中告知用户:

告诉我猜得怎么样(1=太大,2=太小,3=答对了):

练习 3.2.4. 这个练习更像是数学问题而不是编程问题,但仍然有趣。一个包含 N 个数的有序数列,最多猜几次就能猜到目标数?提示:用二分法,答案是最多猜 $\log_2(N+1)$ 次,向上取整。

3.3 switch-case 语句

和 do-while 一样，switch-case 并非严格需要。所有判断逻辑都可用 C++语言的 if，else 和 while 实现。

switch-case 之所以有用，是因为许多程序的许多小节只是测试一系列值。虽然 if 和 else 也能处理，但 switch-case 语法更清晰、更易维护。(此外，和 if-else 相比，编译器能高效地实现 switch-case，运行得更快。)例如：

```
if (n == 1) {
    cout << "one" << endl;
} else if (n == 2) {
    cout << "two" << endl;
} else if (n == 3) {
    cout << "three" << endl;
}
```

代码很简单，就是根据 n 等于多少 (1，2 或 3)打印对应单词。以下 switch-case 语句做同样的事情，但明显更易读。

```
switch (n) {
    case 1:
        cout << "one" << endl;
        break;
    case 2:
        cout << "two" << endl;
        break;
    case 3:
        cout << "three" << endl;
        break;
}
```

虽然该版本更清晰易读，但需要输入更多代码，而且要用 break 语句，除非想"直通"(fall through)到下方的 case，但这种情况很少见。switch 语句常规语法如下所示：

```
switch(值) {
    语句(s)
}
```

switch-case 工作原理如下所示。

1.   求值圆括号中的表达式。表达式应返回整数或单字符类型的*值*。

2. 跳至和 *值*对应的 case。case 后面的值必须是常量。

3. 程序正常执行，遇到 break 就跳出整个 switch 块。

控制流程如下图所示。

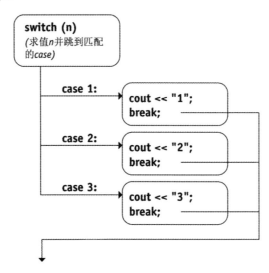

看起来很简单，但 switch-case 语句有一些细节需要注意。首先，可以选择添加一个 default 情况。如任何 case 都不匹配，就跳到 default。它相当于"以上都不对"。例如：

```
default:
cout << "以上情况都不符合。" << endl;
    break;
```

这种情况下的 break 语句可有可无，但一些程序员作为惯例还是会保留它。

某个 case 不写 break 语句会发生什么？答案是"直通"到下个 case。少数情况才需这样做，但一般都应该习惯性地添加 break。

还要注意，加了标签的语句具有以下形式：

标签：语句

case 和 default 属于特殊标签。由于加了标签的语句本身就是语句，所以一个语句可以有多个标签。例如：

```
case 'a':
case 'e':
```

```
case 'i':
case 'o':
case 'u':
    cout << "是元音字母。";
    break;
```

例 3.3: 打印数字

虽然计算机处理的是简单数字，但在向人展示时需要格式化一下。一个比较复杂的例子是计算机电话系统，它能将电话号码转换成口语单词。我们不打算实现如此高级的系统，但可以做差不多的事情：打印数字的中文大写形式。基本逻辑和电话系统一样。以下应用程序获取 20 到 99 的数并用银行要求的大写格式打印出来。例如，53 打印成"伍拾叁"。

```
printnum.cpp

#include <iostream>
using namespace std;

int main()
{
    int n = 0;
    cout << "输入 20 到 99 的数: ";
    cin >> n;
    int tens_digits = n / 10;
    int units_digits = n % 10;

    switch(tens_digits) {
        case 2: cout << "贰拾"; break;
        case 3: cout << "叁拾"; break;
        case 4: cout << "肆拾"; break;
        case 5: cout << "伍拾"; break;
        case 6: cout << "陆拾"; break;
        case 7: cout << "柒拾"; break;
        case 8: cout << "捌拾"; break;
        case 9: cout << "玖拾"; break;
    }

    switch(units_digits) {
        case 1: cout << "壹" << endl; break;
        case 2: cout << "贰" << endl; break;
        case 3: cout << "叁" << endl; break;
        case 4: cout << "肆" << endl; break;
        case 5: cout << "伍" << endl; break;
        case 6: cout << "陆" << endl; break;
```

```
        case 7: cout << "柒" << endl; break;
        case 8: cout << "捌" << endl; break;
        case 9: cout << "玖" << endl; break;
    }
}
```

 工作原理

有其他语言的编程经验,就知道本例更高效的写法是用"数组"。第 6 章会用这个技术进行改进。但目前 switch-case 最称手。

理解工作原理需复习除法(/)和取余(%)操作符。两个整数相除生成向下取整的整数结果。例如,假定用户输入 49,则第一件事情是求十位数:

    49 /10

如执行浮点数除法(比如 **49.0 / 10.0**),结果将是 **4.9**,四舍五入为 **5.0**。但由于是整数除法,所以结果向下取整为 **4**。

取余操作符(%)只针对整数,结果是余数。以下表达式返回值 9:

    49 % 10

因此,以下两行代码的作用是将两位整数 49 分解成单独的数位 4 和 9:

```
int tens_digits = n / 10;
int units_digits = n % 10;
```

然后,程序通过 switch-case 语句打印对应的中文大写数字:

    肆拾玖

是不是很酷?好吧,可能没那么酷,想象一下计算机电话系统用同样的逻辑大声念出"肆拾玖!"

 练习

练习 **3.3.1.** 例 3.3 的程序能重复执行就好了。(事实上,大多数程序都应如此,用户退出才退出。)所以,将程序放到 do-while 循环中,用户输入 0 就退出循环。

练习 **3.3.2.** 修改程序使之能处理 0 到 9 的数。这应该很容易,或许不用修改?

练习 3.3.3. 修改程序使之能处理 11 到 19 的数。提示：添加十数位为 1 时的 case。

练习 3.3.4. 扩展程序使之能处理最大为 999 的数。提示：先完成练习 3.3.3，否则随着值范围增大，会出现许多"漏洞"。

小结

- do-while 循环和 while 循环相似，只是循环主体至少执行一次。

  ```
  do 语句
  while (条件);
  ```

- 和其他控制结构一样，语句可替换为复合语句(用大括号封闭的代码块)。

  ```
  do {
      多个语句
  } while (条件);
  ```

- 一般用 bool 变量控制循环。注意，该变量不需要和 true 比较，可以直接作为条件使用。

- 这种 bool 变量可以使用逻辑 NOT 操作符(!)和 false 比较来反转其真/假。

- 生成随机数要包含<cstdlib>来使用 srand 和 rand 函数，还要包含<ctime>来使用时间函数。

  ```
  #include <cstdlib>
  #include <ctime>
  ```

- 生成随机数的下一步是设置随机数种子，确保程序每次运行都获得一组不同的"随机"(实际是伪随机)数。

  ```
  srand(time(nullptr));
  ```

- 然后调用 rand 生成序列中的下个随机数。结果是无符号 int 范围中的任意数字。应用取余操作符(%)可获得从 0 到 n-1 的随机数。

  ```
  cout << rand() % n; // 打印 0 到 n - 1 的随机数
  ```

- 使用 if 和 else if 子句反复测试单个值时，适合用 switch-case 语句替代。

  ```
  if (n == 1) {
      cout << "1";
  ```

```
} else if (n == 2) {
    cout << "2";
} else if (n == 3) {
    cout << "3";
}
```

- 上述代码可替换成以下形式：

```
switch(n) {
    case 1: cout << "1"; break;
    case 2: cout << "2"; break;
    case 3: cout << "3"; break;
}
```

- switch-case 的语法如下所示：

switch (*值*) {
    语句(s)
}

- 这个块做下面这些事情：首先求值*值*，执行和该*值*匹配的 case。如果没有匹配项，就执行 default(如果有的话)语句。

- 一旦执行语句，就按照正常流程一直执行到 break 语句，此时会跳出 switch-case 块。

- 加后赋值操作符(+=)是在变量上加一个值的简写形式。也有对应的减后赋值操作符。

```
n += 50; // n = n + 50
n -= 25; // n = n - 25
```

第 4 章

全能又好用的 for 语句

一些任务十分普遍，C++提供了特殊语句帮助减少打字量。递增操作符(++)就是一例。由于变量递增 1 是如此常见，所以 C++专门设计了该操作符。

```
n++;      // n 递增 1
```

for 语句是另一个例子。它唯一的用途就是简化某些种类的循环。但它太有用了，程序员严重依赖它，本书剩余部分将一直用它。

多用几次 for 便会爱上它。最常用于"重复操作 n 次"，但事实上许多情况下都有用。

4.1 计数循环

第 2 章学习 while 循环时，可能已意识到循环的常规用途便是计数，执行指定操作 n 次，示例如下：

```
i = 1;
while ( i <= 10) {
  cout << i << " ";
    ++i;
}
```

上述代码打印 1 到 10 的数字。循环变量获得初始值 1，每次循环都递增。总结如下。

1. 将 i 设为 1。
2. 执行循环操作。
3. 将 i 设为 2。
4. 执行循环操作。
5. 将 i 设为 3。
6. 执行循环操作。
7. 只要 i 小于或等于 10，就一直这样重复。

换言之，循环共执行 10 次，每次都为 `i` 赋一个递增的值，生成 1，2，3，……，10 数列。循环主体可以做"打印数字"这样的事情。

如下图所示，循环总共包含三个步骤：1. 初始化循环计数器；2. 测试循环条件；3. 条件为真就执行语句并递增。除非条件为 `false`，否则会一直从第 2 步重复。

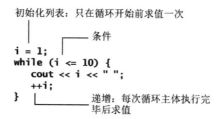

如果能用更简洁的语句表达这些步骤，写数到 10 的循环将非常容易。

4.2 for 循环入门

`for` 语句允许用一行指定初始化列表、条件和递增，如下图所示。

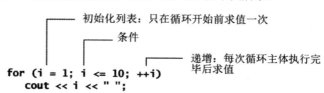

这显然更简洁。循环设置全部放在圆括号中。下图是 `for` 语句和等价的 `while` 循环的语法。

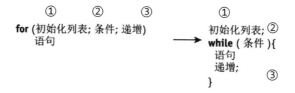

语法图是不错，但有时更有用的是流程图。下图清晰展示了初始化列表只求值一次，然后就是 `while` 循环的一个增强版本，对条件进行求值，根据结果判断是否执行语句，最后递增。

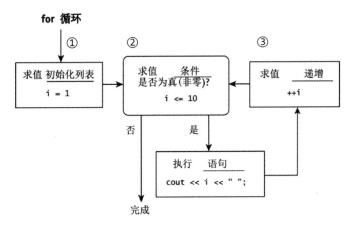

和其他控制结构一样，循环主体语句可以是代码块。规则是在任何能使用一个语句的地方，都能改为使用代码块。

C++14 ▶ C++11 和之后的版本提供了 for 关键字的一个新版本(称为"基于范围的 for")，能自动处理集合的所有成员，类似于其他语言的 foreach。但使用该版本需理解数组和容器。第 13 章简单介绍该版本，第 17 章深入介绍。

虽然已从理论上理解了 for，但仍需研究大量例子才能真正掌握。这正是下一节的宗旨。

4.3 大量例子

先稍微修改一下前面的例子。循环变量 i 初始化为 1(i = 1)，满足条件(i <= 5)就继续。这和前例基本相同，只是循环只计数到 5。

```
for(i = 1; i <= 5; ++i) {
    cout << i << " ";
}
```

产生的输出如下：

```
1 2 3 4 5
```

下个例子从 10 计数到 20，而不是从 1 到 5。

```
for(i = 10; i <= 20; ++i) {
    cout << i << " ";
}
```

产生的输出如下：

```
10 11 12 13 14 15 16 17 18 19 20
```

初始化列表是 i = 10，条件是 i <= 20。它们决定了循环的初始和终止设置(条件不符就终止循环；所以在本例中，i 的最大值为 20)。

循环设置不一定要用常量。下例使用变量。循环从 n1 计数到 n2。

```
n1 = 32;
n2 = 38;
for (i = n1; i <= n2; ++i) {
    cout << i << " ";
}
```

产生的输出如下：

```
32 33 34 35 36 37 38
```

递增表达式可以是任何表达式，不一定是++i。可以使用--i 使 for 循环倒数。下例的条件使用了大于等于(>=)操作符。

```
for(i = 10; i >= 1; --i) {
    cout << i << " ";
}
```

产生的输出如下：

```
10 9 8 7 6 5 4 3 2 1
```

for 语句非常灵活。通过更改递增表达式，可以每次递增 2 而不是 1。

```
for(i = 1; i <= 11; i = i + 2) {
    cout << i << " ";
}
```

产生的输出如下：

```
1 3 5 7 9 11
```

作为最后一个例子，不一定使用 i 作为循环变量。下例使用循环变量 j。

```
for(j = 1; j <= 5; ++j) {
    cout << j * 2 << " ";
}
```

产生的输出如下:

```
2 4 6 8 10
```

注意，在这个例子中，循环语句会打印 j * 2，最终输出偶数。

for 和 while 的行为永远一样吗?

前面说过，for 是 while 的特例，行为和对应的 while 循环完全一样。基本无误，但存在一个很小的例外。考虑到本书目的以及你以后要写的 99% 的代码，平时不需要担心这一点。该例外涉及 continue 关键字。在循环中使用该关键字，单列为语句，从而"立即跳到下一次循环迭代"。

```
continue;
```

这是一种"直接跳转"语句，并不终止当前循环(那是 break 关键字的工作)，只是加快一下速度。

行为上的区别是: 在 while 循环中，continue 语句会忽视递增(++i)，直接跳到下一次循环迭代。但在 for 语句中，continue 语句会在跳转前执行递增。第二个行为通常是你希望的，这是选择 for 的另一个理由。

例 4.1: 用 for 打印 1 到 N

现在通过一个完整的程序来练习使用 for 语句。该例和 2.3 节的例 2.2 具有相同效果: 打印 1 到 n 的所有数字。但这个版本更简洁。

count2.cpp

```cpp
#include <iostream>
using namespace std;

int main()
{
    int n = 0;
    int i = 0; // for 语句的循环计数器
    // 从键盘获取一个数并初始化 n
    cout << "Enter a number and press ENTER: ";
cin >> n;

    for (i = 1; i <= n; ++i){ // For i = 1 to n
        cout << i << " "; // 打印 i
```

```
    }
    return 0;
}
```

运行程序将从1数到指定的数。例如，输入9将打印以下结果：

```
1 2 3 4 5 6 7 8 9
```

 工作原理

本例使用了一个简单的 for 循环。循环条件使用了 n，程序运行时由用户输入。

```
cout << "Enter a number and press ENTER: ";
cin >> n;
```

循环主体打印 1 到 n 的数。

```
for (i = 1; i <= n; ++i){ // For i = 1 to n
    cout << i << " "; // 打印 i
}
```

总结一下。

- 表达式 i = 1 是初始化表达式；只在循环开始前求值一次，使 i 获得初始值 1。
- 表达式 i <= n 是条件。每次循环迭代都会检查该条件。假定 n 为 9，那么一旦 i 递增到 10，循环就会终止。
- 表达式 i++ 是递增表达式，它在每次执行了循环语句(循环主体)之后求值。它使 i 每次递增 1，从而推动循环的进行。

所以程序逻辑如下：

将 i 设为 1。
While i 小于或等于 n，
  打印 i，
  i 递增 1。

 练习

练习 4.1.1. 在程序中用 for 循环打印 n1 到 n2 的所有数，n1 和 n2 由用户输入。提示：
需提示用户输入两个值，在 for 语句中将 i 初始化成 n1，在循环条件中使用 n2。

练习 4.1.2. 更改本节的例子，逆序打印 n 到 1 的所有数，例如，用户输入 5 就打印 5 4

3 2 1。提示：在 for 循环中将 i 初始化为 n，使用条件 i >= 1，然后使 i 递减 1。

练习 4.1.3. 写程序打印 n1 到 n2 的所有数，但只打印偶数或奇数。打印的每个数都比上个数大 2。

4.4 局部循环变量

for 语句一个好处是可以声明只在循环内部有效的变量(for 的局部变量)。例如：

```
for (int i = 1; i <= n; ++i)
  cout << i << " ";
```

i 在 for 语句的初始化列表中声明，这使 i 成为 for 的局部变量。在 for 循环中修改 i 不会影响循环外面声明的 i。

采用这种技术就不需要在 for 循环之前声明 i，所以可像下面这样修改例 4.1。

count3.cpp

```
#include <iostream>
using namespace std;

int main()
{
int n = 0;

    // 从键盘获取一个数并初始化 n
    cout << "Enter a number and press ENTER: ";
cin >> n;

    for (int i = 1; i <= n; ++i){ // For i = 1 to n
        cout << i << " "; // 打印 i
    }
    return 0;
}
```

例 4.2：用 for 进行质数测试

本节回到例 2.4 的质数例子，讨论如何用 for(而不是 while)写程序。程序判断用户输入的数是不是质数。记住，质数是只能被它自己和 1 整除的数。

程序基本逻辑和例 2.4 一样。重复一下伪代码：

将 i 设为 2
   While i 小于等于 n 的平方根
      If n 可由循环计数器 (i) 整除,
         n 不是质数
            i 递增 1

for 循环版本采取完全相同的操作。编译后会执行和 while 循环相同的指令。但由于 for 循环的本质是执行计数,本例是从 2 计数到 n 的平方根,所以可以从一个稍微不同的角度思考问题。同样的计算,但概念上更简单:

For 2 到 n 的平方根的所有整数
   If 能将 n 整除
      n 不是质数

完整程序如下所示。它是例 2.4 的另一个版本,大多数代码对你来说都应该是熟悉的。

prime2.cpp

```cpp
#include <iostream>
#include <cmath>
using namespace std;

int main() {
    int n = 0;                 // 要进行质数测试的值
    bool is_prime = true;      // 布尔标志;目前假定为 true

    // 从键盘获取一个数字
    cout << "输入一个数并按 ENTER: ";
    cin >> n;

    // 用 2 到 sqrt(n) 的所有整数来除它,看是否能整除
    for (int i = 2; i <= sqrt(n); ++i) {
        if (n % i == 0) {
            is_prime = false;
        }
    }

    // 打印结果
    if (is_prime) {
        cout << "是质数。" << endl;
    } else {
        cout << "不是质数。" << endl;
    }
    return 0;
}
```

运行程序并输入 23，程序打印以下结果：

是质数。

工作原理

程序开头用#include 指令提供必要的 C++库支持。用 C++数学库是因为程序要调用 sqrt 函数来计算一个数的平方根。

```
#include <iostream>
#include <cmath>
```

程序剩余的部分定义了 main 函数(也是唯一的函数)。main 做的第一件事情就是声明程序要使用的变量。(注意，循环变量 i 在 for 循环内部声明。)

```
int n = 0;              // 要进行质数测试的值
bool is_prime = true;   // 布尔标志；目前假定为true
```

is_prime 变量存储真假值(true 或 false)。

找不到能整除 n 的数，n 就是质数。is_prime 默认为 true。换言之，除非被证明为假，否则一个数就是质数。

程序核心是执行质数测试的 for 循环。如第 2 章所述，只需测试从 2 到 n 的平方根的整除数。如找不到能整除 n 的数，表明被测数 n 只能被它自己和 1 整除，所以是质数。

表达式 n % i 用 i 除 n 并返回余数。如 i 能整除 n，余数为 0，意味着 n 不是质数。

```
for (int i = 2; i <= sqrt(n); ++i) {
    if (n % i == 0) {
        is_prime = false;
    }
}
```

记住 for 是怎样工作的：圆括号中第一个表达式是初始化表达式(目前只有一个表达式 int i = 2，但可以写多个表达式，构成一个初始化列表)，第二个表达式 i <= sqrt(n) 是条件，最后一个是递增。总结如下。

● 初始化列表中的表达式 int i = 2 只在整个循环开始前求值一次。
● 条件 i <= sqrt(n)在每次循环迭代前求值。为 false 立即退出循环，为 true 则执行循环主体(进行一次循环迭代)。

- 递增表达式 **++i** 在完成一次循环迭代之后求值。

练习

练习 4.2.1. 对例 4.2 进行优化。目前电脑 CPU 速度都很快，所以优化后除非测试相当大的数(比如 10 亿以上)，否则看不出多大差异。另外，即使测试那么大的数，也要恰好是质数才行。大质数可不好找。但无论如何，以下优化措施都能提高测试大数时的效率。

- **n** 的平方根只计算一次。声明变量 **square_root_of_n**，在进入循环前就算好它的值。该变量应为 **double**。
- 找到 **n** 的整除数，循环就可以退出了。不需要再找更多的整除数。在循环主体的 **if** 语句中，将 **is_prime** 设为 **false** 后就用 **break** 语句中断循环。

4.5 语言对比：Basic 语言的 For 语句

用 Basic 语言或 FORTRAN 语言写过程序，应该看到过和 C++语言 **for** 相似的语句。作用同样是数数。例如，以下 Basic 循环打印 1 到 10 的整数：

```
For i = 1 To 10
    Print i
Next i
```

Basic 语言的 For 语句优点是表达清楚、易于使用。无可否认，它比 C++语言的 **for** 要少打一些字。但 C++ **for** 更灵活。

C++语言的 **for** 的一个灵活性是可以和任意三个有效的 C++表达式配合使用。条件(中间的表达式)甚至不一定是 **i < n** 这样的逻辑表达式(虽然最好是)。在 **if**，**while** 和 **for** 中对条件进行求值，任何非零结果都被视为 **true**。

for 还不要求写完全部三个表达式(初始化、条件和递增)。初始化和递增表达式如缺少将被忽略。条件表达式如缺少将默认为 **true**，相当于创建一个无限循环。

```
for(;;) {
    // 无限循环
}
```

除非用 **break** 等语句中断循环，否则一般应避免无限循环。下例可输入 **0** 来中断循环。

```
for (;;) {
    // 做一些事...

    cout << "输入一个数并按 ENTER: ";
    cin >> n;
    if (n == 0) {
        break;
    }
    // 做更多的事...
}
```

小结

- for 语句常用于重复执行操作，直至计数到特定值。语法如下：

  for (*初始化列表*; *条件*; *递增*)
  　　语句

  等价于以下 while 循环：

  ```
  初始化列表;
  while (条件) {
      语句
      递增;
  }
  ```

- for 循环的行为和 while 循环一样，但有一个例外：在 for 循环中使用 continue 语句，会在循环变量递增之后，才跳到下一次循环迭代。

- 和其他控制结构一样，可在 for 中使用大括号({})来包含复合语句(代码块)。许多程序员都推荐该风格，因为有助于以后添加语句，而且在复杂程序中，大括号有助于澄清程序结构

  for (*初始化列表*; *条件*; *递增*) {
  　　语句
  }

- 下例中的变量 i 称为循环变量：

  ```
  for (i = 1; i <= 10; ++i) {
      cout << i << " ";
  }
  ```

- 可以在初始化列表中动态声明变量。这会使变量具有局部于 for 循环本身的作用域。换言之，在循环内修改变量不影响循环外声明的同名变量。

```
for (int i = 1; i <= 10; ++i) {
    cout << i << " ";
}
```

- 和 if 及 while 一样，for 语句的循环条件可以是任何求值为 true/false 或数值的有效 C++表达式；任何非零值都被视为 true。

- for 语句圆括号内的三个表达式均可省略(初始化、条件和递增)。省略条件，循环会无条件执行(即无限循环)，要用 break 语句中断。

```
for (;;) {
    // 无限循环
}
```

第 5 章

被大量调用的函数

人们不懈追求代码的可重用性。许多工具为此而生，但函数(其他语言称为过程或子程序)是其中最基本的。[①]

函数(在 C++中可能会但也可能不会返回值)的基本思路很简单：一旦有人想好如何完成一个特定任务，比如计算平方根，你就不需要重新去想了，不要重复地发明轮子，只需写好函数待日后需要完成特定任务的时候执行就好了。这称为“调用”函数。

简而言之，函数简化了编程

5.1 函数的概念

本书前面介绍过 sqrt 函数，它获取一个数作为输入，返回一个结果。

```
double sqrt_of_n = sqrt(n);
```

这和纯数学的函数概念相去不远：获取零个或多个输入(实参)，并返回一个结果(返回值)。下面是另一个例子，它获取两个输入，返回它们的平均值。

```
cout << avg(1.0, 4.0);
```

函数写好后可被调用任意多次。调用函数，相当于将程序执行权移交给函数定义代码。函数会运行至结束或遇到 return 语句。之后，执行权还给调用者。没习惯可能会觉得奇怪。那么看图说话吧。如下图所示，下例第 1 步是正常运行至调用 avg 函数，传递实参 a 和 b。第 2 步是程序将执行权移交给 avg。(a 和 b 的值分别传给 x 和 y。)

---

① 译注：原标题是 Functions: Many Are Called。来自《马太福音》22:14：Many are called but few are chosen(被召的人多，但选上的人少)。

```
void main() {
    double a = 1.2;
    double b = 2.7;
    cout << "Avg is" << avg(a,b);
    cout << endl;
    cout << endl;
    system("PAUSE");
}



double avg(double x, double y) {
    double v = (x + y)/2;
    return v;
}
```

① ②

如下图所示，函数运行，直到第 3 步遇到 return 语句，造成执行权还给函数的调用者，打印返回值。最后第 4 步，程序在 main 函数中继续运行到结束。

```
void main() {
    double a = 1.2;
    double b = 2.7;
    cout << "Avg is" << avg(a,b);
    cout << endl;
    cout << endl;
    system("PAUSE");
}



double avg(double x, double y) {
    double v = (x + y)/2;
    return v;
}
```

④ ③

程序中只有 main 函数保证会运行。其他函数仅在调用时运行。函数可通过多种方式调用。例如，main 调用函数 A，后者调用函数 B 和 C，C 又调用 D。

5.2　函数的使用

建议用以下方式创建和调用用户自定义函数。

- 在程序开头**声明**函数。
- 在程序某个地方**定义**函数。

- 其他函数调用该函数。

步骤 1：声明函数(创建函数原型)

虽然没有严格要求，但通常应该在程序开头创建函数(main 除外)原型。C++要求函数先声明再使用：这种声明既可以是原型，也可以是定义(步骤 2)。

要偷懒，少做一些事，可按照和调用相反的顺序定义函数。这样可以没有原型。但假如两个函数相互调用(这种情况比你想象的常见)，该策略就不奏效了。坚持创建原型，以后调用函数前就不必担心："我定义过该函数吗？"

函数原型只提供类型信息，语法如下：

> 返回类型 函数名 (参数列表);

其中，*返回类型*描述函数返回什么类型的值。如函数不返回值，就使用特殊的 void 类型(即空类型)。

*参数列表*是包含零个或多个参数名称的列表，多个参数以逗号分隔。每个前面都要附加正确的类型名称。(技术上说不需要在原型中提供参数名称，但这是良好的编程实践。)

例如，以下语句声明 avg 函数，获取两个 double 参数，返回 double 值。

```
double avg(double x, double y);
```

*参数列表*可为空，表明函数不接受任何参数。

步骤 2：定义函数

函数定义描述函数要做的事情，语法如下：

> 返回类型 函数名 (参数列表) {
>   语句
> }

看起来和原型差不多，唯一区别是分号被替换成两个大括号之间的零个或多个语句。不管包含多少语句，大括号都是必须的。例如：

```
double avg(double x, double y) {
    return (x + y) / 2;
}
```

return 语句导致立即退出，并返回(x + y) / 2 的求值结果。如函数不返回值，直接写
return;退出。

步骤 3：调用函数

函数定义好之后就可以从任意函数中使用(调用)任意多次。例如：

```
n = avg(9.5, 11.5);
n = avg(5, 25);
n = avg(27, 154.3);
```

函数调用是表达式：只要它返回值(而不是 void)，就可以在更大的表达式中使用。例如：

```
z = x + y + avg(a, b) + 25.3;
```

调用函数时，函数调用中指定的值传给函数的参数。下图展示了 avg 函数调用的一个例
子，使用 9.5 和 11.5 作为输入。它们作为实参传给函数。函数返回值赋给 z。

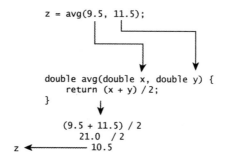

如下图所示，另一次函数调用可能传递不同的值，例如 6 和 26。由于是整数，所以可隐
式转换(或提升)为 double。

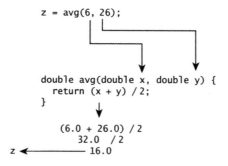

例 5.1：avg() 函数

本节在完整程序中演示简单的函数调用。演示了三个步骤：声明函数、定义它和调用它。

```cpp
avg.cpp

#include <iostream>
using namespace std;
// 函数使用前必须声明
double avg(double x, double y);

int main()
{
    double a = 0.0;
    double b = 0.0;
    cout << "输入第一个数并按 ENTER: ";
    cin >> a;
    cout << "输入第二个数并按 ENTER: ";
    cin >> b;

    // 调用 avg 函数
    cout << "平均数是: " << avg(a, b) << endl;
    return 0;
}

// 定义 avg 函数
double avg(double x, double y) {
    return (x + y)/2;
}
```

 工作原理

代码很简单，但演示了前面描述的三个步骤。

1. 在程序顶部声明函数(创建函数原型)。

2. 在程序某个地方定义函数。

3. 从另一个函数(本例是 main)中调用该函数。

虽然函数声明(原型)应该总是放到程序开头。一般规则是函数必须在调用前声明，但不一定在调用前定义。

```cpp
double avg(double x, double y);
```

avg 函数的定义相当简单，仅有一个语句。但函数定义事实上可以包含任意数量的语句。

```cpp
double avg(double x, double y) {
    return (x + y)/2;
}
```

main 函数在一个更大的表达式中调用 avg。计算好的值(本例是 a 和 b 的平均数)返回给调用者并打印。

```cpp
cout << "平均数是: " << avg(a, b) << endl;
```

 函数调用函数

程序可包含任意数量的函数。例如，下例除 main 之外还定义了两个函数。修改的部分加粗显示。

avg2.cpp

```cpp
#include <iostream>
using namespace std;
// 函数使用前必须声明
void print_results(double a, double b);
double avg(double x, double y);

int main()
{
    double a = 0.0;
    double b = 0.0;
    cout << "输入第一个数并按 ENTER: ";
    cin >> a;
    cout << "输入第二个数并按 ENTER: ";
    cin >> b;

    // 调用 print_results 函数
    print_results(a, b);
    return 0;
}

// 定义 print_results 函数
void print_results(double a, double b) {
    cout << "平均数是: " << avg(a, b) << endl;
}
```

```
// 定义 avg 函数
double avg(double x, double y) {
    return (x + y)/2;
}
```

这个版本效率不高，但演示了一个重要概念：不限于一两个函数，可以写任意数量的函数。程序创建了如下所示的控制流程：

main() → print_results() → avg()

练习

练习 5.1.1. 写程序定义并测试 factorial(阶乘)函数。N 的阶乘是 1 到 N 的所有整数的乘积。例如，5 的阶乘是 **1 * 2 * 3 * 4 * 5 = 120**。提示：使用第 4 章描述的 **for** 循环。

练习 5.1.2. 写 print_out 函数打印 **1** 到 **N** 的所有整数。将函数放到程序中测试，传递一个从键盘输入的数。print_out 函数应具有 **void** 类型，因为不需要返回一个值。函数可用一个简单的语句来调用：

print_out(n);

例 5.2：质数函数

第 2 章包含一个很有用的例子：判断指定的数是不是质数。将质数测试写成函数，就可以反复调用它。

以下程序利用了第 2 章和第 3 章的质数测试代码，将相关 C++语句放到独立的 prime 函数中。

prime2.cpp
```
#include <iostream>
#include <cmath> // 因为要调用 sqrt
using namespace std;

// 函数使用前必须声明
bool prime(int n);
```

```
int main()
{
    int n = 0;

    // 设置无限循环, 用户输入 0 中断;
    // 否则测试 n 是否质数
    while (true) {
        cout << "输入数字(0 = 退出)并按 ENTER: ";
        cin >> n;
        if (n == 0) { // 输入 0 就退出
            break;
        }
        if (prime(n)) { // 调用 prime(i)
            cout << n << "是质数" << endl;
        } else {
        cout << n << "不是质数" << endl;
        }
    }
    return 0;
}

// 质数函数。测试 2 到 n 平方根的整除数。
// 找到整除数就返回 false, 否则返回 true
bool prime(int n) {
    for (int i = 2; i <= sqrt(n); ++i) {
        if (n % i == 0) { // 如果 n 被 i 整除,
            return false; // 那么 n 不是质数
        }
    }
    return true; // 没有发现整除数, 表明 n 是质数
}
```

 工作原理

和以前一样, 程序遵循基本模式: 1. 在程序开始处声明函数类型信息(定义原型); 2. 在程序某个地方定义函数; 3. 调用函数。

根据原型, prime 函数获取一个整数实参并返回 bool 值(true 或 false)。如使用很老的编译器, 可用 int 代替 bool。

    bool prime(int n);

函数定义是第 4 章质数代码的变化形式, 使用了 for 循环。和例 4.2 对比, 会发现差别并

不大。

```cpp
bool prime(int n) {
    for (int i = 2; i <= sqrt(n); ++i) {
        if (n % i == 0) {  // 如果n被i整除,
            return false;  // 那么n不是质数
        }
    }
    return true; // 没有发现整除数, 表明n是质数
}
```

另一个区别是新版本没有用 bool 变量 is_prime, 而是直接返回 bool 值。逻辑如下:

For 2 到 n 的平方根的所有整数
  If n 被循环变量 i 整除
    立即返回 false 值

取余操作符(%)返回余数, 为 0 表明第一个数被第二个数整除。return 语句是关键, 它立即返回, 造成执行从函数中退出, 从 main 调用函数的位置恢复执行。不需要用 break 退出循环。

main 函数循环调用 prime 函数。这里要用 break 提供退出机制, 所以并不是真正的无限循环。只要用户输入 0, 循环就会终止, 程序结束。退出行加粗显示。

```cpp
while (true) {
    cout << "输入数字(0 = 退出)并按 ENTER: ";
    cin >> n;
    if (n == 0) { // 输入 0 就退出
        break;
    }
    if (prime(n)) { // 调用 prime(i)
        cout << n << "是质数" << endl;
    } else {
    cout << n << "不是质数" << endl;
    }
}
```

循环剩余部分调用 prime 并打印质数测试结果。由于函数返回真假值, 所以完全可以在 if/else 条件中直接使用 prime 调用结果。

练习

练习 5.2.1. 优化质数测试函数，每次调用函数，都只计算 n 的平方根一次。声明 double 类型的局部变量 sqrt_of_n。(提示：函数中声明的变量就是该函数的局部变量。)然后在循环条件中使用该变量。

练习 5.2.2. 重写 main 测试 2 到 20 的所有数，打印是不是质数，一行打印一个。提示：用 for 循环，i 从 2 到 20。

练习 5.2.3. 写程序找出大于 10 亿(1 000 000 000)的第一个质数。

练习 5.2.4. 写程序让用户输入 n，找出大于 n 的第一个质数。

5.3 局部和全局变量

几乎所有编程语言都有局部变量的概念。使用局部变量，只要两个函数在意自己的数据(这种情况很普遍)，就不会相互干扰。

在上个例子(例 5.2)中，假如 main 和 prim 都使用名为 i 的局部变量。如果 i 不是局部的(也就是在函数之间共享)，会发生什么呢？

首先，main 函数在对 if 的条件进行求值时会调用 prime。假定 i 值为 24。

```
if (prime(i)) {
    cout << i << "是质数" << endl;
} else {
    cout << i << "不是质数" << endl;
}
```

值 24 会传给 prime 函数。

```
// 假定 i 不在这里声明，而是一个全局变量。
int prime(int n) {
    for (i = 2; i <= sqrt((double) n); ++i)
        if (n % i == 0) {
            return false;
        }
    }
    return true; // 没有找到整除数, n 是质数
}
```

看看函数都做了什么。它将 i 设为 2，然后测试它能否整除传入的数 24。测试通过，因为 2 确实能整除 24，函数返回。但 i 现在等于 2 而不是 24，所以程序执行以下语句时：

```
cout << i << "是质数" << endl;
```

会打印以下结果：

2 不是质数。

这是错误的，首先 2 是质数(最小的质数，也是唯一为偶数的质数，其他质数都是奇数)，其次要测试的是 24 而不是 2。所以，为了避免这个问题，除非有很好的理由，否则一定要将变量声明为局部变量。

那么，是否存在很好的理由需要一个变量不是局部变量呢？是的，确实有这方面的需求。但只要你有其他选择，还是最好让变量成为局部变量，尽量避免函数之间的干扰。

在任何函数定义的外部声明的变量就是全局(非局部)变量。一般将所有全局声明放在接近程序开头的地方，在第一个函数之前。全局变量的作用域是从它声明的地方开始，直到文件结束。

例如，下例在 main 之前声明全局变量 status：

```
#include <iostream>
#include <cmath>
using namespace std;

int status = 0;

void main()
{
    //
}
```

现在，任何函数都能访问 status 变量。由于是全局的，所以只存在它的一个拷贝。一个函数更改了 status，会在其他函数中反映出来。

C++默认以"传值"方式传递实参，即函数获得它自己的所传数据的拷贝。结果是在函数中对实参的修改不会影响到外面。这些实参是"仅输入"的数据。至于输出，就是函数的返回值。

这会造成一个比较尴尬的情况，如下图所示，函数只能通过它的一个返回值或修改全局变量的值向调用者提供输出。后者虽能接受，但缺点也很明显，因为太多全局变量会让人感到不爽。第 7 章会讲到指针，将解释如何克服这些限制，通过"传引用"的实参返回多个值。

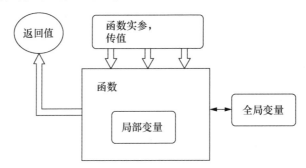

暂且认为函数的输入和输入就是通过它的实参和返回值。虽然函数可通过全局变量影响外面的数据，但一般很少用。

花絮 **全局变量存在的意义**

基于上一节的描述，全局变量可能很危险。用上瘾了会有隐患，因为一个函数的修改可能对其他函数造成非预期的影响。既然危险，为什么还要用？

事实上，经常都需要全局变量。有的时候，全局变量是在多个函数之间通信的最佳方式；否则，只能用一个长长的参数列表来回传输所有程序信息。第 11 章开始讲解类，它是在密切相关的函数之间共享数据的一种备选的、而且通常更优的方式。同一个类的函数可以访问别的函数访问不到的私有数据。

5.4 递归函数

目前只是在 `main` 函数中调用程序定义的其他函数。但事实上，任何函数都能调用其他任何函数。但一个函数能调用它自己吗？答案是肯定的。稍后会讲到，这其实是再正常不过的一件事情。函数自己调用自己称为**递归**。你马上就会问，和无限循环一样，如函数自己调用自己，那么何时终止？答案很简单：加一个终止机制。

以练习 5.1.1 的阶乘函数为例，可重写为递归函数：

```
int factorial(int n) {
    if (n <= 1) {
        return 1;
    } else {
        return n * factorial(n - 1); // 递归!
    }
}
```

对于大于 1 的任何数，阶乘函数都会发出对它自己的一个调用，只是传递一个小 1 的数。最后调用 factorial(1)，之后终止。

这形成了一个函数调用 "栈"(stack)，每个都为 n 传递不同的实参，最后依次返回。栈是计算机维护的一个特殊内存区域，采用 "后入先出"(last-in-first-out，LIFO)机制跟踪所有未决函数调用的信息(包括实参和局部变量)。可以像下图一样画出调用 factorial(4)的过程。

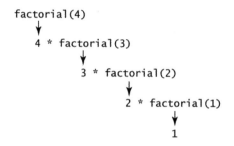

用 for 语句实现的许多函数都可改为用递归实现。但并不推荐无脑使用递归。本例就是一个例子。它造成程序将 1 到 n 的所有值都存储到栈上，而不是直接在一个循环中累加，所以反而影响了效率。下一节将更好地利用递归。

但本节确实演示了递归的两个重点。递归函数(调用自身的函数)必须做到以下两点。

- 为了解决层数为 n 的一个常规问题，假定已解决了 n-1 层。
- 指定至少一个终止条件，比如 n == 1 或 n == 0。

例 5.3：质因数分解

目前接触过的所有质数例子都能发挥作用，但都存在一个限制。它们会告诉你像 12001 这样的数不是质数，但也仅限于此。知道 12001 能被哪些数整除是不是更好？

应该对任何指定的数进行 "质因数分解"，明确列出它由哪些质因数相乘而来。例如，输入 36，输出应该如下：

    2, 2, 3, 3

输入 99，输出应该如下：

    3, 3, 11

输入质数，输出应该是它本身。例如，输入 17，输出也是 17。

我们已拥有完成该任务所需的几乎全部代码。对以前的质数程序进行少量修改即可。要进行质因数分解，先获得最小的整除数，再继续分解剩余的商。

为了获得 n 的所有整除数：

For 2 到"n 的平方根"的所有整数
  If n 能被循环变量(i)整除
      打印 i，后跟一个逗号，然后
      传递 n / i 重新运行函数
      退出当前函数
      如果没有找到整除数，就打印 n 本身

这是典型的递归逻辑。我们决定让 get_divisors 函数调用它自己。

```cpp
prime3.cpp

#include <iostream>
#include <cmath>
using namespace std;

void get_divisors(int n);
int main()
{
    int n = 0;
    cout << "输入一个数并按 ENTER: ";
    cin >> n;
    get_divisors(n);
    cout << endl;
    return 0;
}

// 质因数分解函数，打印 n 的所有质因数
// 查找最小质因数 i，传递 n/i 来重新运行它自身
void get_divisors(int n) {
    double sqrt_of_n = sqrt(n);
    for (int i = 2; i <= sqrt_of_n; ++i) {
        if (n % i == 0) { // 如果 i 整除 n
            cout << i << ", "; // 打印 i,
            get_divisors(n / i); // 分解 n/i,
            return; // 并退出
        }
```

```
    }
    // 没有找到整除数，则 n 为质数
    // 打印 n，不再继续调用
    cout << n;
}
```

工作原理

程序按惯例先声明函数。本例除 main 之外只有一个附加的函数 get_divisors。因为要使用 cout，cin 和 sqrt，所以程序还包含了 iostream 和 cmath。顺便说一下，sqrt 不要直接声明，cmath 已帮你声明了。

```
#include <iostream>
#include <cmath>

void get_divisors(int n);
```

main 函数本身不做太多事情，只是从键盘获取输入并调用 get_divisors。

```
int main()
{
    int n = 0;
    cout << "输入一个数并按 ENTER: ";
    cin >> n;
    get_divisors(n);
    cout << endl;
    return 0;
}
```

get_divisors 函数是程序最有趣的部分。返回类型是 void，意味着函数不返回值，但仍然使用 return 语句来提早退出。

```
void get_divisors(int n) {
    double sqrt_of_n = sqrt(n);
    for (int i = 2; i <= sqrt_of_n; ++i) {
        if (n % i == 0) { // 如果 i 整除 n
            cout << i << ", "; // 打印 i,
            get_divisors(n / i); // 分解 n/i,
            return; // 并退出
        }
    }
    // 没有找到整除数，则 n 为质数
    // 打印 n，不再继续调用
```

```
cout << n;
}
```

函数核心是 for 循环，它测试 2 到 "n 的平方根" 的数。n 的平方根事先计算好，结果存储到变量 sqrt_of_n 中。

```
for (int i = 2; i <= sqrt_of_n; ++i) {
    if (n % i == 0) { // 如果i整除n
        cout << i << ", "; // 打印i,
        get_divisors(n / i); // 分解n/i,
        return; // 并退出
    }
}
```

如果 n % i == 0 为 true，表明循环变量 i 能整除 n。这时函数要做几件事情：打印循环变量(整除数)；递归调用自己；然后退出。

函数调用自己时传递 n/i。由于已经找到质因数 i，所以函数接着查找 n 的其余质因数；它们包含在 n/i 中。

如果没有找到整除数，意味着被测试的是质数。所以，正确做法是打印该数并终止。

```
cout << n;
```

例如，假定输入 30。函数将测试 30 的最小整除数。函数打印 2，然后重新运行它自己，对剩余的商 15(30 除以 2 等于 15)进行测试。

在下一个调用中，函数将测试 15 的最小整除数。这个数是 3，所以打印 3，然后再次运行它自己，对剩余的商 5(15 除以 3 等于 5)进行测试。

参考下图就可以理解：除非被测数是质数，否则每次调用 get_divisors，都会获得最小的整除数(质因数)，然后发出另一个调用。

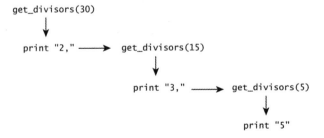

数论

稍微思索一下就会明白为什么最小整除数肯定是质因数？假定 A 是最小整除数，*但不是质数*。在这种情况下，它肯定至少有一个不等于 1 或 A 的整除数 B。

但既然 B 能整除 A，A 又是目标数的整除数，那么 B 也必然是目标数的整除数。此外，B 还小于 A。这证明最小整除数不是质因数的假设是一个悖论。

但是，既然 A 能将另一个数(n)整除，那么 B 和 C 也肯定能整除同一个数(n)。

用例子更容易明白。能被 4(非质数)整除的任何数字都能被 2(质数)整除。在不断查找最小整除数的过程中，质因数总是第一个找到。

练习

练习 5.3.1. 重写例 5.3 的 main 函数，打印"输入一个数(0=退出)并按 ENTER: "。程序调用 get_divisors 来显示质因数分解，提醒用户再次输入，直到输入 0。提示：参考例 5.2。

练习 5.3.2. 写程序用递归函数计算三角形数。三角形数是 1 到 n 的所有整数之和，其中 n 需要指定。例如，triangle(5) = 5 + 4 + 3 + 2 + 1。

练习 5.3.3. 修改例 5.3 使用非递归方案。这样肯定要写更多的代码。提示：用两个函数 get_all_divisors 和 get_lowest_divisor 简化工作。在 main 中调用 get_all_divisors，后者反复调用 get_lowest_divisor，每次都将 n 替换成 n/i，其中 i 是找到的整除数。返回 n，表明该数是质数，循环终止。

例 5.4：欧几里德最大公因数算法

小时候学过如何计算最大公因数(Greatest Common Factor，GCF)。例如，15 和 25 的最大公因数是 5。老师不厌其烦解释 GCF，直到你烦了为止。用计算机来算行不行？之所以拿 GCF 说事，是因为第 10 章会讲到，会算 GCF，算最小公倍数(Lowest Common Multiple，LCM)就是小事一桩。

著名希腊数学家欧几里德提出了最大公因数算法。

为了计算 A 和 B 两个整数的最大公因数:
  If B 等于 0,
    答案是 A

Else
    答案是GCF(B, A%B)

以前介绍过取余操作符**%**。A%B 的意思是：

    A 除以 B，返回余数

例如，5%2 等于 1，4%2 等于 0。0 意味着 A 能被 B 整除。

如果 B 不等于 0，算法将实参 A 和 B 替换成 B 和 A%B 并递归调用自身。这个方案有效是因为两个原因。

● 终止情况有效：B 等于 0。此时答案是 A。A 和 0 的最大公因数明显是 A。
● 常规情况有效：GCF(A, B)等于 CGF(B, A%B)。所以函数用新实参 B 和 A%B 调用它自己。

常规情况有效是因为(B, A%B)的最大公因数也是(A, B)的最大公因数。GCF 问题就这样从(A, B)传导给了(B, A%B)。这其实就是递归的根本：将问题传导给更简单的情况，处理越来越小的数。

由于(B, A%B)所涉及的数小于或等于(A, B)中的数，所以每次递归调用，算法都使用越来越小的数，直至 B 为零。

后面的"花絮"会进一步证明算法。下面先列出计算最大公因数的完整程序。

gcf.cpp

```cpp
#include <cstdlib>
#include <iostream>
using namespace std;

int gcf(int a, int b);
int main()
{
    int a = 0, b = 0; // 要计算最大公因数的两个数
    cout << "输入 a: ";
    cin >> a;
    cout << "输入 b: ";
    cin >> b;
    cout << "GCF = " << gcf(a, b) << endl;
    return 0;
}
```

```
int gcf(int a, int b) {
    if (b == 0) {
        return a;
    } else {
        return gcf(b, a%b);
    }
}
```

 工作原理

main 做的就是提示输入两个变量 a 和 b 的值，调用最大公因数函数 gcf 并打印结果。

```
cout << "GCF = " << gcf(a, b) << endl;
```

gcf 函数实现前面描述的算法。

```
int gcf(int a, int b) {
    if (b == 0) {
        return a;
    } else {
        return gcf(b, a%b);
    }
}
```

算法不停将 B 的旧值赋给 A，将 A%B 赋给 B。新的实参等于或小于旧的。它们变得越来越小，直到 B 等于 0。

例如，假定最初 A = 300，B = 500，第一次递归调用就会掉换它们的顺序。(如果 B 较大，肯定会发生这个情况)。之后，每次调用 gcf 都会传递更小的实参，直至抵达终止情况，如下表所示。

A 值	B 值	A%B 值(余数)
300	500	300
500	300	200
300	200	100
200	100	0
100	0	终止情况：答案是 100

B 等于零，gcf 函数就不再计算 A%B，而是直接返回答案。

如下表所示，如果 A 的初始值大于 B，算法还能更快一些。例如，假定 A = 35，B = 25。

A 值	B 值	A%B 值(余数)
35	25	10
25	10	5
10	5	0
5	0	终止情况：答案是 5

花絮　欧几里德是谁？

欧几里德乃何方神圣？是不是搞几何的那个很有名的希腊人？比如"两点之间线段最短"。是他！就是他！欧几里德的《几何原本》(*Elements*)是西方文明史上最有名的著作之一。长达 2500 年都作为标准教科书使用。书中他首次展现了大师级的逻辑推理，证明了后来被称为"几何"的一切。

事实上，"证明"就是从他那里开始发扬光大的。这套著作对后世的数学家和哲学家产生了深远影响。

据传，欧几里德曾经对托勒密一世说："几何学无坦途。"换言之，只能埋头苦干呗！

虽然重点是几何，但欧几里德的著作还成就了数论。上文提到的算法就是其中最著名的结论。虽然是用几何学的方式描述该问题，在已知矩形两边长度的前提下找出能最完美填充它的最大正方形，但我们可以用任何两个整数来套。

练习

练习 5.4.1. 修订程序打印算法涉及的全部步骤，示例如下：

```
GCF(500, 300) =>
GCF(300, 200) =>
GCF(200, 100) =>
GCF(100, 0) =>
100
```

练习 5.4.2. 面向专家：修改 `gcf` 函数使用迭代(基于循环)而非递归。每次循环迭代都在 B 为零时终止；否则设置 A 和 B 的新值并进入下一次迭代。需设置临时变量 `temp` 来容纳 B 的旧值：

```
temp = b;
b = a%b;
a = temp;
```

证明过程

前面解释了部分欧几里德算法。没有解释的是为何(B，A%B)的最大公因数也是(A，B)的最大公因数。要使此结论成立，需证明以下两点。

- 如果一个数是 A 和 B 的公因数，那么也是 A%B 的因数。
- 如果一个数是 B 和 A%B 的公因数，那么也是 A 的因数。

如以上假设成立，那么一个数对的所有公因数都是另一个数对的公因数。换言之，(A，B)的公因数集合和(B，A%B)的公因数集合完全一致，具有相同的最大公因数。

来看看取余操作符**%**，假定 m 是整数，那么：

    A = mB + A%B

A%B 等于或小于 A，所以算法会获得越来越小的数。假定整数 n 是 A 和 B 的公因数(能整除两者)，那么：

    A = cn
    B = dn

其中 c 和 d 整数，所以：

    cn = m(dn) + A%B
    A%B = cn - mdn = n(c - md)

这证明如果 n 是 A 和 B 的公因数，那么也是 A%B 的因数。通过类似的推导，可证明如果 n 是 B 和 A%B 的公因数，那么也是 A 的因数。

由于(A，B)的因数和(B，A%B)的因数完全一致，所以具有相同的最大公因数。所以，GCF(A，B)等于 GCF(B，A%B)。证明完毕！

例 5.5：优美的递归：汉诺塔

严格地说，前面的例子并非一定需要递归。稍加改动，就可用基于循环的迭代函数解决。但下例演示了某些问题只有用递归才能优美地解决。

这就是汉诺塔(Tower of Hanoi)问题。有三个塔，每个塔由一叠穿孔圆盘组成，圆盘由下到上依次变小。要求按规则将第一叠圆盘全部移至第三叠，规则如下。

- 一次只能移动一个盘
- 大盘不能叠在小盘上

听起来容易做起来难！假定一塔 4 盘。先将顶部的盘移走，但移到哪里，之后怎么办？为了解决问题，假定已知如何移动 n − 1 个盘。那么，为了将 n 个盘从源塔移至目标塔，要有以下行动、

1. 将 n − 1 个盘从源塔移至(当前)未使用的(或其他)塔。
2. 将一个盘从源塔移至目标塔。
3. 将 n − 1 个盘从"其他"塔移至目标塔。

看图更容易理解。首先，算法将 n − 1 个盘从源塔移至"其他"塔("其他"塔是针对当前这一次移动，既不是源塔，也不是目标塔的塔)。本例 n 等于 4，n − 1 等于 3，但这些数字是可变的。

1. 如下图所示，将 n − 1 个盘从源塔移至"其他"塔。

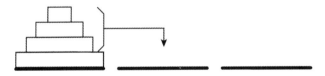

经此次递归移动，至少一个盘留在源塔顶部。然后移动该盘，这是最简单的操作：直接将一个盘从源塔移至目标塔。

2. 如下图所示，直接将一个盘从源塔移至目标塔。

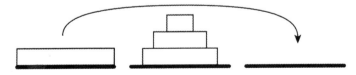

最后，执行另一次递归移动将 n − 1 个盘从"其他"塔(既不是源塔，也不是目标塔的塔)移至目标塔。

3.   如下图所示，将 n – 1 个盘从“其他”塔移至目标塔。

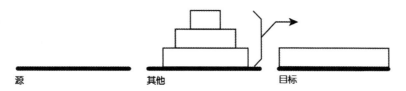

源   其他   目标

既然规则是一次只能移动一个盘，为什么步骤 1 和 3 能同时移动 n – 1 个盘？记住递归的基本思路。假定已针对情况 n – 1 解决了问题(虽然其中可能涉及多个步骤)，那么唯一要做的就是告诉程序解决第 n 种情况。程序像变魔术一样解决其他问题。当然，我们不知道如何移动 n 个盘，但程序会算出来。递归技术使我们能在已知如何解决 n – 1 的情况下解决 n。

当然不能忘了终止情况，即 n = 1。但这种情况实在过于简单，将圆盘直接从源塔移至目标塔就可以了。

以下程序无脑实现了该算法。

tower.cpp

```cpp
#include <iostream>
using namespace std;
void move_rings(int n, int src, int dest, int other); // 移动多个盘
void move_a_ring(int src, int dest); // 移动一个盘
int main()
{
    int n = 3; // 假定一塔 3 盘
    move_rings(n, 1, 3, 2); // 塔 1 移至塔 3，“其他塔”是塔 2
    return 0;
}

void move_rings(int n, int src, int dest, int other) {
    if (n == 1) {
        move_a_ring(src, dest);
    } else {
        move_rings(n - 1, src, other, dest);  // 步骤 1
        move_a_ring(src, dest);                // 步骤 2
        move_rings(n - 1, other, dest, src);  // 步骤 3
    }
```

```
    }

    void move_a_ring(int src, int dest) {
        cout   << "从塔" << src << "移至塔"
               << dest << endl;
    }
```

 工作原理

简约而不简单。本例将圆盘数量预设为 3，但其实任意数量都可以。

    int n = 3; // 假定一塔 3 盘

然后调用 move_rings 函数将 3 个盘从源塔 1 移至目标塔 3(第 2 个和第 3 个实参)。"其他"塔的编号是 2，是第 4 个实参:

    move_rings(n, 1, 3, 2); // 塔 1 移至塔 3，"其他塔"是塔 2

这个简单的例子只涉及 3 个盘，程序输出如下所示。随便拿 3 个不同大小的硬币即可自行验证。

    从塔 1 移至塔 3
    从塔 1 移至塔 2
    从塔 3 移至塔 2
    从塔 1 移至塔 3
    从塔 2 移至塔 1
    从塔 2 移至塔 3
    从塔 1 移至塔 3

将 n 设为 4，会得到长度倍增的输出。move_ring 函数核心是以下代码，它实现了前面描述的常规解决方案。记住，递归算法是假定已解决了 n − 1 种情况

    move_rings(n - 1, src, other, dest);   // 步骤 1
    move_a_ring(src, dest);   // 步骤 2
    move_rings(n - 1, other, dest, src);   // 步骤 3

注意在三个塔中，并非肯定第 3 个塔就是目标塔。每个塔的角色在每一次递归调用中都是可变的，每一次都可能是源塔、其他塔或目标塔之一。

 练习

练习 5.5.1. 修改程序让用户为 n 输入任意正整数。检查输入是否大于 0 更佳。

练习 5.5.2. 不是直接在屏幕上打印"移至"消息，而是让 move_ring 函数调用另一个函数 exec_move。后者获取源塔和目标塔的编号作为实参。由于这是一个单独的函数，可以写任意多行代码来打印更完善的消息，例如：

将最顶部的盘从塔 1 移至塔 3

例 5.6：随机数生成器

递归的乐子找够了，来看一个更实际的例子：生成随机数。这是许多游戏程序的核心。

本节的程序模拟掷骰任意次数的结果。它调用 rand_0toN1 函数，函数获取实参 n，随机返回 0 到 n − 1 的一个数。例如，假定用户输入 6，程序模拟掷骰，可能产生以下输出：

```
3 4 6 2 5 3 1 1 6
```

dice.cpp

```cpp
#include <iostream>
#include <cstdlib> // 支持 rand 和 srand.
#include <ctime> // 支持时间函数
using namespace std;
int rand_0toN1(int n);
int main()
{
    int n = 0;
    int r = 0;
    srand(time(nullptr)); // 设置随机数种子
    cout << "掷多少次骰: ";
    cin >> n;
    for (int i = 1; i <= n; ++i) {
        r = rand_0toN1(6) + 1; // 获取 1 到 6 的随机数
        cout << r << " "; // 打印该数
    }

    return 0;
}

// 返回 0 到 n-1 的随机数
int rand_0toN1(int n) {
    return rand() % n;
}
```

 工作原理

之前的例 3.2 展示了随机数生成的基本原则。下面快速回顾一下。程序开头包含多个库来
支持生成随机数所需的函数。

```
#include <iostream>
#include <cstdlib> // 支持 rand 和 srand.
#include <ctime> // 支持时间函数
using namespace std;
```

接着设置随机数种子来生成数列(实际是伪随机数；同一个种子生成同一个随机数数列)。
用系统时间作为种子，可确保程序每次运行都生成一组不同的随机数。

```
srand(time(nullptr));
```

注 意 ▶ 记住从 C++11 起，编译器要求支持 nullptr 指针类型，即"空指针"。老的编译器
可能需要将 nullptr 替换为 NULL 或 0。另外，用 static_cast 操作符可防止出现警
告。详情参考第 3 章。

main 剩余部分就是提示输入一个数，打印这么多次生成随机数的结果。for 循环反复调
用 rand_0toN1 函数，该函数返回 0 到 n − 1 的一个随机数。

```
for (int i = 1; i <= n; ++i) {
    r = rand_0toN1(6) + 1; // 获取 1 到 6 的随机数
    cout << r << " "; // 打印该数
}
```

rand_0toN1 函数定义如下所示：

```
int rand_0toN1(int n) {
    return rand() % n;
}
```

rand 输出的随机数范围太大，可能是任何无符号整数(最大值由 RAND_MAX 定义)。%操作
符的妙处在于，不管范围多大，只要 rand 函数输出大于或等于 n − 1 的数，那么
rand_0toN1 函数必然返回 0 到 n − 1 的结果。

本例 n 等于 6，所以函数返回 0 到 5 的值。加 1 确保获得 1 到 6 的随机数，这正是我们
想要的。

练习 5.6.1. 重写 rand_0toN1 函数，改名为 rand_1toN，返回 1 到 N(而不是 0 到 N-1)的随机数。N 是传给它的整数实参。

练习 5.6.2. 写函数返回 0.0 到 1.0 的随机浮点数。提示：调用 rand，使用 static_cast<double>(r)将结果 r 强制转换为 double 类型，然后用 int 范围的最大值(RAND_MAX)来除。函数返回类型是 double。

5.5 继续游戏

知道如何写函数和生成随机数后，可利用这些知识来改进第 2 章最后介绍的"减法游戏"。目前当用户采用必胜策略时，计算机的响应是选 1，这个选择是固定和可预测的。为了增加游戏的趣味性，可以让计算机在无必胜情况下随机选择。以下程序进行了必要的修改，有变化的代码加粗显示。

```
nim2.cpp

    #include <iostream>
    #include <ctime>
    #include <cstdlib>
    using namespace std;
    int rand_0toN1(int n);

    int main()
    {
        int total, n;

    srand(time(nullptr)); // 设置随机数种子
        cout << "欢迎进入 NIM 游戏，选一个数吧：";
        cin >> total;

        while (true) {
            // 选择最佳应对并打印结果
            if ((total % 3) == 2) {
                total = total - 2;
                cout << "我减 2。" << endl;
            } else if ((total % 3) == 1) {
                    --total;
                cout << "我减 1。" << endl;
```

```
        } else {
            n = 1 + rand_0toN1(2); // n = 1 或 2.
            total = total - n;
            cout << "我减 ";
            cout << n << "。" << endl;
        }

        cout << "现在的数是: " << total << endl;
        if (total <= 0) {
            cout << "我赢了!" << endl;
            break;
        }

        // 获取用户的应对; 必须是 1 或 2
        cout << "输入要减多少(1 或 2): ";
        cin >> n;
        while (n < 1 || n > 2) {
            cout << "只能输入 1 或 2。" << endl;
            cout << "请重输: ";
            cin >> n;
        }
        total = total - n;
        cout << "现在的数是: " << total << endl;
        if (total <= 0) {
            cout << "你赢了! "<< endl;
            break;
        }
    }
    return 0;
}

int rand_0toN1(int n) {
    return rand() % n;
}
```

小结

- C++函数定义特定任务，类似于其他语言中的子程序或过程。C++用"函数"一词统称所有这样的例程，无论它们是否返回值。

- 需在程序开头声明好所有函数(main 不用)，以提供所需的类型信息。函数声明也称为"函数原型"，语法如下：

返回类型 函数名 (参数列表);

还需要在程序某个地方定义函数,描述函数要做的事情,语法如下:

返回类型 函数名 (参数列表) {
    语句
}

- 函数运行至结束或遇到 return 语句。return 语句可将值传回调用者,语法如下:

  return *表达式*;

- void 函数(无返回值的函数)可用 reutrn 语句提早退出:

  return;

- 函数定义中声明的变量是局部变量,在所有函数定义外部(最好在 main 之前)声明的变量是全局变量。局部变量不与其他函数共享;两个函数可以使用同名局部变量,两者不冲突。

- 全局变量使不同函数能共享数据,但这种共享使一个函数有可能与另一个发生冲突。除非绝对必要,否则不要使一个变量成为全局变量。

- C++函数可以递归调用,也就是调用自身(一个变体是两个或更多函数相互调用)。只要有一种情况能终止调用,递归就有效。例如:

```cpp
// 阶乘函数
int factorial(int n) {
    if (n <= 1) {
        return 1;
    } else {
        return n * factorial(n - 1); // 递归!
    }
}
```

第 6 章

数组

我们一直强调计算机只能执行清晰而准确的指令。那么，计算机能不能处理成千上万，甚至几十亿字节的数据？

答案是编程语言允许定义称为"数组"的东西。数组是由类似的数据项(称为"元素")组成的数据结构，而且数据项的数量任意。

这个机制的妙处在于，只要能控制和定义常规情况，程序就能处理极大的数组(几十亿项都可以，只要内存允许)，整个过程和处理小数组没什么两样。

计算机和编程的好处在这里到了极大体现。计算机能不知疲倦地执行重复任务……即使是对一百万个数据项执行一百万次操作。

6.1　C++数组初探

假定奥运会新增了一个放风筝比赛项目，需写程序分析 5 个裁判给出的分数。5 个分数要保存一段时间以统计距离、平均值、中位数、标准差等等。另外，假定 5 个裁判是匿名的，只有编号。

存储数据的一个办法是声明 5 个变量。由于分数有小数部分(0.1 是最低分，9.9 几乎就是最高分)，所以使用 double 类型。

```
double scores1, scores2, scores3, scores4, scores5;
```

这要打好多字。能不能只输入 scores 一遍，然后让 C++帮你声明好 5 个变量？数组就是为这个设计的：

```
double scores[5];
```

如下图所示，这将创建 double 类型的 5 个数据项，并将它们一个接一个放入内存。C++程序用 scores[0]，scores[1]，scores[2]，scores[3]和 scores[4]引用这些数据项。方括号之间的数字称为“索引”。

声明好之后，就可以将每个数据项视为单独的变量来执行操作。

```
scores[0] = 2.7;            // 裁判#0 给出一个低分
scores[2] = 9.5;            // 裁判#2 给出一个高分
scores[1] = scores[2];      // 裁判#1 复制裁判#2 的分数
```

每个数组元素(scores[0]，scores[1]等等)都相当于一个 double 变量，区别是用编号
来引用。执行完这些操作之后，数组看起来如下图所示。

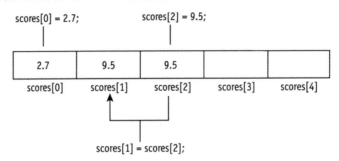

5 个元素是比较少，使用更大的数组，节省的代码量更可观。想象 1000 个元素的数组能
省多少事：

```
int votes[1000];            // 声明 1000 个元素的数组
```

这将创建含有 1000 个元素(从 votes[0]到 votes[999])的数组。声明 1000 个变量你
试试！

总之，要坚持用以下语法声明数组：

    类型 数组名[大小];

这将创建指定大小的数组。数组每个元素都具有指定类型。数组元素范围从数组名[0]到
数组名[大小-1]。

6.2 初始化数组

引用未初始化的变量将制造出垃圾(无意义值)。可在声明变量的同时初始化它(即使同一行

声明多个):

```
int sum = 0, fingers =10;
```

可用以逗号分隔的初始化列表来初始化数组。该记法要求用到大括号和逗号。

```
double scores[5] = {0.0, 0.0, 0.0, 0.0, 0.0};
int ordinals[10] = {0, 1, 2, 3, 4, 5, 6, 7, 8, 9};
```

每行都以结束大括号(})和分号(;)终止。数据声明和函数原型总是以分号结尾。

注 意 ▶ C++默认将全局变量或数组初始化为零(在数组的情况下，C++将每个元素初始化为零)。但未初始化的局部变量将包含垃圾(随机的无意义的值)，C++不会帮你初始化为零。

6.3 基于零的索引

C++数组的工作方式可能和你期望的有所出入。假定有 N 个数据项，它们的编号并不是从 1 到 N，而是从 0 到 N-1。例如以下数组：

```
double scores[5];
```

它的元素如下：

```
scores[0]
scores[1]
scores[2]
scores[3]
scores[4]
```

不管怎样声明数组，最大索引编号(本例是 4)总是比数组的大小(本例是 5)小 1。这似乎有点儿别扭。

但从另一个角度看，这个设计也是蛮有道理的。C 语言或 C++语言数组的索引编号不是序号(位置编号)而是偏移量。也就是说，元素索引编号用于测量它到数组开头的距离。

第一个元素距离数组开头多远？距离为零，或者说不存在距离。所以，第一个元素的索引编号是 0。由此引出 C++的另一个语言规范。

✱ N 个元素的 C++数组，索引从 0 到 N − 1。

为何使用基于零的索引?

其他许多语言都使用基于 1 的索引。在 FORTRAN 中,数组声明 ARRAY(5)会创建索引 1 到 5 的数组。但程序不管用什么语言写,最终都要转换成 CPU 能实际执行的机器码。

在机器级别上,数组索引通过偏移量来处理:一个寄存器(CPU 内部的特殊内存位置)包含数组地址(实际是数组第一个元素的地址)。另一个寄存器则包含偏移量(到目标元素的距离)。

第一个元素的偏移量和 C++一样是零。使用 FORTRAN 这样的语言,必须先将基于 1 的索引转换成基于 0 的索引(索引减 1)。再乘以每个元素的大小获得索引为 I 的元素的地址:

元素 I 的地址 = 基本地址 + ((I - 1) * 每个元素的大小)

而 C++这种基于 0 的语言不需要执行减法运算,能稍微提高一下效率:

元素 I 的地址 = 基本地址 + (I * 每个元素的大小)

虽然表面上只是稍微节省了一些 CPU 时间,但所有基于 C 的语言就是这个设计思路:做最接近 CPU 所做的事情。

例 6.1: 打印元素

下面先用最简单的程序演示数组的用法。本章剩余部分将讨论一些更有趣的编程挑战。

```cpp
print_arr.cpp

#include <iostream>
using namespace std;

int main()
{
    double scores[5] = {0.5, 1.5, 2.5, 3.5, 4.5};
    for(int i = 0; i < 5; ++i) {
        cout << scores[i] << " ";
    }
    return 0;
}
```

运行程序将打印以下输出：

```
0.5 1.5 2.5 3.5 4.5
```

 工作原理

for 循环将循环变量 i 设为一组连续的值：0，1，2，3，4。它们和 scores 数组的索引范围对应。

```
for(int i = 0; i < 5; ++i) {
    cout << scores[i] << " ";
}
```

这种循环在 C++代码中十分普遍，经常都会看到 for 使用这些表达式：i = 0，i < SIZE_OF_ARRAY 以及++i。

循环迭代 5 次，每次都为 i 赋不同的值，如下表所示。

i 值	操作	打印的值
0	打印 scores[0]	0.5
1	打印 scores[1]	1.5
2	打印 scores[2]	2.5
3	打印 scores[3]	3.5
4	打印 scores[4]	4.5

还可以通过示意图更形象地理解循环。下面两图演示了前两次循环迭代的操作。

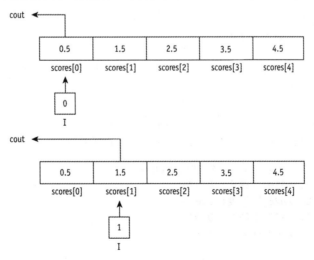

练习 6.1.1. 写程序初始化包含 8 个整数的数组，值分别是 5，15，25，35，45，55，65 和 75。打印每个整数。提示：将循环条件从 `i < 5` 变成 `i < 8`，因为本例有 8 个元素。

练习 6.1.2. 写程序初始化包含 6 个整数的数组，值分别是 10，22，13，99，4 和 5。打印每个整数，最后打印它们的和。提示：用一个变量保存累加值。

练习 6.1.3. 写程序提示用户输入 7 个值并存储到数组，打印每个值，最后打印它们的和。要为该程序写两个 for 循环，一个收集数据，另一个求和并打印。

例 6.2：是不是真的随机？

第 3 章介绍了如何使用所谓的随机数。但真正的随机应该是不可预测的。计算机算法本质就是可预测。真正的随机理论上不可能。

但实际可不可能呢？如要求程序输出一系列数字，它们能表现出一个真正的随机数列应该具有的全部特征吗？

rand_0toN1 函数输出 0 到 N − 1 的一个整数。其中 N 是传给函数的实参。可用该函数来获得 0 到 9 的一系列数字，并统计每个数字出现的次数。我们希望的结果如下所示。

- 10 个数字中，每个出现概率都应该是大约十分之一。
- 但数字不应该以绝对相同概率出现，尤其是在试验次数较少的情况下。不过，随着增加试验次数，每个数字实际出现次数和预期出现次数(总试验次数的十分之一)之比应无限逼近 1.0。

如果满足以上条件，就获得了一个证明实际能做到随机的很好的例子。这对大多数游戏程序可能就足够了。

可用包含 10 个整数的一个数组来存储统计结果。程序运行会提示输入试验次数，然后报告 0 到 9 的每个数字分别出现了多少次。以下是试验 20 000 次的一次示范输出。

```
输入试验次数并按 ENTER: 20000
0: 1950 准确度: 0.975
1: 2026 准确度: 1.013
2: 1897 准确度: 0.9485
3: 2102 准确度: 1.051
```

```
4: 2019 准确度: 1.0095
5: 1997 准确度: 0.9985
6: 1999 准确度: 0.9995
7: 1969 准确度: 0.9845
8: 2033 准确度: 1.0165
9: 2008 准确度: 1.004
```

试验 20000 次应瞬间显示结果。取决于计算机性能，可能要试验几百万次才能产生明显延迟。我尝试过 20 亿次(输入 2000000000；C++14 允许输入 2'000'000'000，接受撇号作为千分号)试验。我的计算机较差，是几年前的型号，所以花了 28 分钟才算出结果。但你的计算机或许更快。

为 N 选择不同的值，反复运行程序，注意观察结果。会发现随着 N 值越来越大，准确度(一个数字实际出现次数和预期出现次数的比值)会越来越逼近 1.0。

stats.cpp

```cpp
#include <iostream>
#include <cstdlib>
#include <ctime>
using namespace std;

int rand_0toN1(int n);
int hits[10];

int main()
{
    int n = 0; // 试验次数，提示用户输入
    int r = 0; // 容纳随机值
    srand(time(nullptr)); // 设置随机数种子值
    cout << "输入试验次数并按 ENTER: ";
cin >> n;

    // 执行 n 次试验。每次都获取 0 到 9 的一个数,
// 然后使 hits 数组对应的元素递增。
    for (int i = 0; i < n; ++i) {
        r = rand_0toN1(10);
        ++hits[r];
    }

    // 打印 hits 数组的所有元素,
// 并打印实际 hits 和预期 hits(n/10)的比值
    for (int i = 0; i < 10; ++i) {
```

```
        cout << i << ": " << hits[i] << " 准确度: ";
        double results = hits[i];
        cout << results / (n / 10.0) << endl;
    }
    return 0;
}


// 返回 0 到 N-1 的随机整数
int rand_0toN1(int n) {
    return rand() % n;
}
```

 工作原理

程序开始是两个声明：

```
int rand_0toN1(int n);
int hits[10];
```

将在 main 中调用 rand_0toN1 函数。声明 hits 数组会创建包含 10 个整数的一个数组，索引范围从 0 到 9。由于是全局数组(在所有函数的外部声明)，它的所有元素都自动初始化为 0。

注 意 ▶ 技术上说，数组之所以初始化为全零值，是因为它是一个静态存储类。局部变量也可声明为静态，从初始化到程序运行结束都一直存在，每次函数调用时的值都会保留，即使只在定义它的函数内可见。

main 函数定义两个整数变量 n 和 r，并设置随机数种子值(这是使用随机数的每个程序都要求的)。记住，老的编译器可能不支持 nullptr，改成 NULL 即可。

```
srand(time(nullptr)); // 设置随机数种子值
```

然后，程序提示输入 n 的值。你现在应该驾轻就熟了。

```
cout << "输入试验次数并按 ENTER: ";
cin >> n;
```

下一步是设置 for 循环来试验指定次数，并将试验结果存储到 hits 数组中。

```
// 执行 n 次试验。每次都获取 0 到 9 的一个数，
// 然后使 hits 数组对应的元素递增。
for (int i = 0; i < n; ++i) {
    r = rand_0toN1(10);
```

```
        ++hits[r];
    }
```

注意，更合理的做法是将 r 定义为循环的局部变量，这个留给大家作为练习。

每次迭代都为 r 获取 0 到 9 的随机数，并累计该数字的"hit"(命中)数——使对应数组元素递增 1。循环结束后，元素 hits[0]包含数字 0 的生成次数；hits[1]包含数字 1 的生成次数；以此类推。

表达式++hits[r]节省了大量编程工作。不用数组，就必须使用一系列 if / else 语句或等价的 switch 语句。如下所示：

```
if (r == 0)
    ++hits0;
else if (r == 1)
    ++hits1;
else if (r == 2)
    ++hits2;
else if (r == 3)
    ++hits3;
// 等等
```

但使用了数组之后，20 行代码才能完成的工作现在只需一行。语句使与 r 对应的元素递增 1：

```
++hits[r];
```

main 剩余的工作就是用一个循环打印数组的所有元素，报告结果。同样，数组简化了编码。

```
// 打印 hits 数组的所有元素，
// 并打印实际 hits 和预期 hits(n/10)的比值
for (int i = 0; i < 10; ++i) {
    cout << i << ": " << hits[i] << " 准确度: ";
    double results = hits[i];
    cout << results / (n / 10.0) << endl;
}
```

复合语句中间那一行看起来有点奇怪，但确实需要将结果放到 double 类型的临时变量中。double 范围比 int 大，所以编译器不会抱怨丢失数据。

```
double results = hits[i];
```

该赋值强迫后续语句执行浮点除法。否则两个整数相除会执行整数除法，小数部分会被丢弃！另一个办法是使用 static_cast<double>(hits[i]) 对整数进行强制类型转换。[1]

rand_0toN1 函数和 5.5 节介绍的是同一个函数。

```
// 返回 0 到 N-1 的随机整数
int rand_0toN1(int n) {
    return rand() % n;
}
```

 练习

练习 6.2.1. 不是在 main 中声明 r，而是在循环内部声明。这样 r 就不必初始化为 0，因为可直接赋一个有意义的值。(不仅仅是少打几个字，意义也非凡。)

练习 6.2.2. 修改例 6.2，不是生成 10 个不同的值，而是生成 5 个。换言之，使用 rand_0toN1 函数随机生成 0，1，2，3 或 4。执行用户指定次数的试验，检测这 5 个值是不是分别有 1/5 的出现概率。

练习 6.2.3. 修改例 6.2，实现只需修改程序中的一个设置，即可处理不同数量的值。可在程序开始的地方使用一个#define 预编译指令，指示编译器将一个符号名称(本例是 VALUES)在代码中的所有实例都替换成指定文本。

例如，为了生成 5 个不同的值(0 到 4)，首先在代码开头添加以下指令：

#define VALUES 5

然后，在程序需要引用值数量的任何地方都使用符号名称 VALUES。例如，可以像下面这样声明 hits 数组：

int hits[VALUES];

以后只需更改#define 那一行，然后重新编译程序，即可控制不同的值数量。这个方法的好处在于，只需修改一行代码，即可改变程序的行为。

练习 6.2.4. 修改 main，使用和例 5.2 相似的循环，让用户运行会话任意次数，直到输入 0 退出。每次会话前都要将 hits 数组的所有元素重新初始化为 0。在 main 中可直接

---

① 译注：写 10.0 就已保证了会执行浮点除法。

用 for 循环将每个元素置 0，也可调用一个包含此循环的函数。

6.4　字节串和字符串数组

本章剩下的例子要用到字符串数组，所以提前解释一下如何声明。第 8 章会重拾字符串主题。以前一直在使用字符串字面值。例如，下面这行代码打印消息：

```
cout << "What a good C++ am I.";
```

声明字符串变量和声明整数和浮点变量一样。有两种字符串(第 8 章会详细解释)，一种是char*类型的传统 C 字符串；一种是 C++ string 类。标准 C++库支持后者已有多年。

例如，以下代码首先将字符串存储到 message 变量并打印。由于使用了 string 类，所以必须包含<string>来提供支持。

```
include <string>
using namespace std;
...
string message = "What a good C++ am I";
cout << message;
```

本章剩余部分将使用字符串数组。声明方式和声明任何类型的数组一样。例如：

```
string members[] = {"John", "Paul", "George", "Ringo"};
```

和其他任何数组一样，用索引访问单独的元素。例如：

```
cout << "The leader of the band is " << members[0];
```

将打印以下输出：

```
The leader of the band is John.
```

由于成员名称都存储在数组中，所以可用循环高效地打印全部。例如：

```
for (int i = 0; i < 4; ++i) {
    cout << members[i] << endl;
}
```

将打印数组中存储的所有名字：

```
John
Paul
George
Ringo
```

例 6.3：打印数组中存储的数字

本节的例子虽然可以不用数组来写，但使用数组更简洁、更高效。例 3.3 将数值转换为中文大写形式。例如，49 转换成"肆拾玖"。

不用数组的话，switch-case 语句或许是最清晰、最简洁的方式。但用了数组之后，程序还能变得更短。不是执行一长串代码，本例直接从两个字符串数组选择元素。这是经典的"从列 A 选一个，从列 B 选一个"方式，简洁而优雅。

```
print_n_arr.cpp
#include <iostream>
#include <string> // 记住包含这个!
using namespace std;

string tens_names[ ] = {"", "", "贰拾", "叁拾",
    "肆拾", "伍拾", "陆拾", "柒拾", "捌拾",
    "玖拾" };
string units_names[ ] = {"", "壹", "贰", "叁",
    "肆", "伍", "陆", "柒", "捌", "玖" };
int main()
{
    int n = 0;
    cout << "输入 20 到 99 的数: ";
    cin >> n;
    int tens_digits = n / 10;
    int units_digits = n % 10;
    cout << "你输入的数是: ";
    cout << tens_names[tens_digits];
    cout << units_names[units_digits] << endl;
    return 0;
}
```

和例 3.3 比较，会注意到该版本有多简洁。下面是一次示例会话：

输入 20 到 99 的数: 23
你输入的数是: 贰拾叁

 工作原理

数组的强大在此显露无遗。使用数组中的值导致不同的结果，现在可直接打印和该值对应的数组元素。不再需要一长串 if-else 语句，甚至不需要 switch-case 语句。虽然不是说所有 if-else 或 switch-case 语句都可用数组代替，但本例绝对可以。如下图所示，程序基本思路很简单：先以 tens_digits 值为索引从 tens_names 数组选择一个元素。

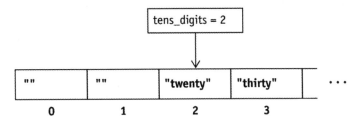

如下图所示，再以 units_digits 值为索引从 units_names 数组选择一个元素。

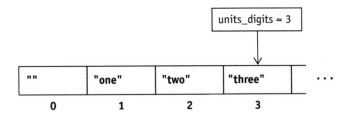

注意，和大多数 C 家族语言中的数组一样，C++数组基于零，第一个元素的索引为 0。不管什么类型的数组都是如此。

练习

练习 6.3.1. 如用户输入 20 到 99 范围外的数会发生什么？虽然可能有错，但输入 1 到 19 无大碍。不过，99 以上的值会造成灾难，因为会造成索引越界，这是程序员要尽力避免的错误。(注意：像 Visual C++这样的托管环境会通过抛出异常并立即冻结程序来限制损害。)修改代码只接受 20 到 99 的值。理想情况下应该用循环查询用户输入，直至输入有效值。

练习 6.3.2. 接着几个练习逐渐扩充可接受值的范围。输入 1 到 9，结果应该正确，只是前面有多余的空格。解决该问题。①

练习 6.3.3. 支持输入 10 到 19。中文版在 tens_names 数组对应位置添加"壹拾"即可。英文版需要添加另一个数组和额外的条件测试。

———————————————

① 译注：中文版无此错误。英文版的源代码才有。

练习 6.3.4. 最后添加百位数支持以处理 1 到 999 的数。如果有兴趣，甚至可以修改程序处理最大 999999 的数。

例 6.4：简单的发牌程序

本章最后展示一个简单应用程序，并在第 15 章进行回顾。怎样模拟一个简单发牌程序？为简化问题，我有两个假设。

1.   只关心牌点，不关心花色。

2.   暂不关心重新洗牌的问题。

示例输出如下所示：

```
A 5 3 K K
```

或者：

```
Q 7 10 6 7
```

通过发正好 5 张牌来测试 **deal-a-card** 函数(忽略花色)。虽然都随机，但牌的行为有别于骰子。每次掷骰都是独立事件。骰子无记忆，但一副牌有。例如，假定还剩半副牌的时候 4 张 A 都发完了，那么再发一张 A 的概率为零。我们用另一个数组模拟这种"发牌记忆"。具体就是创建一个整数数组来包含牌的位置：0，1，2，3，4……51。然后对数组进行随机化(洗牌)，并一张一张地发。由于需要使用随机数，所以程序开头要有下面几行：

```
#include <cstdlib>
#include <ctime>
```

还需要一个数组来包含牌的名称，所以还必须包含**<string>**。

```
dealer.cpp

#include <iostream>
#include <string> // 使用 string 类需要
#include <cstdlib> // 生成随机数需要
#include <ctime>
using namespace std;

int deck[52];
string card_names[ ] = {"A", "2", "3", "4", "5", "6", "7", "8", "9",
"10", "J", "Q", "K" };
```

```
void swap_cards(int i, int j);
int rand0_to_N(int n);

int main()
{
    srand(time(NULL)); // 设置随机数种子
    // 初始化牌的位置: 0, 1, 2, 3... 51
    for (int i = 0; i < 52; ++i) {
        deck[i] = i;
    }

    // 洗牌
    for (int i = 51; i > 0; --i) {
        int j = rand0_to_N(i);
        swap_cards(i, j);
    }

    // 发 5 张牌
    for (int i = 0; i < 5; ++i) {
        int j = deck[i] % 13;
        cout << card_names[j] << " ";
    }
    cout << endl;
    return 0;
}

//
void swap_cards(int i, int j) {
    int temp = deck[i];
    deck[i] = deck[j];
    deck[j] = temp;
}

//
int rand0_to_N(int n) {
    return rand() % (n + 1);
}
```

 工作原理

虽然比之前的程序长一些，但仍然很简单，很容易理解。中心数据结构是 deck[]，一个
52 个整数的数组。

```
int deck[52];
```

数组没有显式初始化。作为全局变量，会被编译器自动初始化为零。当然最好不要依赖这一行为，因为假如 deck[] 是局部变量，它的值会被初始化为垃圾(可能包含任何东西)。

对 deck 数组的真正初始化在 main 函数中完成。用一个简单循环将值设为 0，1，2，3 等等。将每个元素的值设为它的索引值即可。

```
for (int i = 0; i < 52; ++i) {
    deck[i] = i;
}
```

接着洗牌，一眼就能看懂：

```
for (int i = 51; i > 0; --i) {
    int j = rand0_to_N(i);
    swap_cards(i, j);
}
```

效果是用 0 到 51 的随机值填充数组的每个位置。伪代码如下所示。

For I 从 51 倒数至 1
*   将 J 设为 0 到 I 的随机数*
*   交换位置 I 和 J 的元素*

52 张牌，从最下面拿一张，随机和一副牌中的任何一张牌(可能是最下面那张牌自己)交换。如替换的是最下面那张，则换牌操作是一个 no-op(无操作)。这没有问题。结果是最下面的牌可能是 52 张牌中的任何一张。

然后，拿出那张牌，放到一边，处理剩余 51 张牌。重复上述操作，结果是从 51 张牌中选一张。拿出来，放到之前拿出来的牌上方。处理剩余 50 张牌。一直处理到剩余最后两张牌后，整副牌已完全打乱，每张牌都可能在任意位置。下图展示了洗牌前后的情况。

拿到一副被完全打乱的牌后，从顶部一次发一张，将数字转换为对应的牌。用取余操作符%实现，获取 0 到 51 的一个数，产生 0 到 12 的一个数(13 个不同值之一)。

```
int j = deck[i] % 13;
```

结果是 j 等于 0 到 12 的一个数，该数作为索引在 card_names 数组中查找对应的元素。这样就将 0 到 12 的一个数转换成对应的字符串，比如"A"，"K"。"Q"，"J"，"10"。

 练习

练习 6.4.1. 修改程序打印牌点完整英文名称：Ace，deuce，trey，four，five，six，seven，eight，nine，ten，Jack，Queen，King。

练习 6.4.2. 同时打印花色和牌点，从而显示一张牌的完整名称，比如"黑桃 A"(ace of spades)。共 4 种花色：梅花(clubs)、方块(diamonds)、红桃(hearts)和黑桃(spades)。数字 0 到 51 可以和花色关联。假定前 13 个数是梅花，接着 13 个数是方块，以此类推。提示：0 到 51 的数除以 13 可获得 0 到 3 的数。换言之，可组合取余(%)和整数除法(/)使一个数成为牌点和花色的唯一组合。

练习 6.4.3. 修改程序从总共 6 副牌的一个牌盒(shoe)里发牌。6 副牌(每副 52 张)一起洗。只使用 0 到 51 的编号，从而保留上个练习的花色分配功能。提示：用取余操作符将一个更大的数字集合转换成 0 到 51。从牌盒里发牌会影响拿牌概率吗？发出 4 张 A 的概率是变大还是变小了？

6.5 二维数组：进入矩阵

大多数计算机语言除了一维数组，还支持多维数组。C++也不例外。C++二维数组具有以下形式：

类型 数组名[大小 1][大小 2];

元素数量等于大小 1*大小 2。和一维数组一样，每一维的索引都基于 0。例如以下声明：

```
int matrix[10][10];
```

将创建 100 个元素的 10×10 数组。每一维的索引编号都是 0 到 9。所以，第一个元素是 matrix[0][0]，最后一个是 matrix[9][9]。

用程序处理这种数组需要使用一个包含两个循环变量的嵌套循环。例如，以下代码将数组的所有成员初始化为 0：

```
for (int i = 0; i < 10; i++) {
```

```
    for (int j = 0; j < 10; j++) {
        matrix[i][j] = 0;
    }
}
```

工作过程如下。

1. i 设为 0，完成内层循环的全部迭代，j 从 0 递增到 9。
2. 完成外层循环的第一次迭代后，i 递增到下一个值，即 1。然后，再次完成内层循环的全部迭代，j 从 0 递增到 9。
3. 重复上述过程，直到 i 递增到超过终值 9。

结果是 i 和 j 的值将是(0, 0)，(0, 1)，(0, 2)，……，(0, 9)。之后，内层循环结束，i 值递增，再次开始内层循环，即(1, 0)，(1, 1)，(1, 2)，……总共执行 100 次操作，外层循环每一次迭代(总共迭代 10 次)，内层循环都迭代 10 次。

在 C++数组中，位于右侧的索引将以最快的速度改变。换言之，元素 matrix[5][0]和 matrix[5][1]在内存中是紧挨在一起的。

小结

*   使用方括号记法声明 C++数组：

    类型 数组名[元素数量];

*   大小为 n 的数组，索引范围从 0 到 n-1。

*   可用循环高效处理任意大小的数组。例如，对于包含 SIZE_OF_ARRAY 个元素的数组，以下循环将每个元素都设为 0：

    ```
    for(int i = 0; i < SIZE_OF_ARRAY; ++i)
    my_array[i] = 0;
    ```

*   用大括号之间的值列个来初始化数组，这称为"初始化列表"：

    ```
    double scores[5] = {6.8, 9.0, 9.0, 8.3, 7.1 };
    ```

*   用 string 类声明字符串变量(第 8 章将进一步解释该类型和传统 C 字符串)。例如：

    ```
    #include <string>
    using namespace std;
    ...
    ```

```
string name = "Joe Bloe";
```

- 然后像声明其他任何类型的数组那样声明字符串数组。例如：

```
string band[ ] = {"John", "Paul", "George", "Ringo"};
```

- 然后像索引其他任何类型的数组那样索引字符串数组：

```
cout << "The leader of the group was " << band[0];
```

- C++不会在运行时帮你检查数组边界(除非是 Visual Studio 这样的托管环境)。所以在写数组访问代码时，必须小心不要覆盖别人的内存区域。

- 像下面这样声明二维数组：

类型 数组名[大小 1][大小 2];

第 7 章

指针

C 和 C++程序员之所以显得高大上，部分原因就是他们理解指针。普通人觉得 C++难也是这个原因。那么，指针到底是什么？思路其实很简单。

指针就是存储了其他数据的位置的一个变量。这样想指针：对于装满了数据的柜子，更简单的做法是记录它的位置而不是复制全部内容。

你会怎么选择：是花一整晚拷贝文件柜的内容，还是告诉别人(假定是你信任的人)数据在哪？另外，要允许别人修改数据，就必须告诉他原始数据(而不是拷贝)的位置。

理解这些就理解了指针。

7.1 指针到底是什么？

CPU 不懂名称或字母，它用称为"**地址**"的数字引用内存位置。一般不需要知道具体数字，虽然想的话也可以打印出来。如下图所示，计算机可能将变量 a，b 和 c 分别存储在数字地址 0x220004，0x220008 和 0x22000c，地址用的是十六进制。

	值	地址
a	5	0x220004
b	3	0x220008
c	8	0x22000c

这些地址没啥稀奇的，是我随机选择的数字。现实中，许多事情都会影响运行时使用的地址。程序每次运行，数据的物理地址都可能不同。虽然事先不知道具体地址，但稍后就会讲到，可在运行时使用那些地址。

指针是什么呢？下面马上就要揭晓！

7.2 指针概念

指针是包含数字地址的变量。虽然大多数变量包含有用的信息(下图是 5，3 和 8)，但指针包含的是另一个变量的位置。所以，指针仅用于指向别的东西。和你不想拷贝的文件柜一样，指针在传递数据位置(而不是数据拷贝)时很高效。

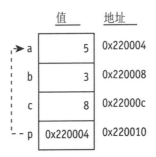

函数有时要向另一个函数发送大量数据。一个办法是拷贝所有数据并传过去。更高效的是只传一个地址。C++函数实参默认传值。函数接收的实参是原始值的拷贝，然后可以对该拷贝做任何事情：修改、打印和乘除等。但所有修都只影响临时拷贝。

那么，要修改原始值怎么办？传址就是一个方案。和文件柜一样，告诉别人位置，他就能跑去修改原始数据。相反，只给他数据的拷贝，修改就不是永久性的。

指针还有其他用处。如第 12 章所述，可用指针创建特殊的数据结构，其中包含到其他数据结构的链接，从而在内存中创建任意复杂程度的链表和内部网络。

花絮

地址像什么样？

前面假定变量 a，b 和 c 的物理地址分别是 0x220004，0x220008 和 0x22000c。这些是十六进制数字。

使用十六进制是有原因的。16 是 2 的乘方(2×2×2×2=16)，每个十六进制数位都对应 4 个二进制数位的唯一组合，不会多，也不会少，而且绝无重复。如下表所示。

十六进制数位	对应十进制	对应二进制
0	0	0000
1	1	0001
2	2	0010
3	3	0011

十六进制数位	对应十进制	对应二进制
4	4	0100
5	5	0101
6	6	0110
7	7	0111
8	8	1000
9	9	1001
a	10	1010
b	11	1011
c	12	1100
e	13	1101
e	14	1110
f	15	1111

十六进制的优点在于和二进制的密切关系。例如，十六进制 8 等于二进制 1000，十六进制 f 等于 1111。所以，88ff 等于 1000 1000 1111 1111。

计算机需要快速将数字换算为二进制位模式，所以十六进制很好用。另外，由于每个十六进制位都对应 4 个二进制位，所以一眼就能看出地址宽度：0x8000 有 4 位，对应 16 个二进制位。每种计算机架构都使用固定地址宽度，所以有必要一眼看出地址对于一台计算机来说是否太大。

目前个人电脑主流是使用 32 位和 64 位地址。使用 32 位地址，所有地址的宽度都不能超过 32 个二进制位(8 个十六进制位)。技术上说，每个地址都要用 8 个十六进制位表示，例如 0x000080ff。本章为简化使用了较小的地址并忽略了前导零。

32 位地址空间只支持 40 多亿个地址，随着硬件的发展这已成为瓶颈。要适应目前的大内存机型，最好是安装操作系统的 64 位版本。

7.3 声明和使用指针

声明指针用以下语法：

> 类型 *名称;

例如，以下代码声明指针 p 来指向 int 类型的变量：

```
int *p;
```

指针这时尚未初始化，只知道它能指向 int 类型的数据对象。类型很重要。指针的基本类型决定了如何解释它指向的数据。p 具有 int* 类型，所以只应指向 int 变量。

以下语句声明整数变量 n，初始化为 0，再把它的地址赋给指针 p：

```
int n = 0;
p = &n;        // p 现在指向 n
```

&获取操作数的地址，称为"取址操作符"。通常不必关心具体地址，只需知道 p 现在包含 n 的地址。换言之，p 指向 n，可用 p 来操作 n。

执行 p = &n 之后，p 就包含了 n 的地址。下图是一个可能的内存布局。

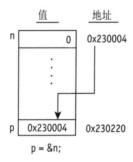

p = &n;

所有例子的地址都是任意取的。程序每次运行都可能使用不同地址。指针要点在于它所建立的关系。

下面来一点有趣的。间接寻址操作符(*)表示"指向的东西"。将值赋给*p 等同于将值赋给 n，因为 n 是 p 指向的东西。

```
*p = 5; // 将 5 赋给 p 指向的 int 变量
```

由于星号的存在，这个操作修改的是 p 指向的东西，而不是修改 p 本身的值。下图展示了现在的内存布局。

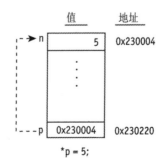

*p = 5;

语句效果等同于 n = 5;。计算机找到 p 指向的内存位置，将值 5 放入该位置。

可以用指针同时取值和赋值，例如:

　　*p = *p + 3; // 在 p 指向的 int 上加 3

n 值再次发生变化，这次从 5 变成 8。效果等同于 n = n + 3。如下图所示，计算机找到
p 指向的内存位置，在那个位置的值上加 3。

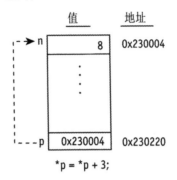

*p = *p + 3;

总之，当 p 指向 n 时，*p 具有与 n 等同的效果。下表展示了更多例子。

当 p 指向 n 时，该语句	等效于
*p = 33;	n = 33;
*p = *p + 2;	n = n + 2;
cout << *p;	cout << n;
cin >> *p;	cin >> n;

但既然*p 和 n 效果一样，为何还要使用*p? 一个原因是指针使函数能修改传给它的实参
值。C 和 C++具体如下所示。

1. 调用者向函数传递要修改的一个变量的地址，例如&n(n 的地址)。
2. 函数通过指针实参(例如 p)接收该地址值，在函数主体中用*p 操作 n 的值。

例 7.1：打印地址

实际运用指针之前先来打印一些数据，将指针值和标准 int 变量的值进行比较。重点是
理解变量*内容*和它的*地址*的区别。

```
pr_addr.cpp
    #include <iostream>
    #include <stdlib.h>
    using namespace std;

    int main()
    {
        int a = 2, b = 3, c = 4;
        int *pa = &a;
        int *pb = &b;
        int *pc = &c;
        cout << "指针 pa 的值是: " << pa << endl;
        cout << "指针 pb 的值是: " << pb << endl;
        cout << "指针 pc 的值是: " << pc << endl;
        cout << "a, b 和 c 的值是: ";
        cout << a << ", " << b << ", " << c << endl;
        return 0;
    }
```

一次示范输出如下所示:

```
指针 pa 的值是: 0x22ff74
指针 pb 的值是: 0x22ff70
指针 pc 的值是: 0x22ff6b
a, b 和 c 的值是: 2, 3, 4
```

输出告诉我们 a, b 和 c 的值是 2, 3 和 4。十六进制地址是 0x22ff74, 0x22ff70 和
0x22ff6b。你的结果可能有所不同。物理地址取决于太多我们控制不了的东西。重点是
一旦获得指针(包含其他变量地址的变量), 就可用它操作所指向的东西。虽然 a, b 和 c
按此顺序声明, 但我的 C++编译器反向分配它们的地址: c 的地址低于 a。这给了我们一
个教训: 除了数组元素(本章稍后讲述)和类(本书以后讲述), 绝对不要假设变量在内存中
的顺序。

声明好 a, b 和 c 之后, 程序声明指针并初始化为 a, b 和 c 的地址。记住&操作符的作用
是 "取址"。

```
int *pa = &a;
int *pb = &b;
int *pc = &c;
```

例 7.2：double_it 函数

现在实际运用指针。程序用 double_it 函数倍增传给它的一个变量的值。换言之，倍增传址给它的一个变量的值。

double_it.cpp

```cpp
#include <iostream>
using namespace std;

void double_it(int *p);

int main()
    {
      int a = 5, b = 6;

      cout << "倍增前 a 的值: " << a << endl;
      cout << "倍增前 b 的值: " << b << endl;

      double_it(&a);     // 传址 a
      double_it(&b);     // 传址 b

      cout << "倍增后 a 的值: " << a << endl;

      cout << "倍增后 b 的值: " << b << endl;

      return 0;
    }
    void double_it(int *p) {
        *p = *p * 2;
    }
```

 工作原理

这是一个直观易懂的程序。main 函数做了以下几件事情。

- 打印 a 和 b 的值。
- 调用 double_it 传递 a 的地址(&a)倍增 a 的值。
- 调用 double_it 传递 b 的地址(&b)倍增 b 的值。
- 再次打印 a 和 b 的值。

这个例子需用指针实现。可以让 double_it 获取一个 int 实参，但就不符合要求了：

```
void double_it(int n) {    // 不符合要求
    n = n * 2;
}
```

问题在于，函数获取的是实参的拷贝。函数返回，拷贝随之丢弃。

可将传递变量(传值)想象成获取机密文件的复制件，能看，但改不了原件。而传递指针(传址)相当于获取了原件位置，能看还能改！所以，要让函数能修改变量值，就使用指针。

```
void double_it(int *p);
```

上述语句声明 "p 指向的东西" 具有 int 类型。所以，p 本身是指向一个 int 的指针。因此，如下图所示，调用者必须用取址操作符&传址。

```
double_it(&a);



void double_it(int *p) {
    *p = *p * 2
}
```

下图是这些语句对内存布局的影响。a 的地址传给函数，函数用该地址更改 a 的值。

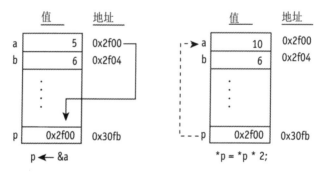

如下图所示，程序再次调用函数，这次传递 b 的地址。函数用该地址更改 b 的值。

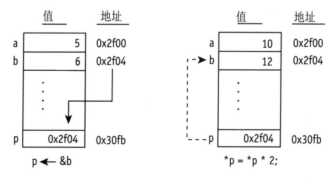

练习 7.2.1. 写程序调用 triple_it 函数。函数获取一个 int 变量的地址，使变量的值变大 3 倍。测试时传递实参 n，n 初始化为 15。打印函数调用前后的 n 值。提示：函数应该和例 7.1 的 double_it 函数相似。记住传递&n。

练习 7.2.2. 写程序调用 convert_temp 函数。函数获取一个 double 的地址并进行摄氏度到华氏度的换算。函数调用后，包含摄氏度值的变量应包含等同的华氏度值。测试该函数。提示：公式是 F = (C * 1.8)+ 32。

7.4 函数中的数据流

传递指针实现(或模拟)了传引用。换言之，通过接收指针，函数不仅能操作变量值的拷贝，这些操作还能影响原始变量。

函数经常需要传回多个值。例如，可能需要设置一整套值来执行"数据输出"。这时只有一个返回值是不够的。传回信息(向程序其余部分输出数据)的一个办法是让函数操作全局变量，但要尽量限制全局变量的使用。

如下图所示，知道如何传值或通过指针传引用之后，就可以在函数中实现更复杂的输入/输出流。

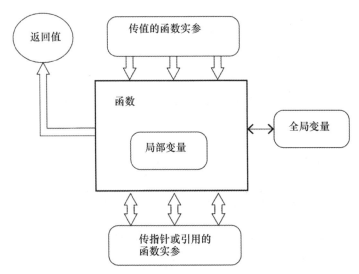

7.5 交换：另一个使用指针的函数

假定要交换两个 int 变量的值，用第三个变量(假定 temp)很容易做到。该变量唯一的作用就是暂存一个值。

```
temp = a;
a = b;
b = temp;
```

现在希望将上述代码放到一个函数中，需要时直接调用。例如，假定有两个变量 A 和 B，调用函数即可交换两者的值。

听起来不错，但记住除非传递变量的指针(地址)，对变量的修改会被忽略。下面是一个可行的方案，通过指针使函数能修改变量。

```
// swap 函数，交换 p1 和 p2 指向的值
void swap(int *p1, int *p2) {
  int temp = *p1;
  *p1 = *p2;
  *p2 = temp;
}
```

*p1 和*p2 都是整数，可以像使用任何整数变量那样使用它们。只是记住 p1 和 p2 是地址，地址本身是不会变的。修改的是 p1 和 p2 指向的数据。用例子很容易看清。

假定 big 和 little 分别初始化为 100 和 1。

```
int big = 100;
int little = 1;
```

以下语句调用 swap 函数，传递这两个变量的地址。注意使用了取址操作符&。

```
swap(&big, &little);
```

打印两个变量的值，会发现它们已发生改变。现在，big 包含 1，而 little 包含 100。

```
cout << "big 现在的值是: " << big << endl;
cout << "little 现在的值是: " << little;
```

注意，big 和 little 的内存地址没有变，但其是保存的值发生了改变。这正是许多人将

间接寻址操作符*称为"at"(在)操作符的原因。*p = 0 更改*在*地址 p 处的值。[①]

例 7.3：数组排序

下面来体验 swap 函数的强大。注意指针并非只能指向简单变量。例如，int 指针可指向存储了一个 int 值的任意内存位置。这意味着除了能指向变量，还能指向数组元素。

例如，下面用 swap 函数交换 arr 数组的两个元素的值：

```
int arr[5] = {0, 10, 30, 25, 50};
swap(&arr[2], &arr[3]);
```

通过特定的算法，就可使用 swap 函数对一个数组的所有值进行排序。如下图所示，为例，这次打乱它的数据。

30	25	0	50	10
arr[0]	arr[1]	arr[2]	arr[3]	arr[4]

下面是最傻瓜的"选择排序"算法。

1. 找到最小值并放到 arr[0]。
2. 找到下个最小值并放到 arr[1]。
3. 以此类推，直到结束。

下面是算法的伪代码。

> *For i = 0 to n - 2,*
>   *查找 a[i] 到 a[n - 1] 范围中的最小值*
>   *If i 不等于最小值的索引*
>   *交换 a[i] 和 a[最小值的索引]*

要点是将最小值放到 a[0]，下个最小值放到 a[1]，以此类推。注意以下伪代码：

```
For i = 0 to n - 2
```

它的意思是 for 循环的第一次迭代将 i 设为 0；下次迭代将 i 设为 1；以此类推，直到 i 设为 n - 2，并完成最后一次迭代。每次迭代都将正确的元素放到 a[i] 中，然后使 i 递增 1。

---

① 译注：中文一般不说 at(在)操作符，而是说提领操作符(源自 dereference，或解引用)。

在循环主体中，a[i]与从 a[i]到 a[n - 1]的所有值比较。i 的每个值都这样处理之后，整个数组就完成了排序。

下面几个图展示了前三次循环迭代的情况。算法要点在于每个元素都和它右侧的所有元素进行比较，并根据需要进行交换。

将a[0]与此范围中值最小的元素交换

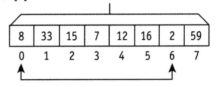

将a[1]与此范围中值最小的元素交换

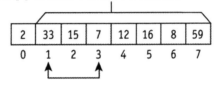

将a[2]与此范围中值最小的元素交换

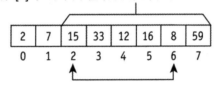

但是，怎样找出 a[i]到 a[n-1]范围中的最小值呢？需要再设计一个算法。

以下算法做了两件事情。第一，首先假定 i 是值最小的元素，所以将 low 初始化为 i。第二，一旦找到值更小的元素，它就成为新的 low 元素。

为了查找 a[i]到 a[n - 1]范围中的最小值：

将 Low 设为i
For j = i + 1 to n - 1
  If a[j]小于a[low]
        将 Low 设为j

两个算法可以合二为一，这样写 C++代码就容易了。

```
For i = 0 to n - 2,
  将 low 设为 i
  For j = i + 1 to n - 1,
    If a[j]小于 a[low]
      将 low 设为 j
  If i 不等于 low
    交换 a[i]和 a[low]
```

下面是用上述算法对数组进行排序的完整程序。

sort.cpp

```cpp
#include <iostream>
using namespace std;

void sort(int n);
void swap(int *p1, int *p2);
int a[10];

int main ()
{
    for (int i = 0; i < 10; ++i) {
    cout << "输入数组元素#" << i << ": ";
    cin >> a[i];
}

    sort(10);

    cout << "排好序的数组:" << endl;
    for (int i = 0; i < 10; ++i) {
        cout << a[i] << " ";
    }
return 0;
}

// 排序函数: 对 n 个元素的 a 数组排序
void sort (int n) {
    int low = 0;
    for(int i = 0; i < n - 1; ++i) {
        // 这一部分找到范围 i 到 n-1 的最小元素, 索引赋给 low 变量
        low = i;
        for (int j = i + 1; j < n; ++j) {
            if (a[j] < a[low]) {
                low = j;
```

```
        }
    }

    // 这一部分根据需要执行交换
    if (i != low) {
        swap(&a[i], &a[low]);
    }
    }
}

// swap 函数，交换 p1 和 p2 指向的值
void swap(int *p1, int *p2) {
    int temp = *p1;
    *p1 = *p2;
    *p2 = temp;
}
```

 工作原理

本例仅有两个地方涉及指针。第一个是调用 swap 函数时传递了 a[i] 和 a[low] 的地址：

```
swap(&a[i], &a[low]);
```

要点在于，取址操作符&不仅能获取变量的地址，还能获取数组元素的地址。

涉及指针的另一个地方是 swap 函数的定义，上一节已经讲过了。

```
// swap 函数，交换 p1 和 p2 指向的值
void swap(int *p1, int *p2) {
    int temp = *p1;
    *p1 = *p2;
    *p2 = temp;
}
```

至于 sort 函数，关键在于理解循环主体每一部分的作用。for 循环将 i 依次设为 0，1，2，……一直到 n - 2。为什么是 n - 2？因为到最后一个元素时(n - 1)，所有排序都完成，最后一个元素没必要自己和自己比较。

```
for(i = 0; i < n - 1; ++i) {
    // ...
}
```

循环主体的第一部分在 a[i] 及其右侧的所有元素中查找值最小的元素(a[i]左侧的元素则

被忽略，因为它们已经排好序)。一个内层循环专门负责这个查找。它使用一个变量 j，把它初始化成从 i + 1 开始(也就是 i 右侧第一个位置)。

```
low = i;
for (int j = i + 1; j < n; ++j) {
    if (a[j] < a[low]) {
        low = j;
    }
}
```

这是典型的"嵌套循环"，完全合法。for 语句本质还是一个语句，所以能放到另一个 if，while 或者 for 语句中，不管最终结构有多复杂！

循环主体第二部分所做的事情则比较简单。唯一要做的就是判断 i 是不是不等于最小元素的索引(存储在变量 low 中)。记住，!=操作符意味着"不等于"。如果 a[i]已经是上述范围中最小的元素，就没有必要执行交换。

```
if (i != low) {
    swap(&a[i], &a[low]);
}
```

 练习

练习 **7.3.1.** 修改例子，不要从小到大排序，改成从大到小排序。这实际比你想象的容易。首先，变量 low 应重命名为 high。然后，改一个执行比较的语句就可以了。

练习 **7.3.2.** 修改例子，对包含 double 元素的数组进行排序。这要求重写 swap 函数来支持正确的类型。但不能更改作为循环计数器或数组索引使用的任何变量的类型，它们始终都是 int。

练习 **7.3.3.** 修改例子来实现"冒泡排序"算法。它*可能*比选择排序更高效。每个元素都和它旁边的元素比较，顺序不对就交换位置。第一次处理全部 n 个元素，最大值将"冒泡"到最高数组位置。第二次处理前 n − 1 个元素。第三次处理前 n − 2 个元素。以此类推。每次都将最大元素放到最右边的位置。算法优点是任何时候数组完全排好序就可提前退出。伪代码如下所示。

For I 等于N − 1 到(但不包括)0:
  For J 等于0 到(但不包括)I:
    将in_order 标志设为true
    If arr[J + 1] < arr[J]

交换 arr[J + 1] 和 arr[J]
将 in_order 标志设为 false
If in_order 就提前中断循环

不要 in_order 标志也行，但就不能提前退出循环了。可能多费一些执行时间，但能少写
一些代码。

7.6 引用参数(&)

上一节实现了所谓的"传引用"，虽然从技术上说传递的是指针。

在经典 C 中，这是和"传引用"最接近的方案，所以任何真正意义上的程序都很难避免
使用指针。但在 C++中，还有一个方案是使用引用参数，为此只需在声明时为参数附加&
前缀。&在其他地方是取值操作符，但在函数声明中代表引用，表明这是另一个变量的别
名。例如：

```
void swap(int &a, int &b);
```

这样，函数主体就可直接操作参数，而不是把它们当成指针看待。由于是引用参数，对参
数的操作是永久性的，会影响调用者。注意，使用时不涉及任何指针语法。

```
void swap(int &a, int &b) {
    int temp = p1;
    p1 = p2;
    p2 = temp;
}
```

优点是一旦声明为引用参数，传递实参就不需要取值或使用指针语法。这是实现"传引
用"的更简单的方式。

```
swap(a[i], a[low]); // 交换 a[i] 和 a[low]
```

当然，这个技术真正实现时还是使用了指针，只是幕后细节隐藏起来了。对指针的理解还
是有必要的，它们还有其他许多应用。

7.7 指针运算

指针的一个重要用途是高效处理数组。假定声明了以下数组：

```
int arr[5] = {5, 15, 25, 35, 45};
```

当然，元素 arr[0] 到 arr[4]全都可作为单独的整数变量使用。例如，可以使用 arr[1]

= 10;这样的语句。但表达式 arr 本质是什么？arr 能单独使用吗？

是的，arr 能单独使用。arr 是常量，能转换成一个地址，具体是数组第一个元素的地址。由于是常量，所以不能更改 arr 本身的值。但可用它向指针变量赋值：

```
int *p;
p = arr;
```

语句 p = arr;等价于：

```
p = &arr[0];
```

要将指针初始化为第一个元素 arr[0]的地址，前一个表达式 p = arr;显得更简洁。其他元素能不能采取类似的办法？当然！例如，以下语句将 arr[2]的地址赋给 p：

```
p = arr + 2;    // p = &arr[2]
```

C++将所有数组名都解释成地址表达式。例如，arr[2]被转换成：

```
*(arr + 2)
```

表面上似乎不合常理。在数组起始地址上加 2，但 arr[2]的偏移量不是 2 个字节，而是 8 个字节(假定使用 32 位系统，每个整数 4 字节)。虽然如此，以上写法确实合法。为什么呢？

这是指针运算的功劳！指针和其他地址表达式(比如 arr)只能执行以下运算：

地址表达式 + 整数
整数 + 地址表达式
地址表达式 – 整数
地址表达式 – 地址表达式

整数和地址表达式相加，结果是另一个地址表达式。但在计算完成之前，整数会自动乘以基类型的大小。C++编译器帮你执行这个乘法运算。

新地址 = 旧地址 + (整数 * 基类型大小)

例如，假定 p 的基类型是 int，那么在 p 上加 2 实际会使它增大 8。基类型大小(4 字节)乘以 2，得到的是 8 个字节。

指针运算是 C++的一个很实用的功能。假定指针 p 指向一个数组元素，递增 1 肯定造成 p 指向下一个元素：

```
++p;            // 指向数组的下一个元素
```

使用指针时记住以下设计规范：。

＊ 在地址表达式上加减整数值，编译器自动使整数乘以指针基类型大小。

换个说法，在指针上加 N，将生成距离原始指针值 N 个元素的新地址。

地址表达式还可以相互比较。除非是数组元素，否则不要对内存布局做出任何假设。以下表达式求值结果总是 true：

    &arr[2] < &arr[3]

相当于：

    arr + 2 < arr + 3

7.8 指针和数组处理

由于能执行指针运算，函数可通过指针引用而非数组索引来访问元素。结果一样，但指针版本稍快(稍后说明)。

由于如今 CPU 速度普遍较快，所以这种轻微的速度提升对于大多数程序没有太大区别。但在 20 世纪 70 和 80 年代，由于当时普遍使用相当慢的处理器，所以程序的执行效率至关重要。那个时候，CPU 时间是很宝贵的。

但对于某些类型的程序，通过 C 和 C++而获得的高超执行效率仍然有用。C 和 C++是写操作系统的首选语言。操作系统的一些子程序和设备驱动一秒钟要执行成千上万次。这时，使用指针获得的些微效率提升显得至关重要。

以下函数使用指针引用清零 n 个元素的一个数组。

```
void zero_out_array(int *p, int n) {
    while (n-- > 0) {         // 保证执行 n 次;
        *p = 0;               // 将 0 赋给 p 指向的元素
        ++p;                  // 指向下一个元素
    }
}
```

这是一个十分简练的函数；去掉注释更甚(但要记住，注释对于程序的运行没有任何影响)。下面是函数的另一个版本，它使用了你或许更熟悉的代码。

```
void zero_out_array2(int *arr, int n) {
```

```
    for (int i = 0; i < n; i++) {
        arr[i] = 0;
    }
}
```

这个版本虽然仍然比较简练，但运行速度可能稍慢(具体取决于编译器是否优化)。原因是每次循环迭代，i 值都必须按比例增大并加到 arr 上，从而获得数组元素 arr[i]的地址。

```
    arr[i] = 0;
```

它等价于：

```
    *(arr + i) = 0;
```

更糟的是，由于必须在运行时按比例增大 i 值(在 arr 上加的并不是 i 值本身，而是"i 乘以基类型大小")，所以在机器码的级别上，实际要执行以下计算：

```
    *(arr + (i * 4)) = 0;
```

反复计算地址浪费时间。在指针版本中，arr 的地址只需计算一次。循环语句要做的工作并不多：

```
    *p = 0;
```

当然，p 还是要在每次循环时递增。但两个版本都要更新一个循环变量。就工作量来说，递增 p 并不比递增 i 多。

下图展示了指针版本的工作方式。每次循环迭代时，*p 都设为 0，然后使 p 自身递增到下一个数组元素(由于会自动按比例增大，所以 p 每次实际会递增 4，但那是一个很容易完成的操作)。

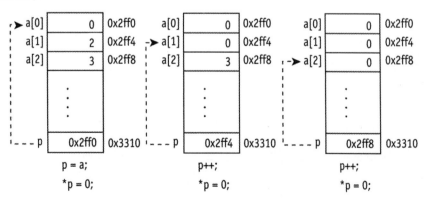

例 7.4：数组清零

本节用一个完整的例子演示 zero_out_array 函数的用法。程序初始化数组，调用函数，然后打印元素。

```cpp
zero_out.cpp
#include <iostream>
using namespace std;

void zero_out_array(int *arr, int n);
int a[10] = {1, 2, 3, 4, 5, 6, 7, 8, 9, 10};

int main() {
    zero_out_array(a, 10);
    // 打印数组所有元素
    for (int i = 0; i < 10; ++i) {
        cout << a[i] << " ";
    }
    return 0;
}

// Zero-out-array 函数
// 为大小 n 的 int 数组的所有元素赋值 0
void zero_out_array(int *p, int n) {
    while (n-- > 0) {          // 保证执行 n 次；
        *p = 0;                // 将 0 赋给 p 指向的元素
        ++p;                   // 指向下一个元素
    }
}
```

 工作原理

理解该函数的关键在于记住指针加 1 会使它指向数组的下一个元素：

    ++p;

本例演示了 C++如何传递数组。第一个实参 a 转换成数组第一个元素的地址。

    zero_out_array(a, 10);

所以，传递数组只需使用数组名称。函数获取第一个元素的地址，视为指针值。

写出更简洁的代码

在例 7.4 中，zero_out_array 函数的 while 循环做了两件事：元素清零，然后递增指针指向下一个元素：

```
while (n-- > 0) {
  *p = 0;
  ++p;
}
```

以前说过，p++只是一个表达式，而表达式可在更大的表达式中使用。换言之，可合并指针访问和递增这两个操作：

```
while (n-- > 0) {
  *p++ = 0;
}
```

正确解释*p++需引入表达式求值的两个概念：优先级和结合性。赋值(=)和测试相等性(==)等操作符具有低优先级。换言之，其他操作完成后才轮到它们。

间接寻址操作符(*)和递增操作符(++)则具有相同优先级。但和大多数操作符不同，它们具有从右到左的结合性。换言之，*p++ = 0;这个语句相当于：

```
*(p++) = 0;
```

也就是说，先将 p 值用于以下运算，再使 p 递增：

```
*p = 0;
```

顺便要说的是，如果用错圆括号，虽然能够获得合法表达式，但结果会大相径庭：

```
(*p)++ = 0;    // 将 0 赋给*p，再递增*p
```

上述语句将第一个数组元素设为 0，再设为 1；如此反复。p 本身不递增，造成数组大部分都得不到处理。表达式(*p)++意思是："递增 p 指向的"，而不是递增 p。

哇哦！为了弄懂一点点代码就进行了这么多分析！如果发誓永远不写这种晦涩的语句，那么弄不懂也没关系。但真正弄懂了之后，再看其他 C++程序员写的代码就会轻松许多。

注　意 ▶ 附录 A 总结了所有 C++操作符的优先级和结合性。

练习 7.4.1. 重写程序，在循环中使用直接指针引用来打印数组的值。声明指针 p 并初始化它指向数组开头。循环条件是 p < a + 10。

练习 7.4.2. 编写并测试 copy_array 函数将一个 int 数组的内容复制到相同大小的另一个数组。函数获取两个指针实参。循环内的操作如下：

```
*p1 = *p2;
p1++;
p2++;
```

较精简但较晦涩的代码如下：

```
*(p1++) = *(p2++);
```

甚至可以使用以下代码，效果一样：

```
*p1++ = *p2++;
```

小结

- 指针是包含数值内存地址的变量。用以下语法声明指针：

  类型 *p;

- 可用取址操作符&初始化指针：

  p = &n; // n 的地址赋给 p.

- 指针初始化好之后，用间接寻址操作符*操纵指针指向的数据：

  p = &n;
  *p = 5; // 5 赋给 n.

- 为了允许函数操纵数据(传引用)，需要传递一个地址：

  double_it(&n);

- 为接收地址，声明指针类型的实参：

  void double_it(int *p);

- 数组名称是一个常量，转换为数组第一个元素的地址。

- a[n]转换成指针引用*(a + n)。

- 地址表达式加一个整数，C++将按比例增大地址，整数要乘以表达式基类型大小：

  新地址 = 旧地址 + (整数 * 基类型大小)

- 一元操作符*和++具有从右到左的结合性，所以表达式*p++ = 0;相当于*(p++) = 0;。先将*p设为0，再递增指针 p 来指向下个元素。

第 8 章

字符串：分析文本

大多数计算机程序都涉及与用户的沟通。标准方式是使用文本字符串。多个字符(字)串在一起就是字符串。

但这似乎是一个悖论。计算机处理器只理解数字，它们如何与人沟通？答案是通过一种特殊的编码为每个字母分配编号。这是理解文本字符串的基础，所以本章首先讨论该主题。

C++多年来都支持一个高级的 string 类来简化文本字符串处理。例如，以下代码连接两个字符串，不必关心字符串长度或容量，就是这么神奇！

```
string titled_name = "Sir " + beatle_name;
```

本章先介绍"老式" C 字符串类型。但如果想直接学习高级的、更容易使用的 string 类，也不妨跳到 8.3 节。

8.1 计算机如何存储文本

第 1 章讲过，计算机以数值形式存储文本，这和其他任何数据一样。但对于文本数据，每个字节都是和特定字符对应的特殊代码，称为 ASCII 码。假定声明以下字符串：

```
char str[] = "Hello!";
```

C++将恰好分配 7 个字节，每个字符对应一个字节，另加用于终止的空字节，这称为"标准 C 字符串"，以便和高级(和更易使用)的 string 类区分。C 字符串是简单 char 数组。下图是字符串数据在内存中的样子。

实际数据	72	101	108	108	111	33	0
它们的ASCII码	'H'	'e'	'l'	'l'	'o'	'!'	(null)

附录 D 列出了每个文本字符的 ASCII 码。计算机实际不存储文本字符，只存储对应的数值编码。那么，数值在什么时候、以什么方式转换成文本字符呢？

转换至少发生两次：通过键盘输入数据时，以及在显示器上显示时。例如，按键盘上的 H

键，底层会采取一系列行动将 H 的 ASCII 代码(72)读入程序，该值作为最终数据存储。

在其他时间，文本字符串不过是一系列数字，具体地说是一系列 0 到 255 之间的字节。但作为程序员，我们可认为 C++将文本字符存储到内存中，每个字符对应一个字节。(例外：国际标准 Unicode 每个字符使用多个字节。)

花絮   计算机如何翻译程序？

一些编程书指出，CPU 并不真正理解 C++语言。所有 C++语句都必须先翻译成机器码才能执行。谁执行翻译？那些参考书会说，喔，很简单，由编译器执行。后者本身也是计算机程序，谁来翻译它的指令？书上告诉我们由计算机执行。

刚开始学习编程时，我被这种自相矛盾的说法彻底搞糊涂了。CPU(计算机的"大脑")不理解 C++的每一句话，但仍然能执行从 C++到它自己的内部语言(机器码)的翻译。是不是很矛盾？

为了理解这个问题，首先要知道 C++源代码存储在文本文件中，就像存储短文或备忘录。但如前所述，文本字符以数值形式存储。所以，当编译器处理这种数据时，它会用另一种形式来处理数字，对数据进行求值，并根据精确的逻辑规则来做出判断，如下图所示。

如果还不明白，可以设想这样一个例子：假定你接到一个任务，需要看懂只会日文的一个人的来信。与此同时，你只懂英文，完全不懂日文。但你有一本说明书，告诉你如何将日文字符翻译成英文。说明书本身用英语写，所以使用它没有任何困难。在这种情况下，即使不懂日文，在说明书的帮助下，一样看得懂日文。

这正是计算机程序的本质，它是 CPU 看得懂的说明书。计算机程序相当于中介，是一系列指令和数据。计算机各种各样的"本事"从它的程序而来。程序使计算机能做各种事情，其中包括翻译包含 C++代码的文本文件。

当然，编译器是一种特殊程序，但所做的事情并未超纲。作为程序，它还是如前所述的一本"说明书"，作用是告诉计算机如何读取 C++源代码文件并输出另一本"说明书"，也就是以可执行的形式保存的 C++程序。

第一批编译器必须用机器码来写。以后就可以用旧的写新的。结果是在一系列"自举"过程之后，即使最老道的程序员也慢慢不用写机器码了。

获取正确的字符串

通过第 6 章对数组的学习，你或许已猜出了字符串的本质：基类型为 char 的数组。

从技术上说，char 是整数类型，1 字节宽度，最多能存储 256 个值(范围从 0 到 255)，足以容纳所有标准字符，包括大写和小写字母、数字以及标点符号。(注意，包括中文和日文在内的一些语言远远不止 256 个字符，所以需要更宽的字符类型。)

可创建一个大小固定，但没有初始值的 char 数组：

```
char str[10];
```

这就创建了一个最多能容纳 10 个字节、但尚未初始化的字符串。程序员更常见的做法是在声明字符串时初始化，例如：

```
char str[10] = "Hello!";
```

该声明将创建 char 数组，并将数组起始地址和名称 str 关联(记住数组名称总是转换成起始地址，或者说第一个元素的地址)。下图只显示了字符而没有显示 ASCII 码。但在底层只会存储 ASCII 码。

字符\0 是 C++用于表示空(NULL)字符的记号方法，该字节实际存储的是值 0(相比之下，为字符'0'存储的是 ASCII 码 48)。C++字符串以一个空字节终止，代表字符串数据在这里终止。

不明确指定大小，但又对字符串进行了初始化，C++会为字符串分配刚好能容纳数据的空间(含空终止字节)。

```
char s[] = "Hello!";
char *p = "Hello!";
```

如下图所示，两个语句的效果大致相同(区别在于 s 是数组名，是常量所以不可修改。而 p 是指针，可重新赋值来指向不同的地址)。C++在两种情况下都会在数据区域分配刚好大的空间，并将起始地址赋给名称 s(不可修改)或 p 的初始值(可修改))。

字符串处理函数

就像提供数学函数来处理数字，C++也提供了函数来处理字符串。这些函数获取指针参数；换言之，获取字符串的地址，但处理的是所指向的字符串数据。下表总结了较常用的字符串函数。

函数	说明
strcpy(s1, s2)	s2 的内容拷贝到目标字符串 s1
strcat(s1, s2)	s2 的内容连接到 s1 末尾
strlen(s)	返回字符串 s 的长度(不计空终止符)
strncpy(s1, s2, n)	s2 最多 n 个字符拷贝到 s1
strncat(s1, s2, n)	s2 最多 n 个字符连接到 s1 末尾

最常用的或许是 strcpy(string copy)和 strcat(string concatenation)函数。下面展示了用法：

```
char s[80];
strcpy(s, "One");
strcat(s, "Two");
strcat(s, "Three ");
cout << s;
```

输出如下：

```
OneTwoThree
```

这个例子虽然十分简单，但仍然能从中看出一些要点。

- 声明字符串变量 s 时，必须留出足够大的空间来容纳最终字符串的所有字符。这一点很重要。C++不保证有足够空间来容纳所有必要的字符串数据；这是你的责任。
- 虽然字符串没有初始化，但总共为它留出了 80 个字节。本例假定最终要存储 80 个字符(含空终止符)。
- 字符串字面值 One，Two 和 Three 是实参。遇到代码中的字符串字面值，C++会为字符串分配空间，并返回数据的地址。换言之，C++代码的字符串被解释成地址。所以，Two 和 Three 被解释成地址实参。

如下图所示，语句 strcat(s, "Two"); 是像这样执行的：

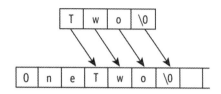

这些字符串函数存在风险。怎样保证第一个字符串足够大，除了能包含现有字符串数据，还能包含将来新增的？一个办法是使目标字符串尽可能大，分配你认为永远都不会用完的空间。更安全的办法是使用 strncpy 和 strncat 函数，它们最多只拷贝(或连接)n 个字符(含空终止符)。例如，以下操作保证不会超过为 s1 分配的内存。

```
char s1[20];
// ...
strncpy(s1, s2, 20);
strncat(s1, s3, 20 - strlen(s1));
```

例 8.1：构造字符串

先研究一个简单的字符串操作：基于较小字符串构造一个较大的。以下程序从用户处获取两个字符串(通过调用稍后要讲到的 getline 函数)，构造一个较大的并打印结果。

buildstr.cpp

```cpp
#include <iostream>
#include <cstring>
using namespace std;

int main()
{
    char str[600];
    char name[100];
    char addr[200];
    char work[200];

    // 从用户处获取三个字符串
    cout << "输入姓名并按 ENTER: ";
    cin.getline(name, 100);
    cout << "输入住址并按 ENTER: ";
    cin.getline(addr, 200);
    cout << "输入工作单位并按 ENTER: ",
    cin.getline(work, 200);
```

```
    // 构造输出字符串并打印
    strcpy(str, "\n 我叫 ");
    strcat(str, name);
    strcat(str, ", 住在 ");
    strcat(str, addr);
    strcat(str, ",\n 工作单位是 ");
    strcat(str, work);
    strcat(str, ".");
    cout << str << endl;
    return 0;
}
```

示例输出如下所示[①]:

输入姓名并按 ENTER: 周靖
输入住址并按 ENTER: 上地东里 10 号
输入工作单位并按 ENTER: 上地信息路 1 号

我叫 周靖, 住在 上地东里 10 号,
工作单位是 上地信息路 1 号.

 工作原理

本例以一个新的 `include` 预编译指令开始:

    #include <cstring>

这是必须的, 因其包含 `strcpy` 和 `strcat` 函数声明。通常, 使用任何以 "str" 这三个字母开头的标准库函数, 都必须包含 `<cstring>`。

`main` 函数做的第一件事情是声明一系列用于容纳数据的字符串。程序假定这些字符串足够大, 不会溢出:

    char str[600];
    char name[100];
    char addr[200];
    char work[200];

一般都不太可能输入超过 100 字符的姓名, 所以这个限制应该足够, 尤其是假如程序只供

---

① 译注: Visual Studio 目前将某些函数定义为不安全函数。要继续使用函数而不报错, 方案是在项目属性对话框中编辑预处理器定义, 添加 _CRT_SECURE_NO_WARNINGS 这一行。

自己使用。

但任何限制都是用来超过的。如程序要由其他许多人使用，最好假定用户肯定会忍不住奇心来测试每一个可能的限制(这个问题留待练习 8.1.1 解决)。

本例另一个新的知识点是 getline 成员函数(或方法)的使用：

```
cin.getline(name, 100);
```

getline 方法获取整行输入，按 Enter 键之前输入的所有字符。第一个实参(本例是 name)指定目标字符串。第二个实参指定最多要拷贝多少个字符，该数字绝对不要超过 n - 1(n是为字符串分配的字节数)。

输入三个字符串(name，addr 和 work)之后，程序开始构造字符串。第一个调用的是strcpy，将字符串数据拷贝到 str 开头(调用 strcat 可能产生不正确的结果，除非你知道 str 的第一个字节是空终止符，但该假设并不保险)。

```
strcpy(str, "\n 我叫 ");
```

\n 字符是 C++转义序列。换言之，不是字面意思，而是特殊字符。在本例中，\n 代表换行符。程序反复调用 strcat 来构造字符串剩余部分。

```
strcat(str, name);
strcat(str, ", 住在 ");
strcat(str, addr);
strcat(str, ",\n 工作单位是 ");
strcat(str, work);
strcat(str, ".");
```

 练习

练习 8.1.1. 重写例子，确保不超过 str 容量限制。例如，可以将以下语句：

```
strcat(str, addr);
```

替换为如下语句：

```
strncat(str, addr, 600 - strlen(str));
```

练习 8.1.2 完成上个练习后，测试你为 str 字符串添加的限制措施是否合格。最好将数字600 替换为符号常量 STRMAX，在程序开头添加以下#define 指令。预处理期间，该指令会指示编译器将 STRMAX 在源代码中的所有实例都替换成指定文本(600)。

```
#define STRMAX 600
```

然后，可用 STRMAX 来声明 str 的长度：

```
char str[STRMAX];
```

再用 STRMAX 确定最多拷贝多少字节：

```
strncpy(str, "\nMy name is ", STRMAX);
strncat(str, name, STRMAX - strlen(str));
```

该设计最大的好处在于，如需要更改最大字符串长度，只需更改一行代码(包含#define 指令的那一行)，然后重新编译一下。

花絮 **转义序列**

转义序列可能造成一些奇怪的代码，例如以下语句：

```
cout << "\nand I live at";
```

相当于：

```
cout << endl << "and I live at";
```

为了理解\nand 这种奇怪的字符串，关键在于记住以下语言规范。

* **编译器遇到 C++源代码中的反斜杠(\)时，紧接着它的下一个字符会被解释成具有特殊含义。**

除了代表换行符的\n，其他转义序列还有\t(制表符)和\b(退格符)。喜欢刨根问底人会问："怎样打印一个实际的反斜杠？"答案很简单。连续两个反斜杠(\\)代表一个反斜杠。例如以下语句：

```
cout << "\\nand I live at";
```

会打印如下输出：

```
\nand I live at
```

第 17 章在介绍 C++14 新特性时，会解释如何创建"原始字符串字面值"使反斜杠(\)不再转义。

读取字符串输入

目前一直以简化方式对待数据输入。以前的例子假定用户输入数字(例如 15)并直接进入程序。但真正发生的事情远没有这么简单。

从键盘输入的所有数据最初都是文本，即 ASCII 码。所以，当用户在键盘上按"1"和"5"时，发生的第一件事情是这些字符进入下图所示的输入流。

输入流

实际数据	···	32	49	53	32	···
这些字符的ASCII码		(sp)	'1'	'5'	(sp)	

计算机指示 cin 对象获取一个文本输入，分析并生成整数值：本例是值 15。该数字在如下所示的语句中赋给整数变量：

```
cin >> n;
```

如 n 的类型不同(比如 double 类型)，就会进行不同的转换。浮点格式要求生成一种不同类型的值。通常，由 cin 对象解释的流输入操作符(>>)能帮你完成所有这些操作。

上一节提到了 getline 方法，它采用了一种奇怪的语法：

```
cin.getline(name, 100);
```

圆点操作符(.)是必须的，它表明 getline 是 cin 对象的成员。显然，这里出现了一些你可能还不理解的新术语。

第 10 章将完整讲述对象。目前请将对象想象成一种数据结构，内部集成了如何做特定事情的机制。指示对象做某事只需调用它的成员函数：

对象.函数 (实参)

*对象*是函数从属于的东西，本例是 cin。本例的*函数*是 getline(第 9 章介绍的文件输入对象也支持该函数)。除了调用 cin.getline，还可用流操作符>>获取输入：

```
cin >> var;
```

以前曾用这种语句获取 int 和 double 数据。能不能用于字符串？答案是肯定的。

```
cin >> name;
```

该语句的问题在于结果可能和你预期的不符。它并非获取整行输入(从用户开始输入数据开始，一直到按 Enter 键)，而是最多获取第一个空白字符(空格、制表符或换行符)之前的数据。所以，假定用键盘输入下面这一行：

```
Niles Cavendish
```

执行 `cin >> name;`会将"Niles"移动到字符串变量 `name` 中。"Cavendish"则会留在输入流，直到由下一个输入操作获取。

假定用户输入以下内容，并按 Enter 键：

```
50 3.141592 Joe Bloe
```

如果意图是连续读取两个数字和两个字符串，且所有数字和字符串都以一个空格分隔，那么可用以下语句成功读取输入：

```
cin >> n >> pi >> first_name >> last_name;
```

但流输入操作符通常会造成你缺乏有效的控制。我自己的选择是尽量避免用它，除非是一些简单的测试程序。该操作符的一个局限在于不允许设置默认值。假定你提示用户输入一个数字：

```
cout << "输入数字: ";
cin >> n;
```

如果用户直接按 Enter 键，不输入任何东西，那么什么事情都不会发生。计算机会静悄悄地等待用户输入数字并再次按 Enter 键。如用户持续按 Enter 键，程序会一直等下去，像一个固执的孩子。

就个人来说，我比较喜欢让程序支持以下提示所指定的行为：

```
输入数字(或按 ENTER 输入 0):
```

显然，让 0(或你选择的其他数字)作为默认值会方便许多。但怎样实现这种行为呢？下例对此进行了演示。

注 意 ▶ 使用 `getline` 函数后，再用流输入操作符(`>>`)可能出现异常行为。这是由于 `getline` 函数和流输入操作符对于如何"消耗"换行符进行了不同的设定。所以，在程序中最好坚持只用其中一种方法。

例8.2：获取数字

以下程序获取数字并打印其平方根，直到用户输入 0 或者在提示后直接按 Enter 键。

```
get_num.cpp
    #include <iostream>
    #include <cstring>
    #include <cmath>
    #include <cstdlib>
    using namespace std;
    double get_number();

    int main()
    {
        double x = 0.0;
        while(true) {
            cout << "输入一个数(直接按 ENTER 退出): ";
            x = get_number();
            if (x == 0.0) {
                break;
            }
            cout << "x 的平方根是: " << sqrt(x);
            cout << endl;
        }
        return 0;
    }

    // get-number 函数
    // 获取用户输入的数，只获取输入的第一个数。
    // 如用户按 Enter 而不是输入，返回默认值 0.0.
    double get_number() {
        char s[100];
        cin.getline(s, 100);
        if (strlen(s) == 0) {
            return 0.0;
        }
        return atof(s);
    }
```

在所有需要输入数字的程序中，都可以照搬该 get_number 函数。

 工作原理

程序首先包含<cstring>和<cmath>，它们包含了字符串和数学函数的类型信息。注意使用 atof 函数需包含<cstdlib>。程序还事先声明了 get_number 函数。

```
#include <iostream>
#include <cstring>
#include <cmath>
#include <cstdlib >
using namespace std;
double get_number();
```

main 函数的内容应该是你熟悉的。它执行无限循环，在 get_number 函数返回 0 时终止。输入任何非零值，程序计算平方根并打印结果。

```
while(true) {
    cout << "输入一个数(直接按 ENTER 退出): ";
    x = get_number();
    if (x == 0.0) {
        break;
    }
    cout << "x 的平方根是: " << sqrt(x);
    cout << endl;
}
```

新知识点在 get_number 函数中。函数调用 getline 获取整行输入(但最多 n - 1 个字符。由于本例 n 等于 100，所以最多读取 99 个字符，留一个字符给空终止符)。如用户在提示后直接按 Enter，getline 返回空字符串。

```
double get_number() {
    char s[100];
    cin.getline(s, 100);
    if (strlen(s) == 0) {
        return 0.0;
    }
    return atof(s);
}
```

输入行存储到局部字符串 s 中之后，用以下语句字符串为空时返回 0:

```
    if (strlen == 0)
        return 0.0;
```

字面值 0.0 等于 0，但以 double 格式存储。记住，含小数点的所有字面值都被 C++视为浮点数。

如字符串 s 长度不为 0，表明字符串包含需转换的数据。由于不依赖流操作符(>>)，所以 get_number 函数必须自己解释数据，所以需检查读取的字符(也就是从键盘发送的 ASCII

码)并生成一个 double 值。

幸好 C++标准库提供了 atof 函数专门做这件事情，它获取字符串输入并生成浮点 (double)值。对应地，atoi 函数生成 int 值。

```
return atof(s);
```

姊妹函数 atoi 为整数做同样的事情：

```
return atoi(s);        // 返回 int 值
```

 练习

练习 8.2.1. 重写例 8.2 只接受整数输入。提示：将所有受影响的类型从 double 改成 int 格式，包括常量。

例 8.3：转换成大写

本例展示一个访问单独字符的简单程序。虽然可将字符串视为单一实体，但实际由一系列字符构成，通常(但并非一定)是大写和小写字母。

```cpp
upper.cpp

#include <iostream>
#include <cstring>
#include <cctype>
using namespace std;
void convert_to_upper(char *s);

int main()
{
    char s[100];
    cout << "输入转换成大写的字符串并按 ENTER: ";
    cin.getline(s, 100);
    convert_to_upper(s);
    cout << "转换后的字符串是:" << endl;
    cout << s << endl;
    return 0;
}

void convert_to_upper(char *s) {
    int length = strlen(s);
```

```
    for (int i = 0; i < length; i++) {
        s[i] = toupper(s[i]);
    }
}
```

 工作原理

本例旨在展示如何处理字符串中单独的字符。将字符串传给函数需要传递字符串的地址。当然，提供字符串名称即可(传递任何形式的数组都可如法炮制)。

    convert_to_upper(s);

函数使用传递的实参(实际是地址)对字符串数据进行索引。

    void convert_to_upper(char *s) {
        int length = strlen(s);
        for (int i = 0; i < length; i++) {
            s[i] = toupper(s[i]);
        }
    }

本例引入新函数 toupper，如下表所示，它和姊妹函数 tolower 函数都对单独的字符进行处理。

函数	说明
toupper(c)	c 是小写就返回大写；否则原样返回 c
tolower(c)	c 是大写就返回小写；否则原样返回 c

所以以下语句将字符转换成大写(如果是小写的话)，并用结果取代原始字符。

    s[i] = toupper(s[i]);

同样要注意，使用这些函数时，需要包含<cctype>：

    #include <cctype>

 练习

练习 8.3.1. 写一个和例 8.3 相似的程序，但将输入的字符串转换成全部小写。提示：使用 C++库中的 tolower 函数。

练习 **8.3.2.** 重写例 8.3 来使用直接指针引用(参见第 6 章末尾的说明)，而不是使用数组索引。如抵达字符串尾，当前字符的值就是一个空终止符，所以可用*p == '\0'测试是否抵达字符串尾。更简单的写法是直接拿*p 作为条件，不指向零(NULL)值就非零。

```
while (*p++) {
    // 做一些事...
}
```

8.2 单字符和字符串

C++区分单字符和字符串，基于使用单引号还是双引号。

表达式'A'是单字符。编译时 C++将该表达式替换成字母 A 的 ASCII 值，即十进制 65。

而表达式"A"是长度为 1 的字符串。C++遇到该表达式时会在数据区域放两个字节。

- 字母 A 的 ASCII 码(和使用单引号时一样)。
- 一个空终止字节。

然后，C++将表达式"A"替换在成该双字节数组的地址。'A'和"A"不同之处在于前者转换成整数值，后者是字符串所以要转换成地址。

这可能需要时间来消化，目前只需特别注意引号的使用。以下代码演示了如何混用两种引号：

```
char s[] = "A";
if (s[0] == 'A') {
    cout << "字符串第一个字母是'A'. ";
}
```

这会获得正确的结果。但像下面这样比较字符和地址会出错：

```
if (s[0] == "A") { // 错误!
    //...
```

它试图将字符串数组 s 的一个元素和一个地址表达式("A")进行比较，所以非法。请记住以下语言规范。

＊ 单引号表达式(比如'A')在转换成 ASCII 码后被视为数值，不是数组。

＊ 双引号表达式(比如"A")是字符数组，所以会转换成地址。

例8.4：用 strtok 分解输入

读取一行文本时(例如使用 getline 函数)，经常需要将其分解成更小的字符串。例如以下文本输入：

Me, myself, and I

要把它分解成逗号和空格(定界符)分隔的多个子字符串，再用单独的行打印：

Me
Myself
and
I

笨办法是手动查找定界符来检索子串，但更聪明的办法是使用 C++标准库的 strtok(全称是 string token)函数[1]。这里的 token 是指包含单个词的子串。如下表所示，该函数有两种用法。

函数用法	说明
strtok(source_string, delims)	根据由 *delims* 指定的定界符返回源字符串的第一个 token
strtok(**nullptr**, *delims*)	使用之前的 strtok 调用所指定的源字符串，获取下一个 token。使用 *delims* 指定的定界符

strtok 首次调用需要指定源字符串和定界符，返回指向第一个子串(即 token)的指针。例如：

p = strtok(the_string, ", ");

要找下一个 token 就再次调用 strtok，为第一个实参指定空值。函数自己记得操作的哪个字符串和在字符串中的什么位置：

p = strtok(nullptr, ", ");

如果再次指定 *source_string*，strtok 会重新开始并返回第一个 token。

strtok 通常返回指向 token 的指针，没有更多 token(子字符串)则返回空值，可以测试是否等于零或 false。

---

[1] 译注：Visual Studio 目前将 strtok 函数定义为不安全函数。要想继续使用该函数而不报错，方案是在项目属性对话框中编辑预处理器定义，添加_CRT_SECURE_NO_WARNINGS 这一行。

注 意 ▶ 较老的编译器可能需要将 nullptr 替换成 NULL。该关键字自 C++11 引入。

下面这个简单的程序将空格和逗号解释成定界符(分隔符)，用单独的行打印每个子字符串
(token)。

tokenize.cpp

```
#include <iostream>
#include <cstring>

using namespace std;
int main()
{
char the_string[81], *p;

    cout << "输入要分解的字符串: ";
    cin.getline(the_string, 81);
    p = strtok(the_string, ", ");
    while (p != nullptr) {
        cout << p << endl;
        p = strtok(nullptr, ", ");
    }
    return 0;
}
```

工作原理

程序简单演示了 strtok。首先是#include 指令:

```
#include <iostream>
#include <cstring>
```

进 while 循环前调用一次 strtok 并指定输入字符串。它查找第一个 token(如果有的话)
并返回指向它的指针。

```
p = strtok(the_string, ", ");
```

the_string 只在这里用一次。之后在循环中调用 strtok 时就指定 nullptr 作为第一个
实参，意思是"重复操作同一个输入字符串，返回其中的下一个 token(子字符串)"。

```
while (p != nullptr) {
    cout << p << endl;
    p = strtok(nullptr, ", ");
}
```

如果返回 nullptr，表明没有更多 token 可供读取。

练习

练习 8.4.1. 修改例子，除了打印 token(子字符串)，最后还打印找到了多少个 token。

练习 8.4.2. 用&连接所有 token 并打印。

练习 8.4.3. 用&作为定界符。

8.3 C++语言的 string 类

C 和 C++使用的空终止字符串称为 "C 字符串"，不如 Visual Basic 内建的字符串方便，后者隐藏了几乎所有技术细节。多年后，几乎所有 C++编译器都提供了一个类似的类型，名字就是 string。(该 C++类型技术上说是 std::string，但使用 using namespace 语句就不必添加 std::前缀。)

string 类型是类的一个例子，单独的字符串和 cin/cout 一样是对象。例如，假定有两个字符串，分别称为 first_name 和 last_name：

```
#include <string>
using namespace std;
...
string first_name("Abe ");
string last_name("Lincoln");
```

不用操心数组或字符的索引，现在把这些对象当作普通数据来操作即可，如下图所示。

string first_name = "Abe "   "Abe "
                   first_name

string last_name = "Lincoln"   "Lincoln"
                     last_name

例如，可以用加号(+)连接字符串，不必担心长度或容量问题。

```
string full_name = first_name + last_name;
```

如下图所示，该语句连接两个字符串，构成一个新的 full_name 字符串。它自动具有正确的长度。不用关心新字符串是否有足够空间来容纳连接起的姓名。string 类负责所有存储问题。

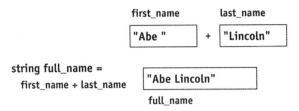

索引单独字符也没问题，具体和 C 字符串一样，注意，字符同样是 char 类型。

```
string s = "I am what I am.";
cout << s[3]; // 打印第 4 个字符(m).
```

string 类具有 C 字符串类型的几乎一切优点，还更易使用。缺点是不兼容 strtok 函数，后者只支持 C 字符串。

添加对 string 类的支持

使用新的 string 类型需做的第一件事情就是用#include <string>指令开启对它的支持，这有别于开启 C 字符串支持的指令：

```
#include <string>          // 支持新的 string 类
```

记住支持 C 字符串是用 cstring 而不是 string：

```
#include <cstring>         // 支持旧式字符串函数
```

增减一个 c 就大不一样。顺便说一下，可同时开启对两者的支持。但只有在需要调用 strcpy 这样的旧式函数时才需包含 cstring。

和 cin 和 cout 一样，string 这个名称必须用 std 前缀来限定，除非在程序开头添加以下 using 语句：

```
using namespace std;
```

不添加上述语句，每次都要用 std::string 引用新的字符串类。添加 using namespace 语句后，C++库的任何东西都不用添加 std::前缀了。

声明和初始化 string 类的变量

一旦开启对 string 类的支持，就可以非常简单地用它来声明变量。(再次声明，如果没有写 using namespace 语句，就要用 std::string 而不是 string。)

```
string a, b, c;
```

这就创建了 string 类的三个变量。注意这有多简单，不需要担心它们需要多大空间。可采
取多种方式初始化字符串，例如：

```
string a("Here is a string."), b("Here's another.");
```

还可使用赋值操作符(=)：

```
string a, b;
a = "Here is a string.";
b = "Here's another.";
```

还可将声明和初始化合二为一：

```
string a = "Here is a string. ";
```

操作 string 类的变量

标准库 string 类的操作方式更符合习惯。和 C 语言的字符串不同，string 对象不需要
调用库函数就能拷贝和比较。

例如，假定有以下字符串变量：

```
string cat = "Persian";
string dog = "Dane";
```

可以将新数据赋给这些变量而不必担心容量。例如，原本容纳了 4 个字符的 dog 字符串
能"自动"扩容来容纳 7 个字符：

```
dog = "Persian";
```

用相等性测试操作符(==)比较两个字符串的内容。这符合习惯：内容一样就返回 true(比
较 C 字符串则需调用 strcmp)。

```
if (cat == dog) {
cout << "cat 和 dog 同名";
}
```

用赋值操作符(=)将一个 string 变量的数据拷贝给另一个。这也符合习惯：拷贝字符串内
容而不是指针值。

```
string country = dog;
```

用加号(+)连接字符串：

```
string new_str = a + b;
```

甚至能在这种操作中嵌入字符串字面值：

```
string str = a + " " + b;
```

但以下语句无法成功编译：

```
string str = "The dog" + " is my friend"; // 错误!
```

问题在于，虽然加号(+)能连接两个 string 变量，或连接一个 string 变量和一个 C 字符串，但不能连接两个 C 语言的字符串(字符串字面值仍是 C 语言的字符串)。

注意 ▶ 附加"s"后缀使两个字符串字面值成为 C++字符串类的真正实例可解决该问题。具体在第 17 章解释。另一个方案是将加号替换成空格或换行符。

输入和输出

和你预期的一样，string 类型的变量能像你预期的那样和 cin/cout 配合使用：

```
string prompt = "输入姓名: ";
string name;
cout << prompt;
cin >> name;
```

使用流输入操作符>>存在和 C 字符串一样的缺点：只能返回第一个空白字符之前的字符。但可用 getline 函数将整行输入都放到一个 string 变量中。该版本不要求指定读入的最大字符数，因字符串变量能存储任意大小的数据。

```
getline(cin, name);
```

例 8.5：用 string 类构造字符串

本例用 string 变量实现例 8.1 的功能。

buildstr2.cpp

```
#include <iostream>
#include <string> // 包含对 string 类的支持
using namespace std;

int main()
```

```
{
    string str, name, addr, work;

    // 从用户获取三个字符串
    cout << "输入姓名并按 ENTER: ";
    getline(cin, name);
    cout << "输入住址并按 ENTER: ";
    getline(cin, addr);
    cout << "输入工作单位并按 ENTER: ";
    getline(cin, work);

    // 构造输出字符串并打印
    str = "\n 我叫 " + name + ", " +
          "住在 " + addr +
          ",\n 工作单位是 " + work + ".\n";
    cout << str << endl;
    return 0;
}
```

 工作原理

最起码，该版本比练习 8.1 的更容易写。第一个区别是 include 指令，要引用<string>
而非<cstring>。

```
#include <string>
using namespace std;
```

和以前一样，using namespace 语句允许直接引用 std 命名空间中定义的符号(比如
cin，cout 和 string)，而不必添加 std 前缀。

其余内容很容易理解。该版本声明 4 个 string 变量而不必担心各自要保留多大空间。

```
string str, name, addr, work;
```

然后调用 getline 函数，不必指定读取的最大字符数。

```
cout << "输入姓名并按 ENTER: ";
getline(cin, name);
cout << "输入住址并按 ENTER: ";
getline(cin, addr);
cout << "输入工作单位并按 ENTER: ";
getline(cin, work);
```

然后构造字符串，用加号(+)直观地连接字符串。

```
str = "\n 我叫 " + name + ", " +
"住在 " + addr +
",\n 工作单位是 " + work + ".\n";
```

最后打印连接好的字符串。

```
cout << str;
```

 练习

练习 8.5.1. 从用户处收集三项信息：一只狗的名字、品种和年龄。打印一句话来合并信息。

练习 8.5.2. 不用一句话，而是在一个段落中用多个句子来多次使用上个练习收集到的信息。

例 8.6：加法机二号

字符串(无论 C 字符串还是 string 类)允许一次获取整行输入，并智能地对其进行处理。本例配合使用 getline 函数和指针来实现第 3 章加法机程序的一个更好的版本。

原来的版本要求使用数字 0 来终止输入序列，这造成了显而易见的问题。这个改进的版本还是每次接收一个数，直到用户什么都不输入，直接按 ENTER 终止输出。两种字符串都可以用：传统 C 字符串(空终止 char 数组)或者 STL string 类的实例。但两种都用过之后，你恐怕会同意后者更好用。

adding2.cpp

```cpp
#include <iostream>
#include <string> // 包含对 string 类的支持
using namespace std;

bool get_next_num(int *p);

int main()
{
    int sum = 0;
    int n = 0;
    while (get_next_num(&n)) {
    sum += n;
```

```
}
    cout << "总和是: " << sum << endl;
    return 0;
}

bool get_next_num(int *p) {
    string input_line;
    cout << "输入一个数(直接按 ENTER 退出): ";
    getline(cin, input_line);
    if (input_line.size() == 0) {
        return false;
    }
    *p = stoi(input_line);
    return true;
}
```

 工作原理

这是一个简单的程序。它不断提示用户输入一个数，直到什么都不输入(输入长度为零的字符串)，直接按 ENTER 退出。

注意其中使用了新版本的 getline。记住，对 C 字符串使用 getline 方法，对 string 类型的对象使用 getline 函数。有点绕，是吧？

```
char my_cstr[10];          // C 字符串
string my_str;             // string 对象

cin.getline(my_cstr, 10);  // 对 C 字符串用
getline(cin, my_str);      // 对 string 对象用
```

本例返回值用于描述"现在终止"条件，所以输入的数值必须以其他方式返回。这用一个模拟传引用的指针实参来实现。输入的数实际通过该指针"返回"：

```
*p = stoi(input_line);
```

stoi 函数自 C++11 引入，用于将字符串转换为整数。配套的 stof 函数则转换成浮点数。老编译器可用 atoi 和 atof，但需先用 c_str 函数转换成 C 格式：

```
*p = atoi(input_line.c_str());
```

确实不好看，但兼容老版本 C++。

练习

练习 **8.6.1.** 修改 get_next_num 函数，通过一个实参来指定默认值。如用户直接按 ENTER 而不输入任何文本，函数就返回该默认值。

练习 **8.6.2.** 修改例子，接收浮点数并打印浮点结果。记住，C++支持 stof 和 atof 函数。

对 string 类型的其他操作

可用和访问 C 字符串中的字符一样的语法来访问 string 对象中的字符：

```
string[index]
```

例如，以下代码打印字符串中的字符，每个字符一行：

```
#include <string>
using namespace std;
// ...
string dog = "Mac";
for (int i = 0; i < dog.size(); i++) {
cout << dog[i] << endl;
}
```

运行时，上述代码会输出以下结果：

```
M
a
c
```

和 C 语言字符串以及 C 语言的任何数组一样，**string** 变量使用基于零的索引。所以 i 初始化为 0。循环条件取决于字符串长度。C 语言字符串用 **strlen** 函数获取长度。**string** 对象则用 **size** 成员函数。

```
int length = dog.size();
```

小结

- 文本字符按它们的 ASCII 代码存储在计算机中。例如，字符串"Hello!"表示成字节值 71，101，108，108，111，33 和 0(空终止符)。

- 传统 C 字符串使用空终止符(字节值 0)使字符串处理函数判断字符串在什么地方终止。声明字符串字面值(比如"Hello!")是，C++自动为该空终止符分配空间。

- 字符串的当前长度(通过搜索空终止符来判断)并不等于为字符串保留的总存储空间大小。以下声明为 str 保留 10 字节存储空间，但会初始化它，使它的当前长度只为6。所以，该字符串最终还有三个未使用的字节(空终止符占了一个字节)，使其能根据需要进行扩展。

  ```
  char str[10] = "Hello!";
  ```

- strcpy(string copy)和 strcat(string concatenation)等库函数可能改变现有字符串的长度。执行这些操作时，必须保证字符串保留足够大的空间以适应新的字符串长度。

- strlen 获取字符串当前长度。

- 包含 cstring 提供字符串处理函数所需的类型信息。

  ```
  #include <cstring>
  ```

- 增大字符串的大小，但没有保留足够大的空间，可能覆盖另一个变量的数据区域，造成不容易发现的 bug。

  ```
  char str[] = "Hello!";
  strcat(str, " So happy to see you.");    //错误!
  ```

- 使用 strncat 和 strncpy 函数确保不会将过量字符拷贝到字符串。

  ```
  char str[100];
  strncpy(str, s2, 100);
  strncat(str, s2, 100 - strlen(str));
  ```

- 流操作符(>>)和 cin 对象配合使用，只能对输入进行有限的控制。用它将数据发送到一个字符串地址时，最多只能获取第一个空白字符(空格、制表符或换行符)之前的字符。

- 为了获取整行输入，可以使用 cin.getline 成员函数(方法)。第二个实参指定要拷贝到字符串的最大字符数(不计空终止符)。

  ```
  cin.getline(input_string, max);
  ```

- 像'A'这样的表达式代表单个整数值(转换成 ASCII 代码后)；像"A"这样的表达式代表一个 char 数组，所以会转换成内存地址。

- STL string 类允许创建、拷贝(=)、测试相等性(==)和连接(+)字符串而不必担心大小问题。

- 使用 string 类需包含<string>。记住，全名是 std::string，但 std 前缀可用 using namespace 语句移除。

  ```
  #include <string>
  using namespace std;
  ```

- 可像 C 字符串那样索引 string 对象来获取单独的字符(char 值)。

  ```
  char c = str_obj[2]; // c = 第三个字符
  ```

- 调用 getline 函数将整行输入读入 string 对象(这是个更灵活的操作，因为不需要指定最大字符数)。这是全局函数而非成员。

  ```
  getline(cin, str_obj); // str_obj 获取整行输入
  ```

- C++库提供函数 stoi 和 stof 将 string 对象转换成数值。还提供函数 atoi 和 atof 将 char*(C 字符串)转换成数值。分别转换成整数和浮点(double)值。

- 调用 string 对象的 c_str 方法将 string 对象转换成 C 字符串。

第 9 章

文件：电子存储

编程到一定时候就要和磁盘文件打交道。大多数真正的应用程序(工资程序、电子表格和文本编辑器等)都需要存储和检索持久性的信息。即使简单的程序，也经常需要长期性的数据存储。

程序终止，但某些宝贵的信息不能消失，例如工资信息或者肯德基的秘密炸鸡配方。某些时候，你甚至希望这些信息一直保存下去。和主内存(RAM)不一样，磁盘文件在电脑关机之后也能维持其状态。所以，如果数据需要保存到一个地方供以后使用，就把它放到磁盘文件中。

9.1 文件流对象入门

使用 cin 和 cout(控制输入和输出)其实就在使用"对象"，知道怎样响应请求的自包容实体。现在是时候介绍几个新对象了。C++提供了"文件流"对象，支持和 cin/cout 相同的一套函数调用和操作符。

C++程序员经常谈到"流"，可读取或写入数据的一种东西。理论很简单。数据就像水一样，从某个来源(如控制台)流出，向某个目标(如文件)流入。虽然数据流不总是像水那样源源不断，但这个比喻仍然是形象的。

通过几个简单的步骤向文件写入。第一步是用#include <fstream>指令开启对文件流操作的支持：

```
#include <fstream>
```

第二步是创建文件流对象并和磁盘文件关联。我选择 fout 这个名称。但你可以选择自己喜欢的任何名称，比如 MyGoofyFile，RoundFile 和 Trash 等。另外，我指定的文件名是 output.txt。

```
ofstream fout("output.txt"); // 打开文件 output.txt
```

fout 对象现与文件 output.txt 关联并具有 **ofstream** 类型。打开文件流时，可以使用下面三个类型：

- **ofstream**：文件输出流
- **ifstream**：文件输入流
- **fstream**：泛化文件流(打开时必须指定输入和/或输出，详情稍后描述)

对象创建好之后就可向其写入，这和向 **cout** 写入一样。这是我们的第三步。数据将发送给关联的文件(本例是 output.txt)。

```
fout << "This is a line of text.";
```

例如，可以修改第 1 章的例子，用以下代码向磁盘文件 output.txt 写入：

```
#include <fstream>
// ...
ofstream fout("output.txt");        // 打开文件 output.txt

fout << "I am Blaxxon," << endl;
fout << "the godlike computer." << endl;
fout << "Fear me!" << endl;
```

fout 对象提供了磁盘文件的访问通道。用面向对象的术语来说，**fout** "封装"了文件，代替接收要输出的内容。如下图所示，首先声明 **fout**，把它和特定磁盘文件(output.txt)关联。然后向 **fout** 写入将造成将数据发送给关联的文件。

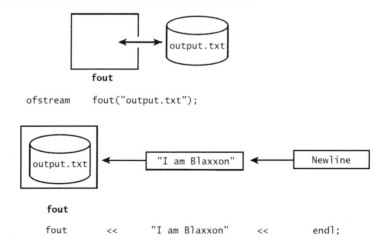

可以同时打开多个文件流对象，每个想要交互的文件都对应一个：

```
ofstream out_file_1("memo.txt");
ofstream out_file_2("message.txt");
```

完成文件读写之后应调用 close 函数。这导致程序放弃对文件的占用，以便其他进程访问。C++会在程序成功退出后帮你关闭文件，但这件事情最好由你主动完成：

```
out_file_1.close();
out_file_2.close();
```

引用磁盘文件

上一节展示了如何通过指定文件名来创建文件流对象。如成功，该声明会打开文件供输出，授予你独占访问权限：

```
ofstream fout("output.txt");
```

引用的文件默认位于当前目录，即程序所在的目录(用 Windows 或 Macintosh 的术语来说，位于当前"文件夹")。但如果愿意，完全可以为文件指定一个完整路径名称，并可选择包含一个驱动器号(或者说"盘符")。路径和盘符是完整文件名的一部分。更确切地说，它们和文件名一起，共同构成了文件规范(file specification)，这是许多参考书使用的术语。

例如，可以打开 C:驱动器某个目录中的文件：

```
ofstream fout("c:\\Users\\Briano\\output.txt");
```

这在我的电脑上没有问题，因为我确实有这个目录。但你的电脑可能需要修改。

字符串字面值使用了 C++反斜杠记法。反斜杠在 C++程序中具有特殊含义。例如，\n 代表换行符，而\t 代表制表符。表示反斜杠本身需连写两个。所以，C++程序中的字符串"c:\\Users\\Briano\\output.txt"代表的是以下文件：

```
c:\Users\Briano\output.txt
```

还有一种更灵活的方式。虽然 Windows(和其他系统)将反斜杠用于文件系统导航，C++也支持将正斜杠(/)用作文件路径分隔符，并自动转换成适合本地平台的符号。简单地说，可换用以下字符串：

```
string path_name = "c:/Users/Briano/output.txt"
```

所以，可像下面这样创建文件流对象：

```
ofstream fout("c:/Users/Briano/output.txt");
```

在 Windows 或 DOS 系统上执行该语句，会正确打开之前描述的文件(只要路径存在)。

例 9.1：向文件写入文本

本例对文本文件执行最简单的操作：打开它，写入两行文本，然后退出。

程序提示用户输入一个现有的文件名。需输入准确文件名。如有必要请包含盘符和完整路径。不要用两个反斜杠表示一个；那只是 C++程序内部的编码约定，对用户没影响，也不影响字符串的存储。

例如，可直接输入以下代码：

```
c:\documents\output.txt
```

如果文件成功打开，会向该文件写入文本。

注 意 ▶ 程序会覆盖指定的任何文件，清除它原先的内容，所以如果还想保留的文件，就不要指定。

writetxt.cpp

```cpp
#include <iostream>
#include <fstream>
using namespace std;

int main() {
    char filename[FILENAME_MAX+ 1];
    cout << "输入文件名并按 ENTER: ";
    cin.getline(filename, FILENAME_MAX);
    ofstream file_out(filename);
    if (! file_out) {
        cout << filename << " 无法打开.";
        cout << endl;
        return -1;
    }
    cout << filename << " 已打开." << endl;
    file_out << "我读了" << endl;
    file_out << "今天的新闻," << endl;
    file_out << "真高兴.";
    file_out.close();
    return 0;
}
```

运行程序后，可查看文件内容以验证成功写入文本。任何文本编辑器或字处理软件都可以。(DOS 下可用 TYPE 命令。)

 工作原理

程序首先开启对 C++ 库的 iostream 和 fstream 部分的支持：

```
#include <iostream>
#include <fstream>
using namespace std;
```

程序只有一个函数，即 main。它做的第一件事情是提示输入文件名：

```
char filename[FILENAME_MAX+ 1];
cout << "输入文件名并按 ENTER: ";
cin.getline(filename, FILENAME_MAX);
```

FILENAME_MAX 是预定义常量，代表系统支持的文件名的最大长度(含路径名)。分配 FILENAME_MAX+1 个字符保证字符串 filename 能容下任何有效文件名。

main 函数接着创建文件流对象 file_out：

```
ofstream file_out(filename);
```

该语句尝试打开指定文件。打开失败，会在 file_out 对象中放入一个空值。可用 if 语句测试该值(空值等价于 false)。

如果文件打开失败，程序打印一条错误消息并退出。逻辑取反操作符(!)用于反转真假值。所以在文件为空时，!file_out 条件为真，应该报告失败。

```
if (! file_out) {
cout << filename << " 无法打开.";
cout << endl;
return -1;
}
```

有两个原因会造成打开文件失败。一个是指定了无效文件，另一个是试图打开只读文件。如果文件成功打开，程序在控制台上报告"已打开"，向文件中写入几行文本，然后关闭流。

```
cout << filename << " 已打开." << endl;
file_out << "我读了" << endl;
file_out << "今天的新闻," << endl;
file_out << "真高兴.";
file_out.close();
return 0;
```

 练习

练习 9.1.1. 重写例 9.1，提示用户分开输入目录位置和文件名。提示：用两个字符串，用 strcat 函数连接。

练习 9.1.2. 写程序允许输入任意数量的文本行，一次一行。这相当于写一个原始的文本编辑器，可输入文本，但输入后不能编辑。设置一个循环允许连续输入。如什么都不输入直接按 Enter(相当于输入一个零长度字符串)就终止。

还可将一个特殊码(比如"@@@")用作会话终止标志。用 strcmp(string compare)函数检测该字符串。该函数判断比较两个 C 字符串，内容相同就返回 0。

```
if (strcmp(input_line, "@@@") == 0) {
break;
}
```

记住，每次提示输入时都要打印一条简短的提示，例如：

输入(@@@退出)>>

例 9.2：显示文本文件

向文件写入后还想查看它。写完整的文本编辑器超出了本书范围，但本章的例子演示了一些基本元素。任何字处理软件或文本编辑器所做的主要事情就是打开文件，读取文本行，让用户编辑文本行，将更改重新写入文件。

本例一次显示 24 行文本，询问用户是否继续。用户可选择打印另外 24 行或退出。古老的显示器一次显示 25 行文本，本例少显示一行。

本例打开的是一个 ifstream，它默认文本和输入模式，所以除非指定现有文件，否则打开失败。

```cpp
#include <iostream>
#include <fstream>
using namespace std;
#define COL_WIDTH 80

int main() {
    int c; // 输入字符
    char filename[FILENAME_MAX + 1];
    char input_line[COL_WIDTH + 1];

    cout << "输入文件名并按 ENTER: ";
    cin.getline(filename, FILENAME_MAX);

    ifstream file_in(filename);

    if (! file_in) {
        cout << filename << " 无法打开.";
        cout << endl;
        return -1;
    }

    while (true) {
        for(int i = 1; i <= 24 && !file_in.eof(); ++i) {
            file_in.getline(input_line, COL_WIDTH);
            cout << input_line << endl;
        }
        if (file_in.eof()) {
            break;
        }
        cout << "显示更多?(按'Q'和 ENTER 退出)";
        cin.getline(input_line, COL_WIDTH);
        c = input_line[0];
        if (c == 'Q' || c == 'q') {
            break;
        }
    }
    return 0;
}
```

本例和例 9.1 相似，但要检查两个不同的条件来判断是否应该读取更多的行。确定文件流成功打开之后，程序建立一个无限循环，会在以下任何一个条件成立的前提下退出。

- 遇到文件尾。
- 用户表示不想继续。

主循环的基本结构如下：

```
while (true) {
    // ...
}
```

一次最多读取 24 行，遇到文件尾则更少。为实现该逻辑，最简单的办法就是使用一个 for 循环，并为它指定一个复合条件：

```
for(int i = 1; i <= 24 && !file_in.eof(); ++i) {
    file_in.getline(input_line, COL_WIDTH);
    cout << input_line << endl;
}
```

只有 i 小于或等于 24，而且没有检测到文件尾，for 循环才会继续。表达式 file_in.eof() 会在遇到文件尾时返回 true。逻辑取反操作符(!)反转该条件。所以，只有在还有更多数据可供读取的前提下，!file_in.eof()才会返回 true。

主循环剩余的部分判断是否应该继续；如果否，就中断循环，并结束整个程序。

```
if (file_in.eof()) {
    break;
}
cout << "显示更多?(按'Q'和 ENTER 退出)";
cin.getline(input_line, COL_WIDTH);
c = input_line[0];
if (c == 'Q' || c == 'q') {
    break;
}
```

 练习

练习 9.2.1. 修改例 9.2，允许输入一个数字来响应"显示更多?"提示。数字决定了每次打

印多少行(而不是固定打印 24 行)。提示：使用 `atoi` 库函数将字符串输入转换成整数；如输入的值大于 `0`，就根据它修改要读取的行数。

练习 9.2.2. 继续修改例子，全部以大写形式打印文件中的内容。可以从例 8.3 拷贝一部分代码。

9.2 对比文本文件和二进制文件

目前使用的只是文本文件，可像读写控制台那样对其进行读写。和控制台一样，文本文件包含字符形式的数据。

用文本编辑器查看文件，或在控制台打印，会看到人们能理解的内容。例如，将数字 255 写入文本文件，程序会写入 2，5 和 5 的 ASCII 码：

```
file_out << 255;
```

但还有另一种数据存储方式。不是写入 255 的 ASCII 码，而是写入值 255 本身。再用文本编辑器查看文件，看到的就不是数字 255。相反，文本编辑器会试图显示和 ASCII 码 255 对应的内容，这不是一个可打印字符。

编程手册会提到两种文件。

- 文本文件：可像读写控制台那样读写这种文件。通常，写入文本文件的每个字节都是一个可打印字符的 ASCII 码。
- 二进制文件，读写数据的实际数值，不涉及 ASCII 码。

第二种技术听起来更简单，实则不然。要以有意义的方式查看这种文件，需使用一个特殊软件，它能理解文件各个字段的含义，并知道如何解释它们。例如，一组字节应解释成一个整数，浮点数，还是字符串数据？一组字节从什么地方开始？

创建文件流对象时，可指定文本模式(默认)或二进制模式。模式设置本身会使一个重要细节发生改变。

* 如使用文本模式，写入时每个换行符(ASCII 10)都转换为一对回车＋换行符；读取时回车＋换行符转换回换行符。

下面讨论一下为什么要在文本模式进行这种转换。本书很早就使用了换行符。可以单独打印，也可 嵌入到字符串中：

```
char *msg_string = "Hello\nYou\n";
```

字符串嵌入单个字节(ASCII 10)来代表换行符。但在控制台上打印需采取两个操作：打印一个回车符(ASCII 13)使光标退回行首，再打印一个换行符(ASCII 10).

字符串写入控制台时，内存中的每个换行符都转换成一对"回车＋换行"。例如，下图展示了字符串"Hello\nYou\n"在主存储器中的样子以及写入控制台时的样子。

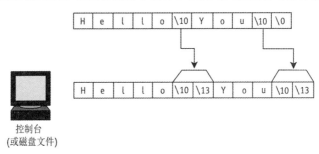

控制台
(或磁盘文件)

在控制台上打印字符串时必须执行这个转换，但文本文件也有必要吗？

是的，有必要。发送给文本文件的数据必须具有和发送给控制台的数据一样的格式。这样C++才能一视同仁地处理所有本流(不管在控制台上，还是在磁盘上)。

但二进制文件就不应执行任何转换。值 10 可能出现在一个数值字段的中部，绝对不能解释成换行符。如果一旦碰到这个值就去转换它，就可能造成大量错误。

文本模式和二进制模式还有另一个区别(也可能是最重要的区别)。

- 以文本模式打开文件，应使用与控制台通信时一样的操作；这涉及到流操作符(<< 和>>)和 `getline` 函数。
- 以二进制模式打开文件，只能使用成员函数 `read` 和 `write` 来传输数据。它们是直接读/写操作。

下一节将讨论这两个函数。

"二进制文件"更二进制吗？

取名为"二进制文件"的原因在于，如果写入字节值 255，会直接写入 255 的二进制值：

11111111

但"二进制"这个词有一定的误导。将 255 作为文本写入，写入的仍然是二进制值，只是现在每个二进制值都是一个 ASCII 字符码。从概念上说，程序员喜欢把它想象成"文本"而不是"二进制"格式，因为文本编辑器能直接以文本形式来显示文件。

顺便说一下，文本模式下的 255 实际是这样写入的：

    00110010 00110101 00110101

上述二进制序列分别代表数字 50，53 和 53，也就是字符 2，5 和 5 的 ASCII 码。将上述数据发送到控制台时，你看到的是"255"这个字符串。

重点在于，本章使用标准术语"二进制文件"来强调这种文件中的数据不需要解释成 ASCII 字符码。我们认为文本文件只包含了可读文本(通过恰当的文本文件阅读器)。不符合这个条件的就是二进制文件。

9.3 二进制运算基础

处理二进制文件时，是直接读写文件而不是将数据转换成文本形式。假定声明以下变量，它们分别占用 4 字节、8 字节和 16 字节：

```
int n = 1;
double x = 215.3
char *str[16] = "It's C++!"
```

以下语句将三个变量值直接写入文件，假定 binfil 是以二进制模式打开的一个文件流对象：

```
binfil.write((char*)(&n), sizeof(n));
binfil.write((char*)(&x), sizeof(x));
binfil.write(str, sizeof(str));
```

顺便说一下，本章(和第 10 章)使用老式 C 语言强制类型转换：

(类型)数据项

这里首选的应该是 reinterpret_cast 操作符(对指针进行重新转型)。但老实说，书中没有那么大的空间，而且虽然 C++规范委员会不喜欢老式强制类型转换，但最后还是决定保留。这种更短(更方便)的老式风格不会报错。(新的、首选的强制类型转换参见附录 A。)

下图展示了数据写入后的样子(真正的二进制形式会使用 1、0 序列，我在这里进行了转换，使其更容易理解)。

4 字节	8 字节	16 字节
3	215.3	"It's C++!"

读取该文件需知道如何解释这三个字段。不同字段之间的分隔线实际是看不见的，甚至根本不存在，它们只出现于程序员的想象中。记住，计算机上的任何数据(包括磁盘文件)只不过是一连串包含二进制值的字节。

文件内部没有任何记号供你分辨字段的开始和结束位置。而对于文本文件，总是可以通过换行符或其他空白字符来分辨一个字段。二进制文件不能这样做。

所以，读取二进制文件时必须知道要读取的是什么类型的数据。在刚才的例子中，数据具有以下结构：一个 int、一个 double 以及一个 16 字节的 char 数组。所以，必须严格按以下过程来读取数据。

1. 将 4 个字节直接读入一个整数变量。
2. 将 8 个字节直接读入一个 double 变量。
3. 将 16 个字节读入一个字符串。

这正是以下代码所做的事情：

```
binfil.read((char*)(&n), sizeof(n));
binfil.read((char*)(&x), sizeof(x));
binfil.read(str, sizeof(str));
```

语句顺序至关重要。例如，先读取 double(浮点)字段，结果将是一些垃圾，因为整数和浮点数据格式不兼容。

读取二进制时，精度要求高于读取文本流。对于文本输入，像 12000 这样的数位字符串既可作为整数读取，也可作为浮点数读取，因为"文本->数值"转换函数知道怎样解释这样的一个字符串。但直接的二进制读取不会执行任何形式的转换。将 8 字节的 double 直接拷贝给 4 字节的整数会造成灾难。进行二进制 I/O 之前，必须对数据格式有清楚的认识。

用成员函数 read 和 write 执行二进制文件的输入/输出。两个函数都获取两个参数：一个数据地址(*addr*)以及一个字节数(*size*)。

```
fstream.read(addr, size); // 将数据读入 addr 处
fstream.write(addr, size); // 写入从 addr 开始的数据
```

第一个参数是内存地址。在 read 函数的情况下，它是一个目标地址，来自文件的数据将

读入该位置。在 write 函数的情况下，它是一个来源地址，指出从什么位置获取要写入文件的数据。

两种情况下的第一个参数都必须具有 char*类型，所以需传递一个地址表达式(指针、数组名或者用&操作符获得的地址)。还需使用 char*强制类型转换来更改类型，除非类型本来就是 char*。

```
binfil.write((char*)(&n), sizeof(n));
```

字符串数据则不需要执行 char*强制类型转换，因为字符串已具有该类型。

```
binfil.write(str, sizeof(str));
```

sizeof 操作符在指定第二个参数时很有用，它返回指定类型、变量或数组的大小。

例 9.3：随机写入

本例向文件写入二进制数据。如前所述，严谨的格式最重要。数据字段不像文本文件那样靠换行或空白来区分，而是靠程序行为。

本节和下一节的程序将文件视为一系列长度固定的记录，每条记录存储两个数据。

- 一个长度 20 字节的字符串字段(最多 19 字符，另加一个字节的空终止符)。
- 一个整数。

下例支持随机访问；也就是说，用户能直接访问任何记录(由编号指定)。不需要顺序读取数据，从文件开头起，顺序读写每条记录。

向现有的记录编号写入，该记录会被覆盖。写入的记录编号超过文件长度，文件长度会自动增大。

writebin.cpp

```cpp
#include <iostream>
#include <fstream>
using namespace std;

int get_int(int default_value);

int main() {
    char filename[FILENAME_MAX];
    int n = 0;
    char name[20];
```

```
    int age = 0;
    int recsize = sizeof(name) + sizeof(int);
    cout << "输入文件名: ";
    cin.getline(filename, FILENAME_MAX);

    // 打开文件进行二进制写入
    fstream fbin(filename, ios::binary | ios::out);
    if (!fbin) {
        cout << "无法打开 " << filename << endl;
        return -1;
    }

    // 获取要写入的记录号
    cout << "输入文件记录号: ";
    n = get_int(0);

    // 从用户处获取数据
    cout << "输入姓名: ";
    cin.getline(name, sizeof(name) - 1);
    cout << "输入年龄: ";
    age = get_int(0);

    // 数据写入文件
    fbin.seekp(n * recsize);
    fbin.write(name, sizeof(name) - 1);
    fbin.write((char*)(&age), sizeof(int));
    fbin.close();
    return 0;
}

#define COL_WIDTH 80 // 80 是典型列宽
// 用于获取整数的函数
// 从键盘获取整数；输入长度为 0 的字符串就返回默认值
int get_int(int default_value) {
    char s[COL_WIDTH + 1];
    cin.getline(s, COL_WIDTH);
    if (strlen(s) == 0) {
        return default_value;
    }
    return atoi(s);
}
```

 工作原理

    本例核心在于**记录**。记录是在文件中反复出现的数据格式，为文件结构赋予一致性。不管文件变得有多大，都很容易根据编号来查找记录。

注 意 ▶ 在数组或二进制文件中使用记录时，更自然的方式是使用 C 结构或者 C++ 类来实现。第 10 章开始着重讲解类的问题。

程序首先计算记录长度：

```
int recsize = sizeof(name) + sizeof(int);
```

可以用该长度信息跳至任何记录。例如，记录 0 位于文件偏移位置 0，记录 1 位于偏移位置 24，记录 2 位于偏移位置 48，记录 3 位于偏移位置 72，以此类推。

偏移: 0	20	24	44	48
char * 20	int	char * 20	int	
记录号: 0		1		2

程序打开文件时指定两个标志：`ios::binary` 和 `ios::out`。`ios::out` 模式打开文件供写入。但要小心，这会破坏文件现有内容。该模式还允许打开新文件。

```
fstream fbin(filename, ios::binary | ios::out);
```

如果文件成功打开，程序就提示用户输入记录编号。

```
cout << "输入文件记录号: ";
n = get_int(0);
```

`get_int` 函数用上一章描述的技术获取一个整数。程序随后从用户处获取新数据。

```
cout << "输入姓名: ";
cin.getline(name, sizeof(name) - 1);
cout << "输入年龄: ";
age = get_int(0);
```

为跳至指定记录，只需用记录编号乘以记录大小(`recsize`，等于 24)，然后移至那个偏移位置。`seekp` 成员函数负责这个移动。

```
fbin.seekp(n * recsize);
```

程序随后写入数据并关闭文件：

```
fbin.write(name, sizeof(name) - 1);
fbin.write((char*)(&age), sizeof(int));
fbin.close();
```

练习 9.3.1. 写和例 9.3 相似的程序将记录写入文件。每条记录都包含以下信息：model(型号)，一个 20 字节的字符串；make(厂商)，也是一个 20 字节的字符串；year(生产年份)，5 字节字符串；mileage(里程)，一个整数。

练习 9.3.2 修改例 9.3，提示用户输入记录号，再提示输入该记录的数据。重复上述过程，直到用户输入-1。

例 9.4：随机读取

光写入没什么用，还要有办法读取。本例用一样的数据格式读取数据：20 字节的字符串，后跟 4 字节整数。除少数核心语句，代码和例 9.3 是相似的。

readbin.cpp

```cpp
#include <iostream>
#include <fstream>
using namespace std;

int get_int(int default_value);

int main() {
    char filename[FILENAME_MAX];
    int n = 0;
    char name[20];
    int age = 0;
    int recsize = sizeof(name) + sizeof(int);
    cout << "输入文件名: ";
    cin.getline(filename, FILENAME_MAX);

    // 打开文件进行二进制读取
    fstream fbin(filename, ios::binary | ios::in);
    if (!fbin) {
        cout << "无法打开 " << filename << endl;
        return -1;
    }

    // 获取记录号并转至记录
    cout << "输入文件记录号: ";
    n = get_int(0);
```

```
    fbin.seekp(n * recsize);

    // 从文件读取数据
    fbin.read(name, sizeof(name) - 1);
    fbin.read((char*)(&age), sizeof(int));

    // 显示数据并关闭
    cout << "姓名是: " << name << endl;
    cout << "年龄是: " << age << endl;
    fbin.close();
    return 0;
}

// 用于获取整数的函数
// 从键盘获取整数；输入长度为 0 的字符串就返回默认值
int get_int(int default_value) {
    char s[81];
    cin.getline(s, 80);
    if (strlen(s) == 0) {
        return default_value;
    }
    return atoi(s);
}
```

工作原理

程序做的大多数事情与例 9.3 相同，但由于是从文件读取输入，所以要以 ios::in 模式打开(并要求是现有文件)。程序一样要获取记录号，然后移至对应偏移位置(记录编号乘以记录大小，即获得偏移位置)：

```
    fbin.seekp(n * recsize);
```

然后，和例 9.3 不同的是，程序要将文件中的数据读入变量 name 和 age。read 语句和 write 语句的参数完全一样。

```
    fbin.read(name, sizeof(name) - 1);
    fbin.read((char*)(&age), sizeof(int));
```

将数据读入两个变量后，打印数据，关闭文件并退出。

```
    cout << "姓名是: " << name << endl;
    cout << "年龄是: " << age << endl;
    fbin.close();
```

练习 9.4.1. 写和例 9.4 相似的程序从文件中读取记录。每条记录都包含以下信息：
model(型号)，一个 20 字节的字符串；make(厂商)，也是一个 20 字节的字符串；
year(生产年份)，5 字节字符串；mileage(里程)，一个整数。

练习 9.4.2. 修改例 9.4，提示用户输入记录号，打印该记录的数据。然后重复上述过程，
直到用户输入 -1。

练习 9.4.3. 进一步修改本节的例子，同时支持随机读取和写入。程序最终应支持采用这种
格式的所有文件的输入/输出。文件打开时使用 `ios:binary | ios::out |
ios::in` 标志。后者要求文件在打开时存在。

为方便用户的操作，程序应显示一个选项菜单。

1. 写入记录。
2. 读取记录。
3. 退出。

程序主循环应执行以下操作：打印菜单，执行用户的指令，选择 3 则退出。然后重复。

小结

- 开启来自 C++ 标准库的文件流支持需使用以下 #include 指令：

```
#include <fstream>
```

- 文件流对象提供了与文件通信的方式。用 **ofstream** 类型声明创建文件输出流。示
例如下：

```
ofstream fout(filename);
```

- 然后可以像写入 cout 那样将数据写入流：

```
fout << "Hello, human." << endl;
```

- 用 **ifstream** 声明创建文件输入流。文件输入流支持与 **cin** 相同的操作，包括
getline 函数。

```
ifstream fin(filename);
char input_string[MAX_PATH + 1];
```

```
fin.getline(input_string, MAX_PATH);
```

- 如文件打开失败，文件流对象会设置成空(零)。可在条件中测试该对象。值为 0 表明出错，程序相应地做出反应:

```
if (! file_in) {
cout << "文件 " << filename;
cout << " 无法打开.";
return -1;
}
```

- 用完一个文件流对象之后(不管什么模式)，最好主动关闭它以释放文件，以便其他程序访问。

```
fout.close();
```

- 文件可用文本或二进制模式打开。文本模式允许像读写控制台那样读写文件。二进制模式用成员函数直接读写数据。要以二进制随机访问模式打开文件，需使用 `ios::out` 和 `ios::binary` 标志，或者 `ios::in` 和 `ios::binary` 标志。

- 随机访问模式允许直接跳至文件的任何位置。可读取和覆盖现有任何部分而不影响其余。如文件指针越过文件尾，文件自动增大。

- 用 `seekp` 成员函数移动文件指针。该函数获取距离文件开头的偏移量(字节单位)作为参数。

```
fbin.seekp(offset);
```

- read 和 wirte 函数要获取两个参数: 一个数据地址以及要拷贝的字节数。

```
fstream.read(addr, size);
fstream.write(addr, size);
```

- 使用 read 函数时，地址参数指定目标，函数将数据从文件读入该位置。使用 write 函数时，地址参数指定来源地址，函数从该位置将数据读入文件。

- 由于地址参数的类型是 `char*`，所以除了字符串都要执行强制类型转换。可用 sizeof 操作符确定要读写的字节数。

```
binfil.write((char*)(&n), sizeof(n));
binfil.write((char*)(&x), sizeof(x));
binfil.write(str, sizeof(str));
```

第 10 章

类和对象

C++最令人着迷的主题之一就是面向对象。理解它并用面向对象编程(Object-Oriented Programming，OOP)技术写了几个程序之后肯定会爱上它。不过，它背后的概念刚开始的时候还是比较模糊，有一定挑战性。

总体上说，面向对象是完成分析和设计的一种方式。C++提供了一些有用的工具，但只有理解了 OOP 设计是什么之后才好用。

接着 6 章将围绕这一主题展开，许多项目不采用面向对象的方式会很难。

10.1　理解 OOP

面向对象编程(OOP)是一种模块化编程方式：对密切相关的代码和数据进行分组。主要规范如下。

✱ **进行 OOP 设计首先要问：操作的主要数据结构是什么？每种数据结构要执行什么操作？**

第 15 章会讨论如何通过面向对象的设计方法简化一个表面上复杂和困难的项目(视频扑克)。这里可以先简单地解释一下。扑克牌游戏要用到下面两个类。

- Deck(牌墩)类。负责一副牌的所有随机化、洗牌和重新洗牌.程序其余部分便不必关心这些细节。
- Card(牌张)类。包含跟踪一张牌所需的信息：牌点(2 到 A)和花色(黑桃、红桃、梅花和方块)。为每个 Card 对象赋予显示自身的能力。

写好这两个类之后，写主程序来玩游戏就简单多了。记住每个类都是密切相关的函数和数据结构的组合。许多书都在讲"封装"和"数据抽象"，但意思都一样：隐藏细节！

写好类之后，下一步是用类创建对象。但何为对象？

10.2 对象的含义

类是一种数据类型而且可能是较"智能"的那种。数据类型和该类型的实例之间存在"一对多"的关系。例如，只有一种 int 类型(和几种相关类型，比如 unsigned)，但可以有任意数量的整数，几百万个都没有问题。

对象在 C++中是指实例，尤其是类的实例。扑克牌游戏要创建 Deck 类的一个实例和 Card 类的至少 5 个实例。

简单地说，对象是一种智能数据结构，具体由它的类决定。对象就像一条数据记录，但能做更多的事情。它能响应通过函数调用发来的请求。初次接触这一概念，你可能感觉非常新奇。我希望你能保持这种兴趣！

下面是 OOP 的常规步骤。按这个顺序，你可以多做一些，也可以少做一些，虽然实际上可能要在这些步骤中反复。

1. 声明类，或从库中获取一个现成的。
2. 创建该类的一个或多个实例(称为对象)。
3. 操纵对象来达成目标。

下面依次讨论一下。首先设计并编写类。类是扩展的数据结构，定义了其实例的行为(以成员函数的形式，或称方法)和数据字段。

声明好类并定义好它的成员之后，程序就可以创建类的任意数量的实例(对象)。如下图所示，这是一种一对多关系。

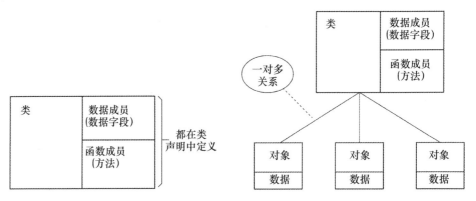

最后，程序用对象存储数据，还可向对象发出请求，要求其执行任务，如下图所示。虽然每个对象都包含它自己的数据，但函数代码在同一个类的所有对象之间共享。

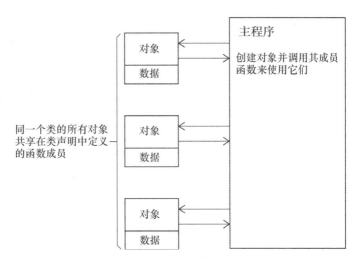

同一个类的所有对象
共享在类声明中定义
的函数成员

主程序

创建对象并调用其成员
函数来使用它们

对象

数据

对象

数据

对象

数据

讲得并不完整，还存在其他可能性，比如对象包含其他对象，但是类、对象和程序其余部分之间的关系仍然可见一斑。为了有一个更形象的理解，本章剩余部分将着眼于两个简单的类：Point 和 Fraction。

花絮

OOP 值得吗？

面向对象的概念至少可回溯到 20 世纪 70 年代的 Simula 语言，当时还出现了其他许多使编程更偏重于数据的思路。那时，施乐帕克研究中心(Xerox PARC，发明图形用户界面的同一伙人)发明了 Smalltalk 语言，它基于能相互发送消息的独立对象。自此，面向对象之风大盛。到 80 年代，OOP 概念深入人心。90 年代，OOP 成为标准至今。比雅尼(Bjarne Stroustrup)将 OOP 与流行的 C 语言结合创建了 C++。Pascal 和 Basic 也获得了面向对象扩展。之后的新语言也纷纷追随，包括 C#和 Java。如今，所有程序员已经不可能离开它。

但 OOP 概念真的能使程序更高效吗？历史上确实存在一些反对的声音，批评者认为最后还是要写一样多的代码，但有两点不可否认。

- 图形用户界面(GUI)系统一统江湖。虽然不一定要用 OOP 语言写 GUI 程序，但两者匹配度更高。概念上两者兼容，都在 PARC 开发。
- 越来越多的代码和数据打包成 OOP 形式。想利用 Windows MFC 或者 C++ STL 这样的库，只能用面向对象的语法来进行。

OOP 的地位显然不可动摇。等到第 13 章使用 STL 时，会获得极大的收益。

10.3 Point：一个简单的类

以下是 C++ class 关键字的常规语法：

```
class 类名 {
    声明
};
```

除非要写子类，否则上述语法不会变得更复杂。可在声明中包含数据声明和/或函数声明。下面是只涉及数据声明的一个简单例子。

```
class Point {
    int x, y;      // 私有，也许不能访问
};
```

类成员默认私有，不能从类的外部访问。所以上面声明的 Point 类实际无用。要变得有用，类至少要包含一个公共成员：

```
class Point {
public:
    int x, y;
};
```

这样就好得多，类现在能用了。Point 类声明好后，就可以开始声明 Point 对象，比如 pt1，pt2 和 pt3：

```
Point pt1, pt2, pt3;
```

创建好对象后就可向单独的数据字段(称为**数据成员**)赋值：

```
pt1.x = 1; // 将 pt1 设为 1, -2
pt1.y = -2;
pt2.x = 0; // 将 pt2 设为 0, 100
pt2.y = 100;
pt3.x = 5; // 将 pt3 设为 5, 5
pt3.y = 5;
```

Point 类声明指出每个 Point 对象都包含两个数据字段(成员)：x 和 y，它们可当作整数变量使用。

```
cout << pt1.y + 4; // 打印两个整数之和
```

用以下语法引用对象的数据字段：

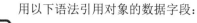

> 对象.成员

本例的*对象*是指 Point 类的某个实例，*成员*是 x 或 y。

结束这个简单版 Point 类的讨论之前，一个语法问题值得强调：*类声明以分号结尾*。

```
class Point {
public:
int x, y;
};
```

新手经常在分号的使用上"拎不清"。类声明要求在结束大括号(})后添加分号，而函数定义无此要求(如添加，相当于一个空语句)。语言规范如下所示。

✱ **类或数据声明总是以分号结尾。**

总之，类声明要在结束大括号后添加分号，函数定义不用。

花絮   **C 程序员必读：结构和类**

C++语言的 struct 和 class 关键字等价，只是 struct 的成员默认公共。两个关键字在 C++中都创建类。这意味着"类"一词和关键字 class 并不严格对应。换言之，可能存在不是用 class 关键字创建的类。

在 C 语言中声明结构，凡是出现新类型名称的地方都必须重用 struct 关键字。例如：

```
struct Point pt1, pt2, pt3;
```

C++语言无此要求。一旦用 struct 或 class 关键字声明了类，在涉及类型的地方都可以直接使用名称。从 C 语言代植到 C++语言之后，上述数据声明应替换成以下代码：

```
Point pt1, pt2, pt3;
```

C++语言对 struct 的支持是为了向后兼容。C 语言的代码经常使用 struct 关键字：

```
struct Point {
    int x, y;
};
```

C 语言不支持 public 或 private 关键字，而且 struct 类型的用户必须能访问所有成员。为保持兼容，用 struct 声明的类型的成员必须默认公共。

如此一来，C++还需要 class 关键字做什么？技术上确实不需要，但 class 显著增强了可读性，让人一看就知道该类型可能封装了某些行为(使用类的目的通常就是添加函数成员)。此外，一个很好的设计条款是让类成员默认私有。在面向对象程序设计中，只有在有充分理由的前提下，才应考虑让成员成为公共。

私有：仅成员可用(保护数据)

上一节的 Point 类允许直接访问数据成员，因为它们被声明为公共。但要控制对数据成员的访问怎么办(例如为了限制数据的范围)？解决方案是使数据成员成为私有，再通过公共函数来访问。

以下 Point 类的修改版本禁止从类的外部直接访问 x 和 y。

```
class Point {
private:                    // 私有数据成员
    int x, y;
public:                     // 公共成员函数
    void set(int new_x, int new_y);
    int get_x();
    int get_y();
};
```

声明了三个公共**成员函数**，即 set，get_x 和 get_y。还声明了两个私有数据成员。创建好 Point 对象后，只能通过调用某个成员函数来处理类的数据。

```
Point point1;
point1.set(10, 20);
cout << point1.get_x() << ", " << point1.get_y();
```

上述语句将打印以下输出：

```
10, 20
```

语法并不新鲜。过去几章为字符串和 cin 等对象用过。圆点(.)语法意指将一个特定函数(例如 get_x)应用于特定对象。

```
point1.get_x()
```

当然，函数成员不可能凭空生成。和其他函数一样，必须在某个地方定义。可将函数定义放在你喜欢的任何位置，只要之前已声明好类。

`Point::`前缀界定函数定义作用域，使编译器知道该定义应用于 Point 类。前缀很重要，因为其他类可能有同名函数。

```
void Point::set(int new_x, int new_y) {
    x = new_x;
    y = new_y;
}

int Point::get_x() {
    return x;
}

int Point::get_y() {
    return y;
}
```

作用域前缀 `Point::`应用于函数名。返回类型(void 或 int)仍然在它们应该在的位置，即函数定义最开头。所以可以将 `Point::`想象成函数名修饰符。

现在可以总结出成员函数定义的语法:

```
类型 类名::函数名 (参数列表) {
    语句
}
```

声明并定义好成员函数之后，就可凭借它们来控制数据。例如，可以重写 `Point::set` 函数，将负的输入值转换成正值。

```
void Point::set(int new_x, int new_y) {
    if (new_x < 0)
        new_x *= -1;
    if (new_y < 0)
        new_y *= -1;
    x = new_x;
    y = new_y;
}
```

这里使用了乘后赋值操作符(*=)。`new_x *= -1` 等价于 `new_x = new_x * -1`。

虽然类外的函数不能直接引用私有数据成员 x 和 y，但类内的成员函数可以，无论是否私有。可以想象，Point 类的每个对象都共享同一种结构，如下图所示。

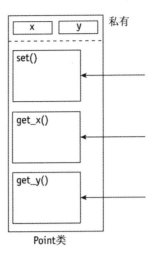

Point 类

类声明描述类型(Point)的结构和行为,而每个 Point 对象都存储了自己的数据值。例如,以下语句打印 pt1 中存储的 x 值:

```
cout << pt1.get_x(); // 打印 pt1 中的 x 值
```

以下语句打印 pt2 中存储的 x 值:

```
cout << pt2.get_x(); // 打印 pt2 中的 x 值
```

例 10.1:测试 Point 类

以下程序对 Point 类进行简单测试,设置并获取一些数据。新增代码加粗,其余代码之前用过。

Point.cpp

```cpp
#include <iostream>
using namespace std;

class Point {
private: // 私有数据成员
    int x, y;
public: // 公共成员函数
    void set(int new_x, int new_y);
    int get_x();
    int get_y();
};
```

```
int main() {
    Point pt1, pt2; // 创建两个 Point 对象
    pt1.set(10, 20);
    cout << "pt1 是 " << pt1.get_x();
    cout << ", " << pt1.get_y() << endl;
    pt2.set(-5, -25);
    cout << "pt2 是 " << pt2.get_x();
    cout << ", " << pt2.get_y() << endl;
    return 0;
}
void Point::set(int new_x, int new_y) {
    if (new_x < 0)
        new_x *= -1;
    if (new_y < 0)
        new_y *= -1;
    x = new_x;
    y = new_y;
}

int Point::get_x() {
    return x;
}

int Point::get_y() {
    return y;
}
```

运行后输出如下：

```
p1 是 10, 20
p2 是 5, 25
```

 工作原理

很简单的例子。Point 类必须先声明好，main 才能使用它。然后，main 可直接用名称
Point 创建对象 pt1 和 pt2。

    Point pt1, pt2; // 创建两个 Point 对象

成员函数 set，get_x 和 get_y 可应用于任何 Point 对象。例如，以下语句在 pt1 上调
用 Point 的成员函数，从而访问 pt1 的数据。

    pt1.set(10, 20);

```
cout << "pt1 是 " << pt1.get_x();
cout << ", " << pt1.get_y() << endl;
```

随后的语句对 pt2 进行同样的操作：

```
pt2.set(-5, -25);
cout << "pt2 是 " << pt2.get_x();
cout << ", " << pt2.get_y() << endl;
```

可创建任意数量的 Point 对象，每个都存储自己的一份数据成员拷贝。此外，同一个类的所有对象都支持该类定义的成员函数。所以，所有 Point 对象都支持 set，get_x 和 get_y 函数，但每个都有自己的 x 和 y 值。

 练习

练习 **10.1.1.** 修改 set 函数，为 x 和 y 值规定一个 100 的上限；大于 100 的输入值减小为 100。修改 main 测试这一行为。

练习 **10.1.2.** 为 Point 类写两个新成员函数 set_x 和 set_y 来分开设置 x 和 y。记住和 set 函数一样，要反转可能输入的负号。

练习 **10.1.3.** 修改例子显示 5 个 Point 对象的 x 和 y 值。

练习 **10.1.4.** 修改例子创建 7 个 Point 对象的一个数组。用一个循环提示输入每个对象的值，再用一个循环打印全部值。提示：可用类名声明数组，和其他任何类型一样。

```
Point array_of_points[7]
```

10.4 Fraction 类基础

理解面向对象编程的好办法是着手定义一个新的数据类型。在 C++中，类成为对语言本身的一种扩展。分数类 Fraction(也称为有理数类)就是一个很好的例子。该类存储两个数字来代表分子和分母。

如果需要精确存储 1/3 或 2/7 这样的数，就适合使用 Fraction 类。甚至可用此类存储货币值，比如$1.57。

出于多方面的原因，创建 Fraction 类时要限制对数据成员的访问。最起码要防止分母为零，1/0 不合法。

甚至一些合法的运算，也有必要对比值进行合理简化(标准化)，确保每个有理数都有唯一表达式。例如，3/3 和 1/1 是同一个数，2/4 和 1/2 同理。

后面几个小节将开发函数来自动处理这些事务，防止分母为零并进行标准化。类的用户可创建任意数量的 Fraction 对象，而且类似以下操作能自动完成：

```
Fraction a(1, 6);    // a = 1/6
Fraction b(1, 3);    // b = 1/3

if (a + b == Fraction(1, 2))
    cout << "1/6 + 1/3 等于 1/2";
```

是的，就连加法(+)都能支持，详情在第 18 章讲述。但先从类的最简单版本开始。

```
class Fraction {
private:
    int num, den;     // num 代表分子，den 代表分母
public:
    void set(int n, int d);
    int get_num();
    int get_den();
private:
    void normalize();     // 分数化简
    int gcf(int a, int b);// gcf 代表最大公因数(Greatest Common Factor)
    int lcm(int a, int b);// lcm 代表最小公倍数(Lowest Common Multiple)
};
```

类声明由三部分组成。

- 私有数据成员 num 和 den，分别存储分子和分母。例如，对于分数 1/3，1 是分子，3 是分母。

- 公共函数成员。提供类数据的访问渠道。

- 私有函数成员。一些支持函数，本章以后会用到。目前只是返回零值。作为私有成员，它们不能从外部调用，只限内部使用。

声明并定义好这些函数之后，就可用类来执行一些简单操作，例如：

```
Fraction my_fract;
my_fract.set(1, 2);
cout << my_fract.get_num();
cout << "/";
cout << my_fract.get_den();
```

目前似乎没什么新鲜，但我们才刚刚开头。可像下图这样想象 Fraction 类。

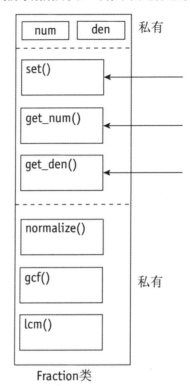

Fraction类

成员函数的定义需要放到程序的某个地方，类声明之后的任何地方都可以。

```
void Fraction::set(int n, int d) {
    num = n;
    den = d;
}

int Fraction::get_num(){
    return n;
}

int Fraction::get_den(){
    return d;
}

// 尚未完工...
// 剩余函数语法上正确，但还不能做任何有用的事情
// 以后补充
```

```
void Fraction::normalize() {
    return;
}

int Fraction::gcf(int a, int b) {
    return 0;
}

int Fraction::lcm(int a, int b) {
    return 0;
}
```

内联函数

Fraction 类有三个函数所做的事情十分简单：设置(set)或获取(get)数据。它们特别适合"内联"。

函数内联后，程序不会将控制转移到单独的代码块。相反，编译器将函数调用替换成函数主体。下例将 set 函数内联：

```
void set() {num = n; den = d;}
```

一旦在程序代码中遇到以下语句：

```
fract.set(1, 2);
```

编译器就会在该位置插入 set 函数的机器码指令。相当于替换成以下 C++ 代码：

```
{fract.num = 1; fract.den = 2;}
```

即使 num 和 den 私有，上述代码也合法，因其由成员函数执行。

函数定义放到类声明中即可使函数内联。这种函数定义不要在末尾加分号(;)，即使它们是成员声明。

在下面的例子中，改动过的代码加粗显示：

```
class Fraction {
private:
    int num, den; // num 代表分子，den 代表分母
public:
    void set(int n, int d) {num = n; den = d; normalize();}
```

```
        int get_num() {return num;}
        int get_den() {return den;}
    private:
        void normalize();       // 分数化简
        int gcf(int a, int b);// gcf 代表最大公因数(Greatest Common Factor)
        int lcm(int a, int b);// lcm 代表最小公倍数(Lowest Common Multiple)
    };
```

没有内联的三个私有函数仍需在程序某个地方单独定义。

```
    void Fraction::normalize(){
        return;
    }

    int Fraction::gcf(int a, int b){
        return 0;
    }

    int Fraction::lcm(int a, int b){
        return 0;
    }
```

短函数可通过内联提升效率。记住,由于函数定义直接包含在类声明中,所以不需要在其他地方定义。下表对内联函数和类的其他函数进行了比较。

内联函数	类的其他函数
在类声明中就定义好了(而非仅是声明)	在类声明外部定义,在类中给出原型
不需要作用域前缀(如 Point::)	定义时要写作用域前缀
编译时函数主体就"内联"(插入)到代码中	运行时发出真正的函数调用,控制转至另一个代码位置
适合小函数	适合较长的函数
有些限制,不可递归调用	无特殊限制

找出最大公因数

Fraction 类中的行动基于数论的两个基本概念:最大公因数(Greatest Common Factor, GCF)和最小公倍数(Lowest Common Multiple, LCM)。第 5 章介绍了欧几里德最大公因数算法,这里直接用就好了,见下表。

数字	最大公因数
12, 18	6
12, 10	2
25, 50	25
50, 75	25

以下是用递归函数写的欧几里德最大公因数算法：

```
int gcf(int a, int b) {
    if (b == 0) {
        return a;
    } else {
        return gcf(b, a%b);
    }
}
```

添加 Fraction:: 前缀，即变为成员函数：

```
int Fraction::gcf(int a, int b) {
    if (b == 0) {
        return a;
    } else {
        return gcf(b, a%b);
    }
}
```

向 GCF 函数传递负数发生奇怪的事情：仍然产生正确的结果，gcf(35, -25)返回 5，但正负号不好预测。解决方案是用绝对值函数 abs 确保仅返回正数，改动部分加粗显示。

```
int Fraction::gcf(int a, int b) {
    if (b == 0) {
        return abs(a);
    } else {
        return gcf(b, a%b);
    }
}
```

找出最小公倍数

另一个有用的支持函数获取最小公倍数(lowest common multiple，LCM)。GCF 函数已创建好，LCM 应该很轻松。

LCM 是两个数的最小整数倍数。例如，200 和 300 的 LCM 是 600，而 GCF 是 100。

找出 LCM 关键是先分解最大公因数，确保该公因数最后只乘一次。否则，假如直接让 A 和 B 相乘，就相当于公因数被乘两次。所以，必须先从 A 和 B 中移除公因数。公式是：

```
n = GCF(a, b)
LCM(A, B) = n * (a / n) * (b / n)
```

第二行简化如下：

```
LCM(A, B) = a / n * b
```

这样就可以很容易地写出 LCM 函数：

```
int Fraction::lcm(int a, int b) {
    int n = gcf(a, b);
    return a / n * b;
}
```

例 10.2：Fraction 类的支持函数

GCF 和 LCM 函数现在可加入 Fraction 类。以下是该类的第一个能实际工作的版本。添加了 normalize 函数的代码，作用是在每次运算后对分数进行简化。

Fract1.cpp

```cpp
#include <cstdlib>

class Fraction {
private:
    int num, den; // num 代表分子，den 代表分母
public:
    void set(int n, int d)
    {
        num = n; den = d; normalize();
    }
    int get_num() { return num; }
    int get_den() { return den; }
private:
    void normalize();  // 分数化简
    int gcf(int a, int b); // gcf 代表最大公因数(Greatest Common Factor)
    int lcm(int a, int b); // lcm 代表最小公倍数(Lowest Common Multiple)
};
```

```cpp
// Normalize(标准化): 分数化简,
// 数学意义上每个不同的值都唯一
void Fraction::normalize() {
    // 处理涉及 0 的情况
    if (den == 0 || num == 0) {
        num = 0;
        den = 1;
    }
    // 仅分子有负号
    if (den < 0) {
        num *= -1;
        den *= -1;
    }
    // 从分子和分母中分解出 GCF
    int n = gcf(num, den);
    num = num / n;
    den = den / n;
}

// 最大公因数
//
int Fraction::gcf(int a, int b) {
    if (b == 0)
        return abs(a);
    else
        return gcf(b, a%b);
}

// 最小公倍数
//
int Fraction::lcm(int a, int b) {
    int n = gcf(a, b);
    return a / n * b;
}
```

 工作原理

gcf 函数递归调用自身时不必使用 Fraction:: 前缀。这是因为在类成员函数内部,默认使用该类的作用域。类似地,Fraction::lcm 函数调用 gcf 时也默认使用类作用域。

```cpp
int Fraction::lcm(int a, int b){
    int n = gcf(a, b);
    return a / n * b;
}
```

C++编译器每次遇到一个变量或函数名时，一般按以下顺序查找与该名称对应的声明。

- 在同一个函数中查找(比如局部变量)。
- 在同一个类中查找(比如类的成员函数)。
- 在函数或类的作用域中没有找到对应声明，就查找全局声明。

`normalize` 函数是唯一出现的新面孔。函数做的第一件事情是处理涉及 0 的情况。分母为 0 非法，此时分数标准化为 0/1。此外，分子为 0 的所有分数都是同一个值：

```
0/1  0/2  0/5  0/-1  0/25
```

以上分数全部标准化为 0/1。

`Fraction` 类的主要设计目标之一就是确保在数学意义上相等的所有值都标准化为同一个值。以后实现"测试相等性"操作符时，这会使问题变得简单许多。还要解决负数带来的问题。以下两个表达式代表同一个值：

```
-2/3  2/-3
```

类似的还有：

```
4/5  -4/-5
```

最简单的解决方案就是测试分母；小于 0 就同时对分子和分母取反。

```
if (den < 0) {
    num *= -1;
    den *= -1;
}
```

`normalize` 剩余部分很容易理解：分解最大公因数，分子分母都用它来除：

```
int n = gcf(num, den);
num = num / n;
den = den / n;
```

以 30/50 为例，最大公因数是 10。在 `normalize` 函数执行了必要的除法运算之后，化简为 3/5。

`normalize` 函数的重要性在于，它确保相等的值采取一致的方式表示。另外，以后为 `Fraction` 类定义算术运算时，分子和分母可能积累起相当大的数字。为避免溢出，必须抓住任何机会简化分数。

练习

练习 10.2.1. 重写 normalize 函数，使用除后赋值操作符(/=)。记住，以下表达式：

```
a /= b
```

等价于：

```
a = a / b
```

练习 10.2.2. 内联所有你觉得合适的函数。提示：gcf 函数是递归的所以不可内联，而 normalize 又太长。

例 10.3：测试 Fraction 类

类声明好之后就可创建并使用对象来测试。以下代码提示输入值，显示最简分式。

Fract2.cpp

```cpp
#include <iostream>
#include <string>
using namespace std;
#include <cstdlib>

class Fraction {
private:
    int num, den; // num 代表分子，den 代表分母
public:
    void set(int n, int d)
    {
        num = n; den = d; normalize();
    }
    int get_num() { return num; }
    int get_den() { return den; }
private:
    void normalize(); // 分数化简
    int gcf(int a, int b); // gcf 代表最大公因数(Greatest Common Factor)
    int lcm(int a, int b); // lcm 代表最小公倍数(Lowest Common Multiple)
};

int main()
{
    int a, b;
```

```
        string str;
        Fraction fract;
        while (true) {
            cout << "输入分子: ";
            cin >> a;
            cout << "输入分母: ";
            cin >> b;
            fract.set(a, b);
            cout    << "分子是 " << fract.get_num()
                    << endl;
            cout    << "分母是 " << fract.get_den()
                    << endl;
            cout << "再来一次? (Y 或 N) ";
            cin >> str;
            if (!(str[0] == 'Y' || str[0] == 'y'))
                break;
        }
        return 0;
}


// --------------------------------------------------
// Fraction 类的成员函数

// Normalize(标准化): 分数化简,
// 数学意义上每个不同的值都唯一
void Fraction::normalize() {
    // 处理涉及 0 的情况
    if (den == 0 || num == 0) {
        num = 0;
        den = 1;
    }
    // 仅分子有负号
    if (den < 0) {
        num *= -1;
        den *= -1;
    }
    // 从分子和分母中分解出 GCF
    int n = gcf(num, den);
    num = num / n;
    den = den / n;
}

// 最大公因数
//
```

```
int Fraction::gcf(int a, int b) {
    if (b == 0)
        return abs(a);
    else
        return gcf(b, a%b);
}

// 最小公倍数
//
int Fraction::lcm(int a, int b) {
    int n = gcf(a, b);
    return a / n * b;
}
```

 工作原理

惯例是将类声明连同其他必要的声明和预编译指令放到一个头文件中。假定头文件的名称是 Fraction.h，需在使用 Fraction 类的任何程序中添加以下代码：

```
#include "Fraction.h"
```

没有内联的函数定义必须放在程序的某个地方，或单独编译并链接到项目。

main 的第三行创建一个未初始化的 Fraction 对象：

```
Fraction fact;
```

main 的其他语句设置 Fraction 对象并打印它的值。注意，对 set 函数的调用会进行赋值操作，但 set 函数会调用 normalize 函数进行分数化简。

```
fract.set(a, b);
    cout << "分子是 " << fract.get_num()
        << endl;
    cout << "分母是 " << fract.get_den()
        << endl;
```

 一种新的#include？

上个例子引入#include 指令的新语法。记住，为获取某个 C++标准库的支持，首选方法是使用尖括号：

```
#include <iostream>
```

但包含自己项目文件中的声明就要使用引号：

```
#include "Fraction.h"
```

两种语法的效果几乎完全一样，但如使用引号，C++编译器会首先查找当前目录，其次才会查找标准 include 文件目录(通常由操作系统的环境变量或环境设置决定)。

取决于 C++编译器的版本，库文件和项目文件或许都能使用引号语法。但惯例是用尖括号开启标准库的功能，本书将沿用该做法。

 练习

练习 10.3.1. 写程序用 Fraction 类设置一组值：2/2，4/8，-9/-9，10/50，100/25。打印结果并验证每个分数都正确化简。例如，100/25 化简为 5/4。

练习 10.3.2. 创建 5 个 Fraction 对象的一个数组。写循环输入各自的分子分母。最后写循环打印每个对象(用 get 函数)。

练习 10.3.3. 再写一个成员函数来同时显示分子分母。甚至可以显示分式，比如 1/2 或 2/5。

例 10.4：分数加法和乘法

为了创建实用的 Fraction 类，下一步是添加两个简单的数学函数：add(加)和 mult(乘)。分数加法最难，假定以下两个分数相加：

```
A/B + C/D
```

诀窍在于先找到最小公分母(Lowest Common Denominator，LCD)，即 B 和 D 的最小公倍数(LCM)：

```
LCD = LCM(B, D)
```

幸好我们已写好了 lcm 函数。然后，A/B 必须用该 LCD 通分：

```
A   *   LCD/B
--      -----
B   *   LCD/B
```

这样就得到分母是 LCD 的一个分数。C/D 如法炮制：

```
C   *   LCD/D
```

```
--        -----
D    *    LCD/D
```

通分后分母不变，分子相加：

```
(A * LCD/B) + (C * LCD/D)
------------------------
            LCD
```

完整算法如下所示。

1. *计算 LCD，它等于 LCM(B, D)*
2. *将 Quotient1(商 1) 设为 LCD/B*
3. *将 Quotient2(商 2) 设为 LCD/D*
4. *将新分数的分子设为 A * Quotient1 + C * Quotient2*
5. *将新分数的分母设为 LCD*

相比之下，两个分数的乘法运算就要简单得多。

1. *将新分数的分子设为 A * C*
2. *将新分数的分母设为 B * D*

现在可以写代码来声明并实现两个新函数。和往常一样，新增或改动的代码行加粗显示；
其他所有代码都来自上个例子。

Fract3.cpp

```cpp
#include <iostream>
#include <string>
using namespace std;
#include <cstdlib>

class Fraction {
private:
    int num, den; // num 代表分子，den 代表分母
public:
    void set(int n, int d)
    {
        num = n; den = d; normalize();
    }
    int get_num() { return num; }
    int get_den() { return den; }
    Fraction add(Fraction other);
    Fraction mult(Fraction other);
private:
    void normalize(); // 分数化简
```

```cpp
    int gcf(int a, int b); // gcf 代表最大公因数(Greatest Common Factor)
    int lcm(int a, int b); // lcm 代表最小公倍数(Lowest Common Multiple)
};

int main()
{
    int a, b;
    string str;
    Fraction fract;
    while (true) {
        cout << "输入分子: ";
        cin >> a;
        cout << "输入分母: ";
        cin >> b;
        fract.set(a, b);
        cout    << "分子是 " << fract.get_num()
                << endl;
        cout    << "分母是 " << fract.get_den()
                << endl;
        cout << "再来一次? (Y 或 N) ";
        cin >> str;
        if (!(str[0] == 'Y' || str[0] == 'y'))
            break;
    }
    return 0;
}


// --------------------------------------------------
// Fraction 类的成员函数

// Normalize(标准化): 分数化简,
// 数学意义上每个不同的值都唯一
void Fraction::normalize() {
    // 处理涉及 0 的情况
    if (den == 0 || num == 0) {
        num = 0;
        den = 1;
    }
    // 仅分子有负号
    if (den < 0) {
        num *= -1;
        den *= -1;
    }
    // 从分子和分母中分解出 GCF
    int n = gcf(num, den);
```

```
        num = num / n;
        den = den / n;
}

// 最大公因数
//
int Fraction::gcf(int a, int b) {
    if (b == 0)
        return abs(a);
    else
        return gcf(b, a%b);
}

// 最小公倍数
//
int Fraction::lcm(int a, int b) {
    int n = gcf(a, b);
    return a / n * b;
}

Fraction Fraction::add(Fraction other) {
    Fraction fract;
    int lcd = lcm(den, other.den);
    int quot1 = lcd/den;
    int quot2 = lcd/other.den;
    fract.set(num * quot1 + other.num * quot2, lcd);
    return fract;
}

Fraction Fraction::mult(Fraction other) {
    Fraction fract;
    fract.set(num * other.num, den * other.den);
    return fract;
}
```

 工作原理

函数 add 和 mult 应用了之前描述的算法。还使用了一种新的类型签名：获取一个 Fraction 类型的参数，返回一个 Fraction 类型的值。下面来研究 add 函数的类型声明：

<u>Fraction</u> <u>Fraction::add</u> (<u>Fraction</u> other);

①   ②   ③

上述声明中，Fraction 的每个实例都具有不同用途。

- 最开头的 Fraction 表明函数返回 Fraction 类型的对象。
- 前缀 Fraction:: 表明这是在 Fraction 类中声明的 add 函数。
- 圆括号中的 Fraction 表明要获取一个 Fraction 类型的参数 other。

每个 Fraction 都是独立使用的。例如，可声明一个不在 Fraction 类中的函数，获取一个 int 参数，返回一个 Fraction 对象。如下所示：

```
Fraction my_func(int n);
```

由于 Fraction::add 函数返回一个 Fraction 对象，所以必须先新建对象。

```
Fraction fract;
```

然后应用前面描述的算法：

```
int lcd = lcm(den, other.den);
int quot1 = lcd/den;
int quot2 = lcd/other.den;
```

最后，在设置好新 Fraction 对象(fract)的值之后，函数返回该对象。

```
return fract;
```

mult 函数的设计思路与此相似。

 练习

练习 10.4.1. 修改 main 函数，计算任意两个分数相加的结果，并打印结果。

练习 10.4.2. 修改 main 函数，计算任意两个分数相乘的结果，并打印结果。

练习 10.4.3. 为早先介绍的 Point 类写一个 add 函数。该函数能将两个 x 值加起来，获得新 x 值；将两个 y 值加起来，获得新 y 值。

练习 10.4.4. 为 Fraction 类写 sub(减)和 div(除)函数，并在 main 中添加相应的代码来测试。注意，sub 的算法与 add 相似。但还可以写一个更简单的函数，也就是是用-1 来乘参数的分子，再调用一下 add 函数)。

小结

- 类声明具有以下形式：

  ```
  class 类名 {
      声明
  };
  ```

- C++的 struct 和 class 关键字等价，只是 struct 的成员默认公共。

- 由于用 class 关键字声明的类的成员默认私有，所以至少要声明一个公共成员。

  ```cpp
  class Fraction {
  private:
      int num, den;
  public:
      void set(n, d);
      int get_num();
      int get_den();
  private:
      void normalize();
      int gcf();
      int lcm();
  };
  ```

- 类声明和数据成员声明必须以分号结尾，函数定义不需要。

- 类声明好后可作为类型名称使用，和使用 int，float 和 double 等没什么两样。例如，声明好 Fraction 类之后，就可以声明一系列 Fraction 对象：

  ```
  Fraction a, b, c, my_fraction, fract1;
  ```

- 类的函数可引用该类的其他成员(无论是否私有)，无需作用域前缀(::)。

- 成员函数的定义要放到类声明的外部，需要使用以下语法：

  ```
  类型 类名::函数名 (参数列表) {
      语句
  }
  ```

- 将成员函数定义放到类声明内部，该函数会被"内联"。不会产生像普通函数那样的调用开销。相反，用于实现函数的机器指令会内嵌到函数调用的位置。

- 内联函数不需要在结束大括号后添加分号：

```
void set(n, d) {num = n; den = d;}
```

● 类必须先声明再使用。相反，函数定义可放到程序的任何地方(甚至能放到一个单独的模块中)，但必须放在类声明后面。

● 如函数返回类型是类，就必须返回该类的对象。可在函数定义中先声明该类的一个对象(作为局部变量)，并在最后返回它。

第 11 章

构造函数

本书要强调的一个主旨在于，面向对象编程(OOP)是创建基本新数据类型的一种方式。这种类型如足够有用，可在多个程序中重复使用。

类型的一个重要特点是能够初始化。声明时就能初始化更佳。这使面向对象语法更好用，对程序员更友好。

构造函数本质上就是一个初始化函数。欢迎学习 C++的构造艺术！

11.1　构造函数入门

构造函数(constructor)告诉编译器如何解释下面这样的声明：

```
Fraction a(1, 2);    // a = 1/2
```

基于迄今为止学到的 Fraction 类的知识，你或许已猜到上述声明的目的就是获得以下语句的效果：

```
Fraction a;
a.set(1, 2);
```

本章目的就是让类准确实现上述效果，这要依赖于构造函数，其语法如下：

类名 (参数列表)

一个看起来很奇怪的函数。没有返回类型(连 void 都没有)。某种意义上，类名就是返回类型。例如：

```
Fraction(int n, int d);
```

将该声明放到类的上下文中：

```
class Fraction {
public:
```

```
// ...
    Fraction(int n, int d);
// ...
};
```

这只是声明。和其他函数一样，构造函数必须在某处定义。定义可以放到类声明外面，但必须澄清作用域。

```
Fraction::Fraction(int n, int d) {
set(n, d);
}
```

在类声明外面定义的构造函数具有以下语法形式：

```
类名::类名 (参数列表) {
    语句
}
```

第一个类名是名称前缀(类名::)，表明这是该类的成员函数(换言之，具有类作用域)。第二个类名表明该函数是构造函数。

构造函数可以内联。大多数构造函数都很短，所以特别适合内联。

```
class Fraction {
public:
// ...
    Fraction(int n, int d) {set(n, d);}
// ...
};
```

有了构造函数，就可在声明 Fraction 对象的同时初始化。

```
Fraction frOne(1, 0), frTwo(2, 0), frHalf(1, 2);
```

多个构造函数(重载)

C++允许重用名称创建不同函数，用参数列表加以区分。构造函数也不例外。

例如，可为 Fraction 类声明多个构造函数，一个无参，另一个有两个，第三个只有一个。

```
class Fraction {
public:
// ...
```

```
    Fraction();
    Fraction(int n, int d);
    Fraction(int n);
// ...
};
```

C++11/C++14：成员初始化

C++14 ▶ 本节内容限定适用于 C++11 和更新的编译器。

从 C++11 起，语言提供了一种新方式来指定数据成员的默认值。表面上和构造函数冲突，似乎不用写构造函数？实情并非如此。两种技术可配合无间。

Point 类的一个合理设计是创建默认零值的对象。C++11 允许在类声明中初始化成员。

```
class Point {
public:
int x = 0;
int y = 0;
};
```

现在，即使是局部变量，未初始化的 Point 对象也会获得零值。

```
int main() {
Point silly_point;
cout << silly_point.x; // 打印 0
```

Fraction 类则希望为分母赋值 1 而不是 0，因为 0/0 非法。

```
class Fraction {
private:
int num = 0;
int den = 1;
...
```

以这种方式初始化，每个构造函数都为指定数据成员分配指定的值(本例是 0 和 1)，除非构造函数用自己的值覆盖。

如果一个构造函数都不写，这种方式可将对象初始化为合理的默认值。但还是应该坚持写默认构造函数，除非想禁止用户在不初始化的前提下创建对象(如下节所述)。

默认构造函数

每个类都应当有一个默认构造函数(即无参构造函数)，除非要求用户在创建对象时必须初始化。这是由于如果不写构造函数，编译器会自动生成一个默认的，它什么事情都不做。但只要写了任意构造函数，编译器就不会提供默认版本。

假定声明一个无构造函数的类：

```
class Point {
private:
    int x, y;
public:
    set(int new_x, int new_y);
    int get_x();
    int get_y();
};
```

由于没有构造函数，编译器会自动提供一个默认的，即无参构造函数。正是因为有这个函数，所以才能用类声明对象。

```
Point a, b, c;
```

再来看看自己写一个构造函数会发生什么：

```
class Point {
private:
    int x, y;
public:
    Point(int new_x, int new_y) {set(new_x, new_y);}
    set(int new_x, int new_y);
    int get_x();
    int get_y();
};
```

该构造函数支持在声明对象的同时初始化：

```
Point a(1, 2), b(10, -20);
```

但现在声明对象而不提供参数就会出错：

```
Point c;      // 错误！无默认构造函数！
```

自动生成的、你以前不知不觉依赖的默认构造函数，就这样悄无声息地溜走了！刚开始写类的代码时，编译器的这个行为会让你不知不觉"中招"。以前习惯不写构造函数，允许类的用户像下面这样声明对象：

```
Point a, b, c;
```

而一旦写构造函数，同时又不是默认构造函数，上述似乎"无辜"的代码就会出错。

有时不想要任何默认构造函数，而是强迫用户将对象初始化为特定值。这时上述行为完全能够接受。

 花絮 **C++故意用默认构造函数来陷害你吗？**

C++的行为看起来有点儿古怪：提供默认构造函数(也就是无参构造函数)来营造一种虚假的安全氛围。一旦开始自己写构造函数，又悄悄取消这一"恩赐"。

确实古怪，但并非毫无理由。之所以成为 C++的一个"特点"，完全是因为 C++既是一种面向对象的语言，又是一种需要向后兼容 C 的语言(并非百分百，但也差不离)。

该行为使 struct 关键字成了"受害者"。C++将 struct 类型视为类(以前说过)，但为了向后兼容，以下 C 代码肯定能在 C++中成功编译：

```
struct Point {
    int x, y;
};

struct Point a;
a.x = 1;
```

C 语言没有 public 或 private 关键字，所以只有成员默认公共，上述代码才能编译。另一个问题是 C 没有构造函数的概念，所以上述代码要在 C++中编译，编译器必须提供默认构造函数，否则以下语句无法编译：

```
struct Point a;
```

顺便说一句，C++允许将上述语句的 struct 拿掉：

```
Point a;
```

总之，为了向后兼容，C++必须提供一个自动的默认构造函数。但只要自己写了一个，就认为你是在用 C++原生代码编程，不再涉及兼容问题，必须由你自己负责所有成员函数和构造函数。

这时就没借口了(不知道构造函数的事)，C++认为你希望写你需要的任何东西，包括默认构造函数。

还要记住，C++允许你选择不要任何默认构造函数，强迫类的用户显式初始化对象。这在某些时候很有用，例如第 12 章就故意不要默认构造函数，确保创建了节点就必须初始化。

C++11/C++14：委托构造函数

C++14 ▶ 本节内容限定使用 C++11 和更新的编译器。

写好的构造函数最好能在其他构造函数中重用。C++14 支持该功能。事实上，C++11 就已将其纳入其中，只是某些编译器最近才实现。例如以下 Point 类：

```
Class Point {
private:
    int x, y;
public:
Point(int new_x, int new_y) {x = new_x; y = new_y;}
};
```

默认构造函数如果能重用这个现成的构造函数就好了。C++11 和之后的编译器支持像下面这样写：

```
Class Point {
private:
    int x, y;
public:
    Point(int new_x, int new_y) {x = new_x; y = new_y;}
    Point():Point(0, 0) {}
};
```

新的一行代码如下所示：

```
Point():Point(0, 0) {}
```

这声明的是默认构造函数，但将工作委托给另一个构造函数。换言之，调用两个参数的构造函数并传递实参 0,0。C++11 和更高版本允许在类中初始化单独的数据成员来获得一样的结果。

```
Class Point {
private:
    int x = 0;
    int y = 0;
```

```cpp
public:
    Point(int new_x, int new_y) {x = new_x; y = new_y;}
    Point(){}
};
```

例 11.1：Point 类的构造函数

本例修订上一章的 Point 类，添加两个简单的构造函数：一个默认，另一个获取两个参数。然后用一个简单的程序来测试。

Point2.cpp

```cpp
#include <iostream>
using namespace std;

class Point {
private: // 私有数据成员
int x, y;
public:
// 构造函数
    Point() {x = 0; y = 0;}
    Point(int new_x, int new_y) {set(new_x, new_y);}

// 其他成员函数
    void set(int new_x, int new_y);
    int get_x();
    int get_y();
};

int main() {
    Point pt1, pt2;
    Point pt3(5, 10);
    cout << "pt1是 ";
    cout << pt1.get_x() << ", ";
    cout << pt1.get_y() << endl;
    cout << "pt3是 ";
    cout << pt3.get_x() << ", ";
    cout << pt3.get_y() << endl;
    return 0;
}

void Point::set(int new_x, int new_y) {
    if (new_x < 0)
        new_x *= -1;
```

```
        if (new_y < 0)
            new_y *= -1;
        x = new_x;
        y = new_y;
    }

    int Point::get_x() {
        return x;
    }

    int Point::get_y() {
        return y;
    }
```

 工作原理

声明两个构造函数：

```
public:    // 构造函数
    Point() {x = 0; y = 0;}
    Point(int new_x, int new_y) {set(new_x, new_y);}
```

注意，构造函数在类的公共区域声明。如声明为私有，Point 类的用户就无法访问，失去构造函数的意义。

默认构造函数将数据成员设为零。如果类的用户忘了显式初始化，该行为可以起到救场的作用。

```
    Point() {x = 0; y = 0;}
```

main 的代码使用了两次默认构造函数(创建 pt1 和 pt2 对象)；创建 pt3 对象使用另一个构造函数：

```
Point pt1, pt2;
Point pt3(5, 10);
```

 练习

练习 11.1.1. 为 Point 类的两个构造函数添加代码来报告它们的用途。默认构造函数打印"正在使用默认构造函数"，另一个构造函数打印"正在使用(int, int)构造函数"。

练习 11.1.2. 添加第三个构造函数，只获取一个整数，x 设为该值，y 设为 0。

练习 11.1.3. 如前所述，使用 C++11 或更新的编译器，可通过单独的成员初始化为 x 和 y 创建默认值 0。写一个什么事情都不做的默认构造函数，再写一个构造函数向 x 赋值，但不向 y 赋值。最后测试这一套构造函数。采用这种方式，x 和 y 无论如何都能获得默认值 0，但构造函数可以随意覆盖这些值。

例 11.2：Fraction 类的构造函数

Fraction 类的默认构造函数将分数设为 0/1。按照惯例，增改代码加粗。其余代码全部来自第 10 章。

```
Fract4.cpp

#include <iostream>
#include <string>
using namespace std;
#include <cstdlib>

class Fraction {
private:
    int num, den; // num 代表分子，den 代表分母
public:
    Fraction() {set(0, 1);}
    Fraction(int n, int d) {set(n, d);}

    void set(int n, int d) { num = n; den = d; normalize(); }
    int get_num() { return num; }
    int get_den() { return den; }
    Fraction add(Fraction other);
    Fraction mult(Fraction other);
private:
    void normalize(); // 分数化简
    int gcf(int a, int b); // gcf 代表最大公因数(Greatest Common Factor)
    int lcm(int a, int b); // lcm 代表最小公倍数(Lowest Common Multiple)
};

    int main() {
    Fraction f1, f2;
    Fraction f3(1, 2);

    cout << "f1 的值是 ";
    cout << f1.get_num() << "/";
```

```
        cout << f1.get_den() << endl;

        cout << "f3 的值是 ";
        cout << f3.get_num() << "/";
        cout << f3.get_den() << endl;
        systeml("PAUSE");
        return 0;
}


// -------------------------------------------------
// Fraction 类的成员函数

// Normalize(标准化): 分数化简,
// 数学意义上每个不同的值都唯一
void Fraction::normalize() {
        // 处理涉及 0 的情况
        if (den == 0 || num == 0) {
                num = 0;
                den = 1;
        }
        // 仅分子有负号
        if (den < 0) {
                num *= -1;
                den *= -1;
        }
        // 从分子和分母中分解出 GCF
        int n = gcf(num, den);
        num = num / n;
        den = den / n;
}

// 最大公因数
//
int Fraction::gcf(int a, int b) {
        if (b == 0)
                return abs(a);
        else
                return gcf(b, a%b);
}

// 最小公倍数
//
int Fraction::lcm(int a, int b) {
        int n = gcf(a, b);
```

```
        return a / n * b;
    }

    Fraction Fraction::add(Fraction other) {
        Fraction fract;
        int lcd = lcm(den, other.den);
        int quot1 = lcd/den;
        int quot2 = lcd/other.den;
        fract.set(num * quot1 + other.num * quot2, lcd);
        return fract;
    }

    Fraction Fraction::mult(Fraction other) {
        Fraction fract;
        fract.set(num * other.num, den * other.den);
        return fract;
    }
```

工作原理

只要理解了例 11.1，本例就很简单。只需要注意一点：即默认构造函数要将分母初始化为 1(而不是 0)。

    Fraction() {set(0, 1);}

main 调用了三次构造函数。声明 **f1** 和 **f2** 时调用默认构造函数。声明 **f3** 时调用了另一个。

练习

练习 11.2.1. 重写默认构造函数，不是调用 set(0, 1)，而是直接设置数据成员 num 和 den。这样效率更好还是更差？有必要调用 normalize 函数吗？[①]

```
// 调用 normalize 并非必须，但却是一个良好的编程习惯。
// 它能有效预防问题，尤其是在 normalize 函数可能会被子类改写的前提下
// (详情在以后的章节里讲述)。
//
// 直接设置 num 和 den 理论上更有效，因为它绕过了函数调用。
// 但是，不要指望它会带来明显的效率提升。
```

练习 11.2.2 写第三个构造函数，只获取一个 int。num 设为该值，den 设为 1。

----

① 译注：以下答案摘录自本书的配套源程序。

11.2　引用变量和引用参数(&)

为了理解另一种特殊的构造函数(称为"拷贝构造函数"),首先必须理解 C++的"引用"。第 6 章曾做过简单介绍。

操纵变量最简单的方式就是直接操纵:

```
int n;
n = 5;
```

操纵变量的另一种方式(第 6 章讲过)是通过指针:

```
int n, *p;
p = &n;        // 让 p 指向 n
*p = 5;        // 将 p 指向的东西设为 5
```

p 指向 n,所以将*p 设为 5 等价于将 n 设为 5。

重点在于,n 只有一个,但可以有任意数量的指针指向它。获得指向 n 的指针并不会创建新整数。这只是操纵 n 的另一种方式。

引用做的是相似的事情,只是避免了使用指针语法。

```
int n;
int &r = n;
```

但&不是取址操作符吗?区别在于,由于&是在一个数据声明中使用,所以创建的是一个引用变量,该变量引用变量 n。结果是改动 r 相当于改动 n:

```
r = 5;      // 相当于将 n 设为 5
```

引用和指针的共同点在于,它们只是建立了一种方式来引用现有数据项,而不是为新数据分配空间。例如,可创建对 n 的多个引用:

```
int n;
int &r1 = n;
int &r2 = n;
int &r3 = n;
r1 = 5; // n 现为 5.
r2 = 25; // n 现为 25.
cout << "n 的新值是 " << r3; // 打印 n.
```

修改任何引用变量(r1，r2 和 r3)都相当于修改 n。

C++很少像这样使用引用变量。更有用的是"引用参数"。还记得第 7 章的 swap 函数吗？当时用的是指针。使用引用参数可获得一样的结果。

```
void swap_ref(int &a, int &b) {
    int temp = a;
    a = b;
    b = temp;
}
```

本例的 swap 函数不获取 a 和 b 的拷贝，而是获取对它们的引用。这使函数能永久性地更改实参。

传引用效果和传指针一样，只是避免了指针语法。调用函数时只需传递整数，不需要传递指向整数的指针。

```
int big = 100;
int little = 1;
swap_ref(big, little); // 交换 big 和 little
```

11.3 拷贝构造函数

除了默认构造函数，另一个特殊构造函数是**拷贝构造函数**。特殊性体现在两个方面。首先，该构造函数会在许多常规情况下调用。有时你根本意识不到它的存在。

其次，如果不自己写一个，编译器会自动提供一个，虽然它做的并不一定是你想做的。编译器提供的只是执行一次简单的逐成员拷贝(大多数时候是足够的)。

下面列出会自动调用拷贝构造函数的情况。

- 函数返回类类型的值。
- 参数是类类型。会创建实参的拷贝并传给函数。
- 使用一个对象初始化另一个对象。例如：

```
Fraction a(1, 2);
Fraction b(a);
```

以前说过，还可用等号(=)执行一个对象对另一个对象的初始化。

```
Fraction b = a;
```

最后，在 C++11 和更高版本中，可以(而且应该)用大括号指定多个初始化实参。

```
Fraction a {1, 2};
```

那么，怎样写自己的拷贝构造函数？什么时候需要写？记住，不自己写编译器会自动提供一个。用以下语法声明拷贝构造函数：

类名(*类名* const &*来源*)

const 关键字确保实参不会被函数更改。这很有道理，创建拷贝当然不该破坏原始的东西。

注意，上述语法使用了引用参数。函数获取对*来源*对象的引用，不是获取一个新的拷贝。

下面是 Point 类的一个例子。必须先声明好拷贝构造函数。

```
class Point {
// ...
public:                  // 构造函数
    Point(Point const &src);
// ...
};
```

函数定义没有内联，必须单独定义。定义时，Point 会出现三次，第一次是声明作用域，第二次是返回值类型，第三次是来源类型。

```
Point::Point(Point const &src) {
    x = src.x;
    y = src.y;
}
```

既然编译器会提供现成的，为什么还要自己写一个？本例(和 Fraction 类)确实用不着。编译器提供的拷贝构造函数执行简单的逐成员拷贝，这已足够。

只有在每个对象都分配了资源(比如内存)时才需自己写拷贝构造函数。这时不能逐个成员地拷贝，而是需要深拷贝；拷贝出来的每个类的实例都需要分配自己的资源。不过，本书所有例子都不需要深拷贝。

花絮 **拷贝构造函数和引用**

C++支持"引用"的一个主要目的就是让你能写拷贝构造函数。没有引用语法，写拷贝构造函数就是一个不可能完成的任务。例如，像下面这样声明拷贝构造函数会发生什么？

```
    Point(Point const src)
```

编译器根本不允许这样写，仔细想想就知道原因。向函数传递实参时，必须将那个对象的拷贝放入栈(用于存储函数实参和地址的内存区域)。但这意味着拷贝构造函数要想工作，必须先创建同种对象(都是 Point 类型)的一个拷贝，所以它必须调用自身！这就没完了。

那么，能不能像下面这样声明：

```
    Point(Point const *src)
```

语法没问题，也是一个构造函数，但不是拷贝构造函数。语法要求实参是指针而非对象。所以，只能向该函数传递指向对象的指针，而不能传递 Point 对象本身。

幸好，困难不难克服，毕竟只是语法问题。换成引用后，函数就可以作为拷贝构造函数使用。语法上实参是对象而不是指针。但由于函数调用幕后用指针来实现，所以不会产生无限循环。

```
    Point(Point const &src)
```

11.4 将字符串转换为分数的构造函数

用字符串来初始化 Fraction 对象是不是很酷？例如：

```
    Fraction a = "1/2", b = "1/3";
```

写一个构造函数获取 char*字符串作为参数即可实现。可用该构造函数轻松初始化 Fraction 对象的数组。

```
    Fraction arr_of_fract[4] = {"1/2", "1/3", "3/4"};
```

不用引号是不是更好？但那样行不通。不用 char*字符串(带引号的那种)，C++会对 1/3 执行整数除法并向下取整为 0。

```
    Fraction a = 1/3; // 这达不了目的
```

引号还是有必要的。由于需要访问 C 字符串函数，所以必须添加以下 include 指令：

```
    #include <cstring>
```

接着要在 Fraction 类的声明中声明构造函数：

```
    Fraction(char *s);
```

到目前为止都很容易。函数定义要麻烦一些，但不用担心。后面会详细分析代码。

```
Fraction::Fraction(char *s) {
    int n = 0;
    int d = 1;
    char *p1 = strtok(s, "/, ");
    char *p2 = strtok(NULL, "/, ");
    if (p1) {
        n = atoi(p1);
    }
    if (p2) {
        d = atoi(p2);
    }
    set(n, d);
}
```

函数首先声明两个整数变量并赋予合理默认值：

```
int n = 0;
int d = 1;
```

d(分母)默认 1。这使用户能像下面这样初始化 Fraction 对象：

```
Fraction a = "5"; // a 初始化为 5/1
```

接着两个语句提取由除号(/)或逗号(,)分隔的两个子串：

```
char *p1 = strtok(s, "/, ");
char *p2 = strtok(NULL, "/, ");
```

strtok 函数(第 7 章讲过)在输入字符串中找不到更多子串就返回空指针。所以代码必须先测试 p1 和/或 p2 是否为空指针。不是空指针才能传给 atoi 函数。无论如何，最终都会调用 set。

```
if (p1) {
    n = atoi(p1);
}
if (p2) {
    d = atoi(p2);
}
set(n, d);
```

请读者自行练习将上述代码放到 Fraction 类中并测试。

小结

- 构造函数是类的初始化函数，形式如下：

  类名 (参数列表)

- 未内联的构造函数像这样定义：

  类名::类名 (参数列表) {
  　　语句
  }

- 可以提供任意数量的、但各不相同的构造函数。所有构造函数具有相同的函数名(也就是类名)。为了进行区分，每个构造函数必须具有不同的参数数量或类型。

- 默认构造函数是无参构造函数。像这样声明：

  类名()

- 声明对象时不提供参数会调用默认构造函数。例如：

  `Point a;`

- 不提供任何构造函数，编译器会自动提供一个默认的，它什么事情都不做(也就是一个 no-op)。但只要自己写了构造函数，编译器就不会自动提供默认版本。

- 所以，为了实现防御性编程，最好养成总是写默认构造函数的习惯。如果愿意，可以不包含任何语句。例如：

  `Point a() {};`

- C++的引用是使用&来声明的变量或参数。幕后几乎总会传递指针，只是避免了使用指针语法。程序似乎传值，尽管传递的是可能是指针。

- 拷贝对象(包括将对象传给函数，或函数返回对象)时会调用类的拷贝构造函数。

- 拷贝构造函数使用引用参数和 `const` 关键字，后者防止修改实参(来源对象)。语法如下：

  *类名(类名 **const** &来源)*

- 不写拷贝构造函数，编译器会自动提供一个来执行简单的逐成员拷贝。

第 12 章

两个完整的 OOP 例子

前两章讲解了类和对象声明的基本语法。现在运用面向对象原则来做一些有趣和有用的事情。

首先探讨二叉树，它在编程界很有名，既有趣，又烧脑。接着重拾第 5 章的汉诺塔例子，新版本用字符动画展示解题过程。

但首先要进行一些铺垫。

12.1　动态对象创建

指针还有另一个用途：建立对象网络。这称为"动态内存分配"，因其是在运行时请求内存，让程序判断何时分配新对象，而不是在程序运行前就固化内存需求。

 C++在运行时分配内存最简单的方式就是使用 **new** 关键字。

```
ptr = new type;
```

type 可以是内建类型(比如 **int** 或 **double**)，也可以是用户自定义类型(比如类)。*ptr* 是相应类型的指针。例如，假定 Fraction 类已声明好，以下语句创建 Fraction 对象并返回指向它的指针：

```
Fraction *p = new Fraction;
```

对象本身无名(Fraction 是类名而不是对象名)。你或许觉得这样引用对象麻烦，但通过指针其实非常简单。以下语句通过指针操纵对象：

```
(*p).set(10, 20);       // 值设为 10, 20.
(*p).set(2, 27);        // 值设为 2, 27
cout << (*p).get_num(); // 打印 num 值(分子)
cout << (*p).get_den(); // 打印 den 值(分母)
```

本例(以后会重写)使用了以下语法：

```
(*ptr).成员名
```

该语法如此常见，以至于专门有个操作符来简化，不仅可以少打两个字，还可以使程序更易读：

    ptr->成员名

意思是对 ptr 进行解引用来获得对象(提领对象)并访问其指定成员。

后面几个小节会大量运用->操作符。例如，可像下面这样重写之前的语句：

```
p->set(10, 20);;      // 值设为 10, 20.
p->set(2, 27);        // 值设为 2, 27
cout << p->get_num(); // 打印 num 值(分子)
cout << p->get_den(); // 打印 den 值(分母)
```

new 关键字有一些变种。可指定实参来初始化对象，例如：

```
Fraction *p = new Fraction(2, 3);
```

该语句向匹配的构造函数传递实参 2 和 3。找不到匹配的构造函数会报告语法错误。

12.2 new 和 delete 的其他用法

本节算是额外内容。如急于接触实例，可直接跳到下一节。但 new 有一些额外的用法。delete 关键字也是，它通常和 new 一起使用。

可用 new 创建一系列数据项。定义好的任何类型都允许，不管是内建类型还是用户自定义类型。以下语句为 10 个 int 和 50 个 Point 分配内存：

```
int pInt = new int[10];       // 分配 10 个 int.
Point pPt = new Point[50];    // 分配 50 个 Point
```

每种情况都要指定大小，可以是常数或运行时计算的值(比如变量)。

分配好内存后，可通过由 new 返回并存储到指针中的地址来访问数据项，感觉所有项都是某个数组的一部分。例如，以下语句初始化所有数据项：

```
for (int i = 0; i < 10; ++i) {
    pInt[i] = i;
}

for (int i = 0; i < 50; ++i) {
    pPt[i].set(i, 2);
}
```

最好显式回收请求的内存来防止内存泄漏。C++程序终止时，请求的所有内存都归还给系统。但某些程序一直在后台或长时间运行。一旦此类程序疏于释放内存，就可能造成内存泄漏，最终拖慢系统甚至使之崩溃。

delete 关键字有两种形式。分配了多个项就用第二种。每种形式都不是销毁指针，而是释放之前分配给该指针的内存。

```
delete ptr;
delete [] ptr;
```

例如：

```
delete pNode;    // 删除一个节点
delete [] pInt;  // 删除全部 10 个 int
```

12.3 二叉树应用

下面，来看一个实例。如何获取一个名字列表并按字母顺序打印？这要求对列表进行排序。有许多方式都可达成目标，本章选择有序二叉树。随后马上就要解释为什么称为"树"。

注 意 ▶ C++标准模板库(STL)已在<set>和<map>模板类中实现了二叉树。但自己写有助于理解原理。

二叉树从指向根节点的指针开始。如下图所示，如果是空树，根指针将具有空值。

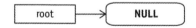

插入第一个节点后，树的样子如下图所示。这就是含单个节点的一个树。该节点当然就是根节点。"Kids"节点其实有两个子节点，每个都是 NULL。但为了保持图的整洁，并没有将它们画出。

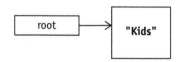

再来添加两个值："Mark"和"Brian"。每个节点都添加到正确位置。如新节点的值字母顺序靠前，就作为现有节点的左子节点，靠后则作为右子节点。如下图所示，本例是将"Brian"作为左子节点，"Mark"作为右子节点。

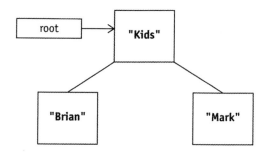

现在添加第 4 个值"Marthy"。应该放到哪里？"Brian"和"Mark"节点都有空位来添加子节点，但"Marthy"应放到最右边，因为按照字母顺序，它比其他任何节点都靠后，如下图所示。

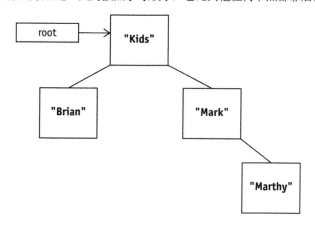

最后添加"Allan"和"Colin"。知道它们为什么必须作为"Brian"的子节点吗？记住规则：第一，子节点只能在开放位置添加；第二，"较小"值(字母顺序比父节点靠前的字符串)作为左子节点添加，而"较大"值(字母顺序比父节点靠后的字符串)作为右子节点添加，如下图所示。

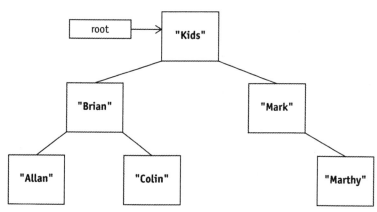

现在你知道了应将"Lisa"和"Zelda"放到哪里。每次在树中插入的新节点都有一个明确的、无歧义的去处。重点在于，左子树中的一切都比右子树中的"小"。

有了这个树，按字母打印所有名字非常简单。该算法非常奇妙，几个步骤就能做好多事情。这是一个优美的递归例子。

打印子树所需的步骤(p 指向根)：
如指向的节点不为空，
    打印左子树
        打印当前节点的值
        打印右子树

算法虽小，本事很大。即使树成长到成千上万个节点，算法也能完美工作。这就是递归的厉害之处！

创建名字排序程序需设计并编码两个类：Bnode 和 Btree。

Bnode 类

首先需要一个建模节点的类。节点不含行动，是被动的。但类的构造函数不仅好用，还是防止出错的有效方式。所以很有必要创建节点类。

每个节点对象都需要三个公共成员：本身的字符串值以及指向左右两个子树的指针。下面是 Bnode 类的声明。记住所有类声明的结束大括号后面都要加一个分号。

```cpp
// 二叉树的节点类
class Bnode {
public:
    string val;
    Bnode* pLeft;
    Bnode* pRight;
    Bnode(string s) {val = s; pLeft = pRight = nullptr;}
};
```

类不可包含它自己的实例。否则就会像罗素悖论那样，一个集合到底应不应该包含它自身？[1]如果可以(实际不可以)，这样的一个类将会无限大。

---

[1] 译注：也称为"理发师悖论"。小城里的理发师放出豪言，他只为而且一定要为城里所有不为自己刮胡子的人刮胡子。但问题是理发师该为自己刮胡子吗？如果为自己刮胡子，那么按照他的豪言"只为城里所有不为自己刮胡子的人刮胡子"，就不应该为自己刮胡子；但如果不为自己刮胡子，同样按照他的豪言"一定要为城里所有不为自己刮胡子的人刮胡子"，又应该为自己刮胡子。

但 pLeft 和 pRight 并非 Bnode 的实例，它们只是指向同一个类的其他对象的指针。正是因为有这种指针，才可以在内存中建立起网络和树。你可以这样想，父母不"包含"孩子(当然在十月怀胎之后)，但父母可以和一个或多个孩子组建家庭。

Bnode 的每个实例都可以这样建构：每个指针(pLeft 和 pRight)既可以是空值，也可以是指向一个子节点的指针。两个指针都可为空，表明对应一侧无子。两个指针都为空，表明该节点对象是"叶"或"终点"，没有更多子了，如下图所示。

构造函数很好用，还能防错。该类无默认构造函数，用户不赋值便不能创建节点：

    Bnode my_node; // 错误！没有赋值！

相反，应该在创建节点时用字符串值初始化节点：

    Bnode my_node("Emily"); // 合法！

但该构造函数最大的好处是两个指针默认为空值(nullptr，不支持的话则为 NULL)，这是最起码的要求。千万不可忽视这个保底要求。如允许不初始化指针，会包含"垃圾"值，结果会是灾难性的。有了保底才能防止出错。

注 意 ▶ nullptr 关键字自 C++11 起支持。编译器太老就用 NULL 替代 nullptr。

C++ 14 ▶ C++11 和更高版本的编译器支持类内部的初始化。例如，在 Bnode 类的私有区域声明 pLeft 和 pRight 时可把它们初始化成空指针。构造函数(如果有的话)可选择覆盖这些设置，否则就使用默认值。之前已在 11.1 节讨论过这些问题。

Btree 类

除了节点类，本程序还需要 Btree 类(即二叉树，binary tree)。可不可以不写类，而是用一系列单独的函数和数据结构代替？可以，但写 Btree 类有多项好处。

首先，类函数设计用于操纵类数据，不可在其他任何情况下使用。代码和数据紧密协作，OOP 提供了很好的方式打包它们。

更重要的是，访问树中的数据是受控的。类用户不可能直接接触并污染私有数据。对任何节点的直接访问都是不允许的。用户不可能做一些愚蠢的事情，比如胡乱为指针赋值。一个符合规范的类，类的用户只能做两件事情：在树中插入一个名字以及打印内容。

下面是 Btree 类的初始声明，稍后会完善。注意，树的位置(它的根)保持私有。

```
// 二叉树类的初始版本
class Btree {
public:
    Btree() {root = nullptr; }
    void insert(string s);
    void print();
private:
    Bnode* root;
};
```

类的用户访问不了根，便无法直接访问任何节点。这能防止他们做一些危险的事情，比如修改指针值。有时并不是用户想造成系统出错，而是很想知道数据结构的内部情况。

下面是类的完整声明，包括辅助函数。这些函数和 root 变量一样是私有的，不可在外部使用。

```
//二叉树类的完整声明，含辅助函数
class Btree {
public:
    Btree() {root = nullptr; }
    void insert(string s) {root = insert_at_sub(s, root);}
    void print() {print_sub(root);}
private:
    Bnode* root;
    Bnode* insert_at_sub(string s, Bnode* p);
    void print_sub(Bnode* p);
};
```

类的声明添加了两个私有"辅助"函数来支持公共函数。这两个辅助函数，insert_at_sub 和 print_sub，是递归的所以不可内联。必须在类声明的外部定义，所以要用 Btree:: 前缀澄清作用域。

```
Bnode* Btree::insert_at_sub(string s, Bnode* p) {
    if (!p) {
        return new Bnode(s);
    } else if (s < p->val) {
        p->pLeft = insert_at_sub(s, p->pLeft);
```

```
        } else if (s > p->val) {
            p->pRight = insert_at_sub(s, p->pRight);
        }
        return p;
    }

    void Btree::print_sub(Bnode* p) {
        if (p) {
            print_sub(p->pLeft);
            cout << p->val << endl;
            print_sub(p->pRight);
        }
    }
```

print_sub 函数的定义太优雅了。照着读就可以了：打印我左边的树，打印我自己的值，再打印我右边的树。递归大幅简化了算法。注意终止条件：指向子的指针是空值，函数就返回。

另一个函数 insert_at_sub 可以不用递归而改为迭代，但难度会增加。迭代方案需依赖循环而不是让函数调用自身。这种写法留给之后的练习。

和所有递归函数一样，insert_at_sub 也需终止条件，即遍历树并抵达一个空指针。此时应创建一个新节点：

```
    return new Bnode(s);
```

新对象的地址返回调用者，并在那里赋给 pLeft，pRight 或根指针。如果没有抵达空指针，函数直接返回传给它的指针。

但这也意味着大多数情况(不创建新节点)不会对返回值进行特殊处理，所以这种写法并非最优。这也解释了为什么虽然迭代方案的编码量会增加，但更高效。

例 12.1：按字母顺序排序

Bnode 和 Btree 类就位后，很容易写程序来提示输入一组字符串并按字母顺序打印。以下程序有三行加粗的代码引用了二叉树对象。

alpha_tree.cpp
```
    #include <iostream>
    #include <string>
    using namespace std;
```

```
// 在这里插入 Bnode 和 Btree 类的声明,
// 以及 Btree 类的各个函数的声明

int main()
{
    Btree my_tree;
    string sPrompt = "输入名字(在每个名字后按 ENTER): ";
    string sInput = "";

    while (true ) {
        cout << sPrompt;
        getline(cin, sInput);
        if (sInput.size() == 0) {
            break;
        }
        my_tree.insert(sInput);
    }

    cout << "排序后的名字: " << endl;
    my_tree.print();
}
```

以下是程序的一次示范会话,手动输入内容加粗:

输入名字(在每个名字后按 ENTER,直接按 ENTER 结束):**John**
输入名字(在每个名字后按 ENTER,直接按 ENTER 结束):**Paul**
输入名字(在每个名字后按 ENTER,直接按 ENTER 结束):**George**
输入名字(在每个名字后按 ENTER,直接按 ENTER 结束):**Ringo**
输入名字(在每个名字后按 ENTER,直接按 ENTER 结束):**Brian**
输入名字(在每个名字后按 ENTER,直接按 ENTER 结束):**Mick**
输入名字(在每个名字后按 ENTER,直接按 ENTER 结束):**Elton**
输入名字(在每个名字后按 ENTER,直接按 ENTER 结束):**Dylan**
输入名字(在每个名字后按 ENTER,直接按 ENTER 结束):
排序后的名字:
Brian
Dylan
Elton
George
John
Mick
Paul
Ringo

工作原理

程序创建 Btree 对象 my_tree。Btree 继而创建多个 Bnode 对象，每个都包含用户输入的名字。但是，只有 Btree 对象才能看到这些节点。

还有其他许多方式可生成排序名字列表。例如，可将所有名字放到数组中，再用第 6 章介绍的技术对数组进行排序。但是，二叉树有一些特殊的优势。

至少，二叉树可无限扩容，只受限于内存容量。此外，操纵非常大的数据类型时，二叉树可能比数组快得多。这是由于在树中的访问时间是对数级增长。也就是说，在 100 万个元素中查找一个元素，花的时间比在 1000 个元素中查找长不了多少。当然，这要求树比较平衡，但这无法保证。有些算法可一直保持树的平衡，但那比较难，也超出了本书范围。这方面的主题请自行探寻。

程序核心是 Btree::insert_at_sub 函数，它保证添加到树的字符串严格保持字母顺序。下面是函数的伪代码。

在 p 指向的子树中插入字符串所需的步骤:
If p 为 NULL,
  创建新节点并返回指向它的指针
Else if s "小于"该节点的字符串
   在左子树插入 s
   Else if s "大于"该节点的字符串
    在右子树插入 s
   返回 p

如目标字符串 s 按字母顺序既不小于、也不大于当前节点的值，表明发现了一个匹配的字符串。此时不应采取进一步行动，函数直接返回，不创建新节点。

返回值大多数时候意义不大，因为函数直接返回传给它的指针实参。但只要创建了新节点，其地址就会传回父节点，使新节点能正确连上。

练习

练习 12.1.1. 为 Btree 类编写并测试 get_size 函数，获取整个树的节点数量。添加私有数据成员 nSize 来完成。

练习 12.1.2. 为 Btree 类编写并测试 size_of_subtree 函数，计算 p 指向的子树的节点数量。如传递根指针来计算整个树，应获得和练习 12.1.1 一样的结果。测试该理论是否正确。

练习 **12.1.3.** 为 Btree 类编写并测试 find 函数，获取一个字符串，查找该字符串是否在树中，返回 true 或 false。采用递归方案。

练习 **12.1.4.** 写和上个练习一样的 find 函数，但这次采用迭代方案，依赖循环而不是调用自身。

练习 **12.1.5.** 为 Btree 类编写并测试 get_first 和 get_last 函数，返回字母顺序排在第一位和最后一位的字符串。递归或迭代都可以。

练习 **12.1.6.** 未用内存长时间不释放可能造成内存泄漏，浪费资源并降低性能。所以二叉树用完后最好马上释放，包括树中所有节点。写一个函数专门删除每个节点。采用递归方案，向其传递根地址。提示：释放用 new 分配的对象要用语句 delete p;，其中 p 是指向对象的指针。

练习 **12.1.7.** 将本例的插入函数替换为迭代版本。提示：在循环中先判断目标字符串按字母顺序是小于还是大于当前节点的字符串，再判断对应的子节点(pLeft 或 pRight)是否为空。

 对比递归和迭代

删除列表用递归方案似乎更诱人，因为代码会短一些。但效率一定更高？事实上，如果可以在迭代和递归方案之间选择，迭代通常更高效。有时会因为写的代码较少而倾向于递归，但务必理解采用该方案会发生什么。

递归方案造成在每一级都发生一次函数调用。在二叉树的例子中，每个节点都发生一次额外的函数调用。一百万个节点深度的树便是一百万次函数调用！这种数量级的函数调用开销会变得非常昂贵。程序遍历列表，将每个节点的地址放到特殊 C++ 栈区段(stack segment)，该内存区域专门用于容纳实参和局部变量。例如：

```
0x1000ff40
0x1000ff30
0x1000ff20
0x1000ff10
...
```

相反，迭代方案遍历列表，按发现顺序删除节点。形象一点说，递归实际是一种"面包屑"方案，一边遍历列表，一边留下面包屑。最后一边捡起面包屑(同时删除节点)，一边返回。节点多了自然效率不高。

递归胜在优雅，而且对于某些问题来说是唯一实际的解决方案。例如马上就要讨论的汉诺塔问题，不用递归会很难。另外，编译器本身也是用 C++写的，其中涉及大量递归函数调用。不用递归几乎不可能实现。

12.4 汉诺塔问题：动画版

第 5 章打印文本指示如何移动圆盘来解决汉诺塔问题。但亲眼观看圆盘如何移动是不是更妙？动画版本需更多编程。如何分解问题？

首先认识到，要处理的是三叠穿孔圆盘(或者说三个栈，stacks)。可设计常规类 Cstack 并用它创建三个对象，每个对象都遵守以下约定。

- 每一叠(每个栈)最高一层是 0 层，下一层是 1 层，再下一个 2 层，以此类推。
- 对于每个 Cstack 对象，变量 tos 都代表栈顶(Top of Stack)，或者说是最高圆盘的上一层。所以 tos 范围在-1(所有圆盘都在，满栈)到 n-1(一个圆盘都没有，空栈)之间。例如，假定 n = 5(一塔 5 盘)，下图展示了满栈和空栈时的 tos 值：

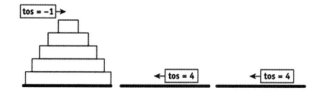

需跟踪每一叠圆盘的状态。假定每个盘都用一个编号代表其相对大小，1 最小，0 空白(无盘)。所以，假定一叠 4 盘，那么就有以下情况。

- 空栈数组值为{0, 0, 0, 0}; tos = 3。第四个位置(索引 3)比栈顶高一层。
- 次大盘入栈，数组值为{0, 0, 0, 3}; tos = 2。第三个位置(索引 2)比栈顶高一层。
- 次小盘入栈，数组值为{0, 0, 2, 3}; tos = 1。第二个位置(索引 1)比栈顶高一层。
- 最小盘入栈，数组值为{0, 1, 2, 3}; tos = 0。第一个位置(索引 0)比栈顶高一层。
- 所有盘都在，则是一个完整的栈，数组值为{1, 2, 3, 4}; tos = -1。

tos 永远是比顶层圆盘"高一层"的数组索引值。以满栈 4 个盘为例，如空栈(一个盘都没有)，则 tos=3。弹出(pop)一个盘之前，当前栈的 tos 值会递增 1，指向"低一层"。压入(push)一个盘，tos 值则递减 1，指向"高一层"。

1. n=stacks[0].pop();之前栈的情况，如下图所示。

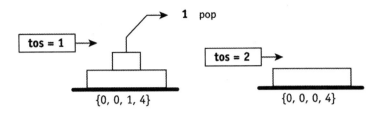

2. stacks[1].push(n);之后栈的情况，如下图所示。

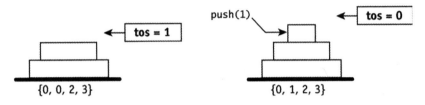

我承认，听起来一点都不直观。但要动画显示这些"栈"，只有这样设计才最简单。记住，每个栈的第一个数组位置永远对应物理上的最顶层。事实上，满栈(所有盘子，从最小到最大都在)的情况少。大多数时候栈都不满，所以最顶层的数组值经常都是 0。

设计栈类

为了存储三个"栈"的圆盘，需创建"栈"(stack)数据结构。第 5 章讨论了"栈"作为一种特殊内存区域，用于存储实参和局部变量。但此栈非彼栈。

本例需要一个特殊的、自定义的栈类。和大多数栈不同，该类顶部允许留空，使圆盘能掉落到底部。前几个位置通常包含 0。运行程序并显示三个栈的动态图时，就明白为什么要这样设计。

我们将该栈类命名为 Cstack，将创建它的三个对象。类的设计如下图所示。

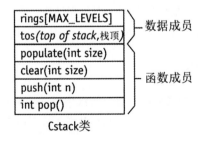

Cstack类

大多数数据都包含在每个对象的 rings(圆盘)数组中。数组用一组整数存储不同大小的圆盘。1 代表最小的盘，0 代表空白。因此，对于一叠三盘的汉诺塔{1, 2, 3}代表三个盘都在，而{0, 0, 2}代表只有次小的盘，上方两个空白。tos 成员代表栈顶(top-of-the-stack)位置。

push 和 pop 函数已在上一节演示，它们是任何栈都有的常规操作。populate 和 clear 函数用于重置和初始化整个栈。

使用 Cstack 类

声明好 Cstack 类之后，用它创建并初始化三个自定义栈对象。创建包含三个 Cstack 对象的数组：

```
Cstack stacks[3];
```

每次开始动画都发生以下两个事情。

- 调用 stacks[0].populate()填充第一个栈。
- 调用 stacks[1].clear()和 stacks[2].clear()将其他栈设为空白状态。

这提供了极大的灵活性，用户可指定任意不超过 MAX_LEVELS(程序开头声明的常量)的大小来重启动画。例如，假定栈的大小是 5，populate 和 clear 函数用值 1 到 5 填充第一个栈，另两个栈的前 5 个位置保持空白(0 值)。如下图所示。

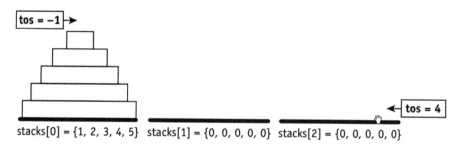

stacks[0] = {1, 2, 3, 4, 5} stacks[1] = {0, 0, 0, 0, 0} stacks[2] = {0, 0, 0, 0, 0}

声明好三个对象的数组之后(每个对象都包含它自己的数组)，就可调用 pop 和 push 在三个位置之间移动圆盘。每次移动后都打印代表新状态的一张图。

例 12.2：动画汉诺塔

设计好 Cstack 类之后，就可以写汉诺塔的动画版。程序基于第 5 章的汉诺塔例子(例 5.5)，当时是用递归逻辑将所有圆盘从塔 1 移至塔 3。

记住两个规则：一次只能移动一个盘；大盘不能叠在小盘上。

新版本除了解题，还在每次移动后显示三个塔(即三叠圆盘)的状态。

tower_visi.cpp

```cpp
#include <iostream>
using namespace std;
#define MAX_LEVELS 10

// 声明三个栈，每个栈都是包含圆盘大小编号的一个对象，
// stacks[3]数组包含三个这样的对象
class Cstack {
public:
    int rings[MAX_LEVELS]; // 该数组容纳圆盘大小编号
    int tos; // 栈顶索引
    void populate(int size); // 初始化栈
    void clear(int size); // 清除栈
    void push(int n); // 入栈
    int pop(void); // 出栈
} stacks[3];

void Cstack::populate(int size) {
    for (int i = 0; i < size; i++) {
        rings[i] = i + 1;
    }
    tos = -1;
}
void Cstack::clear(int size) {
    for (int i = 0; i < size; i++) {
        rings[i] = 0;
    }
    tos = size - 1;
}
void Cstack::push(int n) {
    rings[tos--] = n;
}
int Cstack::pop(void) {
    int n = rings[++tos];
    rings[tos] = 0;
    return n;
}
void move_stacks(int src, int dest, int other, int n);
void move_a_ring(int source, int dest);
void print_stacks(void);
void pr_chars(int ch, int n);
```

```
int stack_size = 7;
int main() {
    stacks[0].populate(stack_size);
    stacks[1].clear(stack_size);
    stacks[2].clear(stack_size);
    print_stacks();
    move_stacks(stack_size, 0, 2, 1);
    return 0;
}
// 移动栈：递归解题...
// 假定已解决了移动 N-1 个盘的问题，在此前提下移动 N 个盘
// src = 来源栈, dest = 目标栈
void move_stacks(int n, int src, int dest, int other) {
    if (n == 1) {
        move_a_ring(src, dest);
    }
    else {
        move_stacks(n - 1, src, other, dest);
        move_a_ring(src, dest);
        move_stacks(n - 1, other, dest, src);
    }
}

// 移动一个盘：从来源栈弹出盘，压入目标栈，打印新状态
void move_a_ring(int source, int dest) {
    int n = stacks[source].pop(); // 从来源出栈
    stacks[dest].push(n); // 压入目标栈
    print_stacks(); // 显示新状态
}

// 打印栈：打印三个栈的每个物理层的圆盘
void print_stacks(void) {
    int n = 0;
    for (int i = 0; i < stack_size; i++) {
        for (int j = 0; j < 3; j++) {
            n = stacks[j].rings[i];
            pr_chars(' ', 12 - n);
            pr_chars('*', 2 * n);
            pr_chars(' ', 12 - n);
        }
        cout << endl;
    }
    system("PAUSE"); // 此处需暂停。其他系统可用其他方式
}
```

```
void pr_chars(int ch, int n) {
    for (int i = 0; i < n; i++) {
        cout << (char)ch;
    }
}
```

 工作原理

程序核心是和第 5 章例子一样的递归函数，具体逻辑请参考例 5.5。该函数 move_stacks 大多数时候都在调用自身。只有部分行动涉及移动一个盘。

区别在于，移动一个盘的时候不是单单打印一条消息，该版本调用新函数 move_a_ring 将单个盘从一个栈移到另一个，同时显示结果。

```
// 移动栈：递归解题...
// 假定已解决了移动 N-1 个盘的问题，在此前提下移动 N 个盘
// src = 来源栈, dest = 目标栈
void move_stacks(int n, int src, int dest, int other) {
    if (n == 1) {
        move_a_ring(src, dest);
    }
    else {
        move_stacks(n - 1, src, other, dest);
        move_a_ring(src, dest);
        move_stacks(n - 1, other, dest, src);
    }
}
```

那么，具体如何将单个盘从一个位置移到另一个？例 5.5 做不到，它只是打印一条消息。但现在由于有三个栈对象反映当前状态，所以可采取以下步骤操纵状态。

1. 顶部圆盘从来源栈弹出，记住其大小 n。
2. 将大小为 n 的圆盘压入目标栈。
3. 打印新状态。

move_a_ring 函数用三条简单的语句完成上述步骤：

```
// 移动一个盘：从来源栈弹出盘，压入目标栈，打印新状态
void move_a_ring(int source, int dest) {
    int n = stacks[source].pop(); // 从来源出栈
    stacks[dest].push(n); // 压入目标栈
```

```
    print_stacks(); // 显示新状态
}
```

pop 和 push 函数定义成类的成员函数。它们利用每个对象的栈顶标记 tos 来获得栈顶圆盘(pop)或者将一个新盘放到栈顶(push)。

记住，成员函数在类(本例是 Cstack)的内部定义，通过类的对象(stacks[])实际调用。

```
void Cstack::push(int n) {
    rings[tos--] = n;
}

int Cstack::pop(void) {
    int n = rings[++tos];
    rings[tos] = 0;
    return n;
}
```

pop 函数获取当前栈顶部圆盘的大小编号。将那个盘替换成空白(0)，从而将该盘从栈中移除。最后返回 n，即保存下来的大小编号。该编号作为 push 函数的输入，以便将相应大小的一个盘放到另一个栈上。

最后，程序使用 print_stacks 和辅助函数 pr_chars 打印当前状态。

现在应明白为什么要用 0 代表空白，以及为什么必须将一个或多个 0 放到正的圆盘大小值"上面"。也就是说，如栈不满，那么最顶部(靠前)位置总是有一个或多个 0。某一层的圆盘值为 0，表明此处无盘，程序打印空格。这就实现了物理模拟：圆盘向下掉落。

用行话讲，函数访问每个对象中的 rings[]数组，获取一个完整的物理层下移前的值。如特定位置的圆盘值为 0，除了空格之外什么都不打印(对应不满的一个栈顶部的空白)。如圆盘值大于 0，则打印圆盘大小值两倍数量的星号(*)，两边打印空格。例如，为大小为 3 的圆盘打印 6 个星号。

```
// 打印栈：打印三个栈的每个物理层的圆盘
void print_stacks(void) {
    int n = 0;
    for (int i = 0; i < stack_size; i++) {
        for (int j = 0; j < 3; j++) {
            n = stacks[j].rings[i];
            pr_chars(' ', 12 - n);
            pr_chars('*', 2 * n);
            pr_chars(' ', 12 - n);
```

```
        }
        cout << endl;
    }
}
```

pr_chars 函数是打印重复字符的一个辅助函数。

```
    void pr_chars(int ch, int n) {
        for (int i = 0; i < n; i++) {
            cout << (char)ch;
        }
    }
```

最后，程序不应一次性全部输出完，中途应暂停，让人看清楚各个栈的变化。Windows 系统使用 system("PAUSE")命令就很理想。

```
        system("PAUSE");
```

如果是其他系统，或者想写更好移植的代码，可用第 8 章介绍的技术提示用户继续。

```
    #include <string> // 放到程序开头
    . . .
    string dummy;
    cout << "按 ENTER 继续.";
    getline(cin, dummy);
```

 练习

练习 **12.2.1.** 提示用户输入最开始一叠多少盘，而不是硬编码的 7。该数字不应超过 MAX_LEVELS(本例设为 10，主要是考虑到屏幕宽度)。动画全部显示完成后重复。输入 0 则退出程序。这个版本的 populate 和 clear 成员函数显得很重要，因为需要重置初始状态。

练习 **12.2.2.** 不是将圆盘作为每个对象中的数组来实现，而是作为 int*类型的指针来实现。在 populate 和 clear 成员函数中用 new 分配一系列整数。你能用 delete 关键字有效防范内存泄漏吗？

小结

● 有的 C++代码严重依赖对象指针。对于这种指针，用成员访问操作符->访问对象的成员。例如：

```
// 获取指针指向之对象的 num 成员
int n = pFraction->num;
// 调用访问指针指向之对象的 set 函数
pFraction->set(0, 1);
```

- 为对象使用动态内存分配和指针，可在内存中创建链表和二叉树这样的复杂数据结构。或简单，或复杂，随你心意。

- 用 new 关键字在运行时动态分配对象(的内存)。

```
Node *pNode = new Node;
```

- 在内存中创建列表和树时，有必要及时删除不再需要的对象，以防内存泄漏。否则计算机可能内存不足以至于需要重启。

- 用 delete 关键字释放对象占据的内存。

```
delete p; // p 指向一个对象
delete[] p; // p 指向一个对象数组
```

- 可创建对象(类的实例)数组，和创建其他种类的数组无异。

```
class Cstack {
    ...
} stacks[3];
```

- 有时，应用程序要输出大量数据，需暂停并提示用户继续。system("PAUSE");对于支持的系统来说很理想。如果不支持，或者想写更好移植的代码，可按第 8 章的描述提示用户继续。

```
#include <string> // 放到程序开头
. . .
string dummy;
cout << "按 ENTER 继续.";
getline(cin, dummy);
```

- 递归有时是解决问题的唯一实际方案，如汉诺塔问题。但在迭代(循环)和递归方案都可以的情况下，迭代的效率几乎总是更高。

第 13 章

用 STL 简化编程

C++最酷的地方之一就是标准模板库(Standard Template Library，STL)。大多数编译器都支持。模板是可用来创建高级容器的泛化数据类型。例如，可用 list 模板创建整数、浮点数甚至自定义类型的链表。

虽然听起来很新奇，但不用担心。STL 是解决许多常见编程问题的有效手段。其出发点很简单。和函数、类和对象一样，既然一个编程问题已经解决，为什么要重新解决一遍？

目前，大多数 C++编译器都提供了对 STL 的完整支持。C++14(甚至 C++11)编译器肯定都是支持的。

13.1 列表模板

STL 提供了对建立在其他类型基础上的集合(或容器)的广泛支持。指定好基类型，STL 就能构建基于该类型的高级容器。例如：

```
list<int> iList;            // 整数列表
list<string> strList;       // 字符串列表
list<Fraction> bunchOFract; // 分数列表
```

各种列表随便建。基类型可以是任何基元类型①(比如 int)，也可以是你自己写的类型(比如 Fraction)。用 list 模板创建的链表能特别高效地执行插入和删除操作。STL 支持其他泛化数据结构，包括 vector(可无限增长的数组)以及 set 和 map(基于二叉树构建)。

注意▶ 所有 STL 名称都是 std 命名空间的一部分，意味着要么在每个 STL 名称(比如 stack 或 list)前添加 std::，要么在程序中添加 using namespace std;，就像本书的例子一样。

---

① 译注：可以在代码中使用的最简单的构造就称为"基元"，其他构造都是它们复合而成的。

用 C++写模板

C++最早的版本完全不支持模板。但在 C++问世后几年间，程序员(尤其是专业程序员)开始呼吁模板支持。代码最好能重用，不需要重新发明轮子。

我们用模板实现泛型算法。例如，一旦写好针对整数的某个算法，同样的代码应该能重用于其他数据类型，比如 double、字符串或其他任何类型的对象。感觉就像是掌握了一组容器类及其相关函数，并执行全局搜索和替换，将 int 的所有实例都替换成其他类型。

可以很简单地用 C++写自己的模板类和模板函数。例如，可以用 **template** 关键字声明名为 pair 的泛型容器：

```
template class<T>
class pair {
public:
    T first, last;
};
```

以后凡是涉及"一对元素"的容器类，都可以用该模板来声明。

```
pair<int> intPair;
pair<double> floatPair;
pair<string> full_name;

intPair.first = 12;
```

不过，写自己的模板类的主题超出了本书范围。若全面探讨，很容易就能多写几百页。模板作为一个高级主题令人着迷，市面上有许多不错的参考书。

虽然自己写模板有点超纲，但我鼓励即使是新入行的 C++程序员，也在理解了类和指针之后马上拥抱标准模板库(STL)。STL 提供的类不仅节省时间，还相当好用。好多工作别人已经做了一遍，没必要重复。

创建和使用列表类

使用列表模板前需开启对它的支持：

```
#include <list>
using namespace std;
```

然后就可以创建自己的链表类，用以下语法声明 STL 列表类：

list<*类型*> *列表名*

不添加 using namespace 语句，来自 STL 的项就必须附加 std:: 前缀。标准库的其他对象和模板同理。通过以下语法在没有 using namespace 语句的情况下使用模板：

std::list<*类型*> *列表名*;

下面展示了更多例子：

```
#include <list>
using namespace std;
...
list<int> list_of_ints;
list<int> another_list;
list<double> list_of_floatingpt;
list<Point> list_of_pts;
list<string> LS;
```

创建好的列表最开始是空的，可用 push_back 函数在列表末端(back 的来历)添加元素。例如：

```
list<string> LS;
LS.push_back("Able");
LS.push_back("Baker");
LS.push_back("Charlie");
```

push_front 成员函数则可以将元素添加到列表前端。效果和上个例子一样，只不过顺序相反。

```
LS.push_front("Able");
LS.push_front("Baker");
LS.push_front("Charlie");
```

数值列表就添加数值元素：

```
list<int> list_of_ints;
list_of_ints.push_back(100);
```

如你所见，可创建任意基类型的链表并添加数据。如果要在此基础上做更多的事情，需要用到迭代器。

C++14 ▶ 下一段限定 C++14 编译器。(事实上，C++11 就引入了该功能，只是 Microsoft 等厂商花了些时间才正式支持。)

使用符合 C++14 规范的编译器，可以像数组那样，使用逗号分隔的列表来初始化包括列表在内的大多数 STL 容器。例如：

```
list<int> iList = {1, 2, 3, 4, 5];
```

创建和使用迭代器

STL 的许多模板都使用迭代器，从而一次访问一个列表元素(称为遍历)。迭代器外观和使用感受都像指针，尤其是它们还使用++，--和*操作符(虽然有区别)。用以下语法声明迭代器：

```
list<类型>::iterator 迭代器名
```

例如，以下语句声明一个列表和对应的迭代器：

```
list<string> LS;
list<string>::iterator iter;
```

现在就可以用 iter 遍历 LS 列表，因其基类型(string)一致。

STL 列表提供 begin 和 end 函数返回指向列表头尾的迭代器。用以下语句初始化迭代器：

```
list<string>::iterator iter = LS.begin();
```

下面是含 4 个元素的字符串列表 LS 的操作示意图。

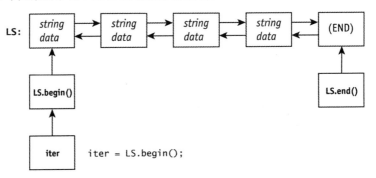

正确初始化的 iter 现在可像指针那样使用。递增操作符++使 iter 指向下一项。

```
++iter; // 在列表中前进一个元素
```

如下图所示，递增迭代器即可遍历列表，和数组的指针操作一样。

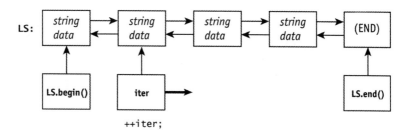

和指针一样，用间接寻址操作符(*)访问迭代器指向的数据：

```
cout << *iter << endl; // 打印指向的字符串
```

配合这些操作，用一个循环就可打印所有列表元素。注意 end 成员函数生成的迭代器指向最后一个元素之后的位置，而非指向最后一个元素本身。所以可用它作为循环条件。只要没有抵达 LS.end()，循环就继续。

```
iter = LS.begin();          // 从头开始
while (iter != LS.end()){    // 抵达 LS.end()就结束循环
    cout << *iter << endl;   // 打印字符串
    ++iter;                  // 跳到下一个
}
```

用 for 循环更简单：

```
for (iter = LS.begin(); iter != LS.end(); ++iter) {
    cout << *iter << endl;
}
```

C++11/C++14：for each

第 4 章提到基于范围的 for，用它打印列表项更简单。迭代器都用不上。

C++14 ▶ 下一段限定 C++14 编译器。(事实上，C++11 就引入了该功能，只是 Microsoft 等厂商花了些时间才正式支持。)

下面介绍如何用基于范围的 for 打印列表，第 17 章会更深入介绍。以下代码适合任何 STL 容器(含所有列表容器)，修改一下名称 LS 即可。

```
for (auto x : LS) {
    cout << x << endl;
}
```

比较指针和迭代器

你现在知道为什么我说迭代器像迭代器。STL 类的设计者故意使其外观和感觉像指针，以便和 C++语言的其他部分配合。重用前缀和后缀递增操作符(++)很方便，一看就知道作用是什么，用间接寻址操作符(*)也是这个意图。这一切都是基于 C++的操作符重载语法。

但迭代器和普通指针本质上还是有所区别的，也可将后者理解成"原始"指针。后者不会制止无效内存访问，所以使用需谨慎。

迭代器则可放心使用，它是安全的，而且是故意设计成如此。程序可尝试将迭代器移过容器边界，这不会产生什么严重后果，只是迭代器无法访问容器中的数据罢了。失去控制的指针可能覆盖和破坏整个系统的内存，但迭代器碰不了它不该碰的任何东西。

例 13.1：STL 有序列表

现已掌握了写一个有序列表程序所需的迭代器和列表语法。等下你看到程序有多短，就知道程序员有多爱 STL。开始之前注意，STL 列表类提供了内建的 sort 函数(还有其他许多函数)：

　　LS.sort(); // 按字母顺序对列表排序

注意 ▶ 为支持列表的 sort 函数和其他成员函数，列表的基类型必须为小于操作符(<)、赋值操作符(=)和相等性测试操作符(==)定义合理行为。string 类自然已定义了这些行为。如未定义这些操作符，某些列表成员函数就可能无法使用。

以下是完整程序。

alphalist2.cpp

```cpp
#include <iostream>
#include <list>
#include <string>
using namespace std;

int main()
{
    string s;
    list<string> LS;
    list<string>::iterator iter;
while (true) {
```

```
            cout << "输入字符串(直接按 ENTER 退出): ";
            getline(cin, s);
            if (s.size() == 0) {
                break;
            }
            LS.push_back(s);
        }
        LS.sort(); // 排序

        for (iter = LS.begin(); iter != LS.end(); iter++) {
            cout << *iter << endl;
        }
        return 0;
    }
```

工作原理

这个短小精悍的程序允许用户输入任意大小的任意数量的字符串(仅受系统本身的物理限制)。输入完毕后，程序按字母顺序打印所有字符串。例如，假定输入：

```
John
Paul
George
Ringo
Brian Epstein
```

程序将打印这些名字排好序的结果：

```
Brian Epstein
George
John
Paul
Ringo
```

大多数程序逻辑都是以前见过的。main 中的半数语句都在提醒用户输入，并用 LS.push_back() 在列表尾添加一个字符串。和往常一样，如用户不输入而直接按 ENTER，会造成一个长度为零的字符串，表示"我结束了"。

```
while (true) {
    cout << "Enter string (ENTER to exit): ";
    getline(cin, s);
    if (s.size() == 0) {
        break;
```

```
        }
        LS.push_back(s);
    }
```

类真正强大的地方在于对 sort 的调用，这是一个强大的成员函数。

```
    LS.sort();
```

最后用迭代器(iter)打印所有成员。

可用 STL 迭代方便地写用于"打印所有成员"的函数。特别是，当迭代抵达 LS.end()
时，表明迭代已移过了列表最后一个元素，工作完成。

相反，如 iter != LS.end()成立，表明列表尚未完全处理，所以工作应该继续。

```
    for (iter = LS.begin(); iter != LS.end(); ++iter) {
        cout << *iter << endl;
    }
```

 ## 连续排序列表

上一节的方案唯一的问题在于，只在所有元素插入列表后才开始排序。小程序无所谓，你
永远注意不到有什么区别。但对于相当长的列表(比如几百万个元素)，排序时间会相
当长。

大型数据库更好的方案是始终维持数据的排序状态。每个新元素都添加到它的正确排序位
置。第 12 章创建的二叉树就是如此。

维持列表的连续排序状态不难。不是用这个语句添加字符串：

```
    LS.push_back(s);
```

而是每次添加元素时都使用以下语句。这些语句首先判断正确的字母顺序位置。然后，
insert 函数在迭代器指向的元素前插入一个新元素(本例是一个字符串)。

```
    for(iter = LS.begin(); iter != LS.end() && s > *iter;) {
        ++iter;
    }
    LS.insert(iter, s);
```

为什么这么简单？一个原因是和之前一样，`iter != LS.end()`作为测试条件太好使了。由于 `LS.end()`对应最后一个元素之后的位置，所以可循环测试从头到尾(含)的每个元素。最后一个元素不必作为特殊情况处理。

使这个循环如此简单的另一个原因是 STL `insert` 函数非常健壮；它在情况不好的时候也具有正确的行为，这进一步避免了处理特殊情况的必要。以空列表为例，这时 `insert` 函数只是将 s 作为第一个元素添加。

如果迭代器(iter)都到末尾了还是没找到插入点怎么办？这时 `insert` 函数所做的事情正是你希望的：将 s 添加到列表末尾，正好在 `end` 之前。也就是说，正好在最后一个元素之后。

但有时就连这样的有序列表也不太理想。对于超大数据集合，程序经常检索包含上千万个元素的列表并不是什么好事。例如，如果平均要检索 500 万个元素才能定位正确的插入点，那么代价相当高昂。相反，第 12 章的二叉树例子能实现几乎瞬时的存取速度。那一章的 Btree 类创建了一个基本二叉树。更高级的二叉树在 STL 中通过 map 和 set 模板提供。(不过，建议试着写自己的二叉树，中间乐趣多多！)

 练习

练习 13.1.1. 修改例 13.1，使用一个连续排序列表(如刚才所述) 。

练习 13.1.2. 修改例 13.1，使用一个连续排序列表，但元素按相反的顺序。

练习 13.1.3. 修改例 13.1 来报告列表大小。可写代码统计迭次数，也可调用模板类的 `size` 函数，语法是 `list.size()`。

练习 13.1.4. 用列表模板写程序来获取任意数量的浮点数作为输入。都添加到列表，并通过遍历列表来报告以下信息：最小数；最大数；总和；平均数。不用列表或数组能否实现？归根结底，为什么想到用列表呢？

13.2 设计 RPN 计算器

不，这不是 Registered Practicing Nurses(注册执业护士)计算器，而是出我的 Reverse Polish Notation(RPN，逆波兰记法)计算器。它获取任意复杂度的一个输入行，分析它，并执行所有指定的计算。

听起来好难，而且老实说一般只有大学 CS 课程才会关注该项目。但有了 STL 和来自标准 C++库的 strtok 函数，大多数工作其实已经完成了。

RPN 最优美的地方在于能无歧义地指定数学和逻辑表达式，避免了使用圆括号的必要。它的语法只有两条规则：

    表达式 → 数值字面值
    表达式 → 表达式 表达式 操作符

该记法的意思是：要求值的每个表达式要么是一个简单数字(最简形式)，要么是两个表达式后跟一个操作符。从中看到递归的优美吗？较小的表达式可在较大的表达式中重新合并，从而实现任意复杂度。

如果还没有 get 到这一点，不要慌张，稍后还会详述。最明显的是，RPN 记法可对下面这样的东西求值：

    2 3 +

意思是"2 和 3 相加"。结果是 5。可完美地套入"*表达式 表达式 操作符*"。2 和 3 各自都是数值字面值，是有效表达式，且后跟一个操作符(+)。目前是不是一切顺利？再来看一个较复杂的表达式：

    2 3 + 17 10 - *

真正理解 RPN 后，这个表达式不在话下。一个表达式可由任意两个操作数后跟一个操作符构成。重点在于，操作数本身可以是表达式。换言之，可在表达式中的表达式中构造表达式……嵌套层数随意。

注意最靠近操作数的操作符具有最高优先级。2 3 +是有效表达式，17 10 -也是。这两个表达式后跟一个乘法操作符(*)，从而构成一个大表达式。

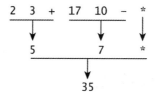

最终求值结果是 35。该 RPN 表达式等价于以下标准记法(也称为中缀记法)的输入行：

    (2 + 3) * (17 - 10)

标准记法的缺点在于它严重依赖于圆括号，RPN 则无此问题。

顺便说一句，为了语法的完整性，下面列出了支持的操作符。

```
operator → +
operator →*
operator → -
operator → /
```

这意味着操作符可以是+，*，-或/。

还可在一行中用 OR 表示上述语法。注意 OR 没有加粗，意味着"OR"不是字面值。

operator → + OR * OR - OR /

下面列出了 RPN 的更多例子，都采用标准算术记法。

```
2 10 5 4 - / +              // ==> 2 + (10 / (5 - 4))
1 2 3 * * 10 9 - +          // ==> (1 * (2 * 3)) + (10 - 9)
5 3 - 15 *                  // ==> (5 - 3) * 15
```

 花絮　波兰记法简史

波兰记法由著名哲学家、教授和逻辑学家扬·武卡谢维奇(Jan Łukasiewicz)发明。虽然在大多数国家都不太出名，他对于 20 世纪初的公理逻辑有着杰出的贡献。1920 年，教授创建了一个方案从逻辑表达式中移除对圆括号的需要，使其更简洁。该方案同样适合数学。为了向自己的国籍致敬，他将其命名为波兰记法。在他的版本中(可以称为正波兰记法)，操作符是前缀，例如：

```
+ 2 3
```

20 世纪 60 年代初，计算机科学家鲍尔和迪克斯特拉(F. L. Bauer 和 E. W. Dijkstra)发明了一个类似的方案，但把操作符作为后缀而不是前缀。他们将其命名为逆波兰记法，以纪念它的创始人。

逆波兰记法(Reverse Polish Notation，RPN)在 70 年代和 80 年代逐渐普及，主要运用于手持科学计算器。如本章所述，RPN 在基于栈的计算系统上很容易实现。RPN 目前仍是一些编程语言(比如 PostFix)的基础。

那么，计算机能实现正波兰记法吗？能，但要难得多，因为在读一个操作符的时候还不知道它应用于什么。要写一个正波兰解释器，最好的方案是将所有项(token)都读入一个列表，再反转列表！

为 RPN 使用栈

本书之前已讲到了**栈(stack)**的概念。最开始接触的是用于存储局部变量、实参和返回地址的"栈"。然后，第 12 章讲到了为汉诺塔问题设计的自定义栈。这是一个特殊栈，它做的事情比较专业：跟踪空白(盘)。例如，对于一叠 5 盘的汉诺塔，如某一塔(一个栈)只有两个最小的盘，没有其他盘，那么该栈可表示成{0, 0, 0, 1, 2}。

STL 提供了一个常规栈类来做和其他栈相同的事情。STL 栈是一个简单的后入先出(LIFO)机制。

下面描述了如何实现 RPN 计算器。同样是下面这个输入行：

```
2 3 + 17 10 - *
```

如何解决它？常识告诉我们两件事情：首先，当程序读取一个数字时，必须保存下来供以后使用；其次，当程序读取一个操作符时，应执行一个操作，对两个操作数执行数据处理并保存结果。

所以，我们的策略如下。

1. 程序读取数字时，把它压入(push)栈顶。
2. 程序读取操作符(+，*，-或/)，从栈中弹出(pop)两个值，计算结果，再将结果压回栈。由于是后入先出，所以操作符绑定的是它前面最靠近的两个表达式，这正是我们想要的。

下面来看看具体如何处理输入行 2 3 + 17 10 - *。

首先，这个算法读取数字 2 和 3，入栈。下图中，sp 是代表栈顶的栈指针(stack pointer)。STL 没有提供该指针的访问方式，但它有助于理解。

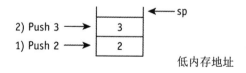

如下图所示，接着读取一个加号(+)。两个数字出栈，执行加法运算，结果入栈。

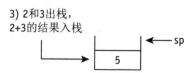

如下图所示，然后读取两个数字 17 和 10，压入栈顶。

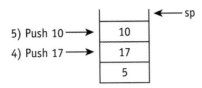

如下图所示，接着(很快就好了)，算法读取下一个操作符(–)。同样两个数字出栈，执行计算，结果入栈。

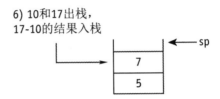

如下图所示，最后，算法读取一个乘法操作符(*)。最后一次两个数字出栈，执行乘法运算，结果入栈。

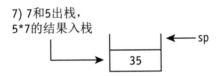

最终结果 35，正确！

常规 STL 栈类简介

上一节演示了如何用一个简单的存储数字的栈机制来实现逆波兰记法计算器。现在介绍在程序中使用的 STL 栈。

为使用栈模板，需添加以下指令来开启对它的支持：

    #include <stack>

然后,，就可采用和 STL 列表相似的语法创建一个常规的栈机制：

    stack<*类型*> *栈名*;

记住，和列表模板一样，除非事先包含一个 using namespace std;语句，否则 std::前缀是必须的，即 std::stack。

下面是一些栈的例子：

```
#include <stack>
using namespace std;
...
stack<int>        stack_of_ints;
stack<Fraction>   stack_of_Fraction_objects;
stack<double>     xStack;
```

每个语句都建一个空栈。插入元素要用 push 成员函数。下表总结了常用的 stack 成员
函数。

栈类函数	说明
stack.push(data)	将数据(具有栈的基础类型)压入栈顶
stack.top()	从栈顶返回数据但不删除；删除要用 pop
stack.pop()	删除栈顶项(但不返回它的值)
stack.size()	返回栈中当前所有项的数量
stack.empty()	空栈返回 true；否则返回 false

用栈类将数据压入栈顶很简单：

```
stack<int> stack_of_ints;
...
stack_of_ints.push(-5);
```

但 STL 栈的设计是将"出栈"操作分为两步，所以为实现"返回栈顶项并删除"，需同
时执行 top 和 pop 两个操作：

```
int n = stack_of_ints.top();   // 拷贝栈顶项
stack_of_ints.pop();           // 删除栈顶项
```

例 13.2：逆波兰计算器

以下程序仅一页代码，对于计算复杂表达式的一个程序，篇幅显然很小。strtok 函数完
成了对输入进行解释的大部分工作，STL 栈类 num_stack 则完成了数字入栈/出栈的大部
分工作。[1]

---

[1] 译注：Visual Studio 目前将 strtok 函数定义为不安全函数。要继续使用该函数而不报错，方案
是在项目属性对话框中编辑预处理器定义，添加_CRT_SECURE_NO_WARNINGS 这一行。

```cpp
rpn.cpp

#include <iostream>
#include <cstring> // 使用旧式 cstring 以便使用 strtok 函数.
#include <stack>

using namespace std;
#define MAX_CHARS 100

int main()
{
    char input_str[MAX_CHARS], *p;
    stack<double> num_stack;
    int c;
    double a, b, n;

    cout << "输入 RPN 字符串: ";
    cin.getline(input_str, MAX_CHARS);
    p = strtok(input_str, " ");
    while (p) {
        c = p[0];
        if (c == '+' || c == '*' || c == '/' || c == '-') {
            if (num_stack.size() < 2) {
                cout << "错误: 操作数不足或操作符太多. " << endl;
                return -1;
            }
            b = num_stack.top(); num_stack.pop();
            a = num_stack.top(); num_stack.pop();
            switch (c) {
                    case '+': n = a + b; break;
                case '*': n = a * b; break;
                case '/': n = a / b; break;
                case '-': n = a - b; break;
            }
            num_stack.push(n);
        }
        else {
            num_stack.push(atof(p));
        }
        p = strtok(nullptr, " ");
    }
    cout << "答案是: " << num_stack.top() << endl;
    return 0;
}
```

 **工作原理**

和往常一样，程序以#include 指令开头。注意用**<stack>**开启对 STL 栈模板的支持。

```
#include <stack>
```

这样就可创建任何基类型的栈。这里要用什么类型？

明显是 double 浮点类型，因为没理由限制用户只能输入整数。我们想执行 **1.4** 加 **2.345** 这样的计算。下个语句创建一个 double 栈。

```
stack<double> num_stack;
```

接着，程序从用户获取一行字符串输入并开始分解。如第 8 章所述，strtok 函数是分解字符串的“好手”，它在输入字符串中查找第一个 token (一个字或项)。strtok 的第一个参数是输入字符串，第二个参数是作为 token 分隔符(定界符)使用的字符(可以是多个字符，这里是空格)。

```
p = strtok(input_str, " ");
```

函数返回一个指针，指向包含第一个 token 的一个子字符串。注意，为了正确工作，每一项都必须由一个或多个空格分隔，其中包括操作符。例如，以下输入能正确工作：

```
2 3 + 17 10 - *
```

但以下输入不能正确工作：

```
2 3+ 17 10-*
```

虽然这个输入本应合理，但需要自己写更高级的词法分析器。C++14 库包含对正则表达式的支持，可用来进行“分词”(tokenizing)，但那属于高级主题。

strtok 在调用一次后可再次调用，并指定 nullptr 作为第一个参数，表示“从刚才使用的输入字符串中获取下个 token”。换言之，nullptr 参数可用于获取下个 token，再下个，以此类推，不需要从头查找。

程序在主循环底部执行该函数调用。

```
p = strtok(nullptr, " ");
```

注 意 ▶ 从 C++11 开始支持 nullptr 关键字。如果编译器比较老，可改为 NULL。

主循环一直处理下一个 token(只要有)。拿到一个 token 后，首先判断它是不是操作符(+,
*, -或/)。如果是，就做几件事情。第一件事情是确保栈上至少有两项。这很重要，因为
对空栈执行出栈操作，STL pop 函数会进入"阴阳魔界"并造成严重问题。为防止出问
题，程序用一个短的错误检查小节打印错误消息并退出。

```
if (num_stack.size() < 2) {
    cout << "Error: too many ops." << endl;
    return -1;
}
```

对操作符做的第二件事情是让两个数字出栈。分别放到变量 b 和 a 中。记住，栈后入先
出，所以必须考虑顺序问题。

```
b = num_stack.top(); num_stack.pop();
a = num_stack.top(); num_stack.pop();
```

使用 STL 栈类，出栈操作要分两步走，即先 top 再 pop。这两个成员函数分别负责出栈
的一部分操作。

对操作符做的第三件事情是执行指定计算并使结果入栈。程序使用了第 3 章讲过的
switch-case 逻辑。取决于操作符是+, *, /还是-，程序跳转到对应的 case 语句，执
行计算并从 switch 块退出(break)。

```
switch (c) {
    case '+': n = a + b; break;
    case '*': n = a * b; break;
    case '/': n = a / b; break;
    case '-': n = a - b; break;
}
```

计算完成后，结果(n)入栈。

```
num_stack.push(n);
```

这就完成了对操作符的所有处理。如果分解出来的项不是操作符，要做的事情就简单多
了。只需将其转换成浮点数，入栈即可。

```
num_stack.push(atof(p));
```

如果该项不是有效数字怎么办？例如，如果是字母呢？问题不大，atof 会返回 0，对 0
进行运算是可以的(只是不要除以它)。

练习

练习 **13.2.1.** 扩展例 13.2 的 RPN 计算器，添加对一元操作符#的支持，它默认计算倒数。例如，x 的计算结果是 1/x。记住之前的四个操作符全部都是二元操作符，需获取两个操作数。但一元操作符的语法如下：

表达式 → 表达式 一元操作符

练习 **13.2.2.** 添加^操作符来执行一元取反，即反转操作数的正负号。

练习 **13.2.3.** 修改程序，反复提示用户输入下一个算式，直到直接按 ENTER 键输入一个空行来退出。也就是说，持续提示输入，作为 RPN 解释，打印答案，直到用户想要退出，而不是像以前那样运算一次就退出。顺便说一下，每次开始新的运算之前都要将栈清空。

13.3　正确解释尖括号

尖括号(<和>)在 C++中具有多重意义，所以大量运用模板时可能出现歧义。以下声明存在 C++语法问题：

```
list<stack <int>> list_of_stacks;
```

这里本应创建一个栈列表。这完全是允许的，C++本来就允许创建包含容器类的容器类。不管多复杂，都是有效的。

但在本例中，传统 C++遭遇了语法上的挑战。一般将连续两个右尖括号(>>)解释成右移位操作符，这造成了语法错误。顺便说一下，在 cin 等对象中，同一个操作符被重载为数据流入操作符。

所以在传统 C++中，需在两个右尖括号之间插入空格，这样才能正确解释。

```
list<stack <int> > list_of_stacks;
```

不过 C++11 和后续版本就不需要添加这个空格了，现在能根据上下文正确解释连续两个右尖括号的语义。

小结

- 启用列表模板需要使用以下 include 指令:

  ```
  #include <list>
  ```

- 每次使用 list 这个名称都要限定为 std::list。当然,除非在程序中添加了以下 using 语句:

  ```
  using namespace std;
  ```

- 用以下语法声明列表容器:

  ```
  list<类型> 列表名
  ```

- 创建好列表后,用 push_back(列表末端)和 push_front(列表前端)添加相应类型的项:

  ```
  #include <list>
  using namespace std;
  ...
  list<int> Ilist;
  Ilist.push_back(11);
  Ilist.push_back(42);
  ```

- 创建迭代器来访问列表成员。迭代器不是指针,但使用了几个一样的操作符。例如:

  ```
  list<int>::iterator iter;
  ```

- 利用列表的函数 begin 和 end 遍历所有项。例如,以下代码打印列表的每一项,一项一行。

  ```
  for (iter = Ilist.begin(); iter != Ilist.end(); i++)
      cout << *iter << endl;
  ```

- 和列表类一样,用一个#include 开启对后入先出(LIFO)栈类的支持:

  ```
  #include <stack>
  using namespace std;
  ...
  stack<string> my_stack;
  ```

- push 函数将一项压入栈顶。

  ```
  my_stack.push("dog"); // 压入栈顶
  ```

- 要从栈顶弹出一项(出栈)，需同时调用 top 和 pop 函数。

  ```
  string s = my_stack.top();      // 返回栈顶的项
  my_stack.pop();                 // 删除栈顶的项
  ```

- 对空栈执行出栈操作是严重错误，所以务必事先调用 size 或 empty 函数来检查。

第 14 章

面向对象的三门问题

对悖论和谜题有兴趣吗？本章将要运用面向对象的解题法来攻克现今最有趣的谜题之一。

通过研究本章的示例程序，你将掌握如何解决现今最令人困惑、最著名的一个悖论，一点都不夸张。在此过程中，将学习如何通过 C++面向对象语法来解题。

本章探索了计算机最有趣的应用之一。许多问题是口说无凭的，这时可用计算机程序来模拟，看看实际会发生什么。相比一堆人永远争吵不休，用事实来打脸是不是更好一些？

14.1　逻辑推理

20 世纪 60 年代美国最火的一个电视游戏节目是 *Let's Make a Deal*，主持人是具有超凡魅力的蒙提·霍尔(Monty Hall)。从这个节目起，"蒙提霍尔"这个名字永远和这个节目以及所产生的逻辑悖论联系在一起。

该悖论(具体逻辑在本章后半部分探讨)其实并非真的来自 *Let's Make a Deal*，而是来自一直没有播出的一个构思中的游戏节目[1]。蒙提·霍尔自己都承认，这个构思的节目和实际播出的 *Let's Make a Deal* 存在差异。这对我来说很好，因为避免了侵犯知识产权。

所以不是模拟有版权的 *Let's Make a Deal*，我们准备玩一个名为 *Good Deal, Bad Deal* 的虚拟游戏。主持人不是蒙提·霍尔，而是一个名叫蒙提·施马尔(Monty Schmall)的家伙。

游戏思路如下：蒙提要求参赛者从三扇门中挑选一扇，每扇门后都有奖品。不是所有奖品都有价值。其中两个是安慰奖，只值几块钱的东西。只有一扇门背后是大奖，比如，主持人激动地宣布："一辆新车！"

---

[1] http://t.cn/zT2LGdK。

有意思的地方到了：在参赛者做出初始选择后，蒙提·施马尔打开一扇关闭的门。当然，门背后是安慰奖。

向参赛者打开这扇"坏"门后，蒙提问了另一个问题。现在还剩两扇门：一扇是最开始选的，另一扇是参赛者没选的，背后有什么未知。蒙提问："要不要换另一扇仍然关上的门？"

例如，假定参赛者最初选择 1 号门，2 号门打开发现后面是安慰奖，他现在应该坚持 1 号门，还是换成 3 号门？

许多人(包括许多博士和其他学者)都认为 1 号门和 3 号门中大奖的概率都是 50%。换门并不能提高中奖概率。

但所有这些人都错了。为理解背后的原因，我们准备写一个程序来模拟游戏节目，看看会发生什么。下面总结了规则。

1. 三扇门中，随机一扇门后是大奖。其他两扇门后是安慰奖。

2. 参赛者做出初始选择，但先不告诉他是否中了大奖。

3. 蒙提随即打开参赛者未选择的一扇门，后面是安慰奖。如参赛者最初选中大奖，蒙提(或者他的制片人)必须在剩余两扇门中随机选择一扇，因为两者后面均是安慰奖。

4. 打开这扇门后，现在剩下两扇门：参赛者最初选择的，和另一扇尚未打开的。蒙提问："你要坚持最初的选择，还是换一扇门？"现在，你是坚持 1 号门(假定这是最初的选择)，还是换到 3 号门？

14.2　电视节目(面向对象版)

建模现实世界的对象时，运用面向对象的编程方式很有趣。假设你就是蒙提·施马尔，是电视节目 *Good Deal, Bad Deal* 的主持人兼制片人。但你不能什么事情都自己做，需要将任务委托给员工。运用面向对象的方式，需要确定重要的数据是什么，以及如何处理它们。本例主要有两组数据：

- 大奖和安慰奖列表
- 门的状态，包括有大奖的那扇门的标识以及要先打开哪扇门进而将其排除

所以需要管理奖品数据和与门相关的数据。作为制片人，你将数据管理委托给两名助理制片人。如下图所示，可为其创建两个类：PrizeManager 和 DoorManager。

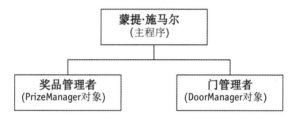

在面向对象中，类和对象是"一对多"关系。但本例每个类仅一个对象。每个对象的行为都类似于一名助理制片人。

```
PrizeManager prize_mgr; // 创建对象
DoorManager class_mgr;
```

PrizeManager 类的设计很简单。如下图所示，包含一个构造函数和两个公共函数。奖品列表本身作为成员函数中的局部数据来维护。

DoorManager 的工作要复杂一些。首先，该制片人必须判断哪扇门是大奖(需保密)，其他两扇门是安慰奖。然后，根据参赛者选择的是哪扇门，判断开启哪扇门来露出安慰奖，另

一扇门作为备选门。

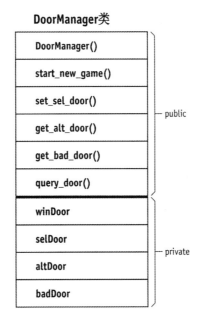

DoorManager类

| DoorManager() |
| start_new_game() |
| set_sel_door() |
| get_alt_door() |
| get_bad_door() |
| query_door() |
| winDoor |
| selDoor |
| altDoor |
| badDoor |

成员看起来很多，但整个过程是相当直观的。下面列出所用的函数。

- start_new_game 函数判断三扇门中哪一扇是大奖门(0，1 或 2)，虽然对于类的用户来说，这些门在外部表示成 1，2 和 3。
- 参赛者(即用户)选择一扇门后，蒙提调用 set_sel_door 函数登记该选择。DoorManager 利用该信息判断备选门(altDoor)和"坏"门(badDoor)，后者将被蒙提打开并公布安慰奖。
- 参赛者做出最终选择后，蒙提调用 query_door 函数判断该选择是不是中了大奖。

如下表所示，必要的信息在内部用 4 个数据成员表示，每个都是值为 0，1 或 2 的一个整数(在类外转换成 1，2 和 3)。

数据成员	用途
winDoor	包含大奖门编号。DoorManager 对象在每次新游戏前随机选择该编号
selDoor	指定参赛者最初选择的门
badDoor	指定"坏"门，在参赛者做出最终选择前，该门被打开以揭示出安慰奖
altDoor	指定"备选"门。蒙提为参赛者提供坚持最初选择(selDoor)还是换到该门的机会

借助于制片人，蒙提·施马尔(用主程序表示)的工作其实相当简单。

例 14.1：PrizeManager 类

PrizeManager 类只包含两个公共函数：get_good_prize 和 get_bad_prize，很容易写。

prizemgr.cpp

```cpp
// 记得在程序中包含 string, cstdlib 和 ctime,
// 并添加 using namespace std;语句

class PrizeManager {
public:
    PrizeManager() { srand(time(NULL)); }
    string get_good_prize();
    string get_bad_prize();
};

string PrizeManager::get_good_prize() {
    static const string prize_list[5] = {
      "一辆新车!",
      "好多美元!",
      "欧洲游!",
      "一套夏威夷的公寓!",
      "和英女王喝茶!"
    };
    return prize_list[rand() % 5];
}

string PrizeManager::get_bad_prize() {
    static const string prize_list[8] = {
        "两周份的午餐肉.",
      "一箱烂鱼头.",
      "来自马戏团小丑的一次拜访.",
      "在小丑学校呆两周.",
      "一台用了十年的 VCR.",
      "一堂滑稽戏课程.",
      "来自小丑的一次心理分析.",
      "城市垃圾场一日游."
    };
    return prize_list[rand() % 8];
}
```

记住，get_good_prize 和 get_bad_prize 函数必须通过对象调用，因为它是类函数。

```
PrizeManager prize_mgr;
cout << prize_mgr.get_good_prize() << endl;
```

由于该类仅由两个函数及其局部变量构成，所以你可能奇怪为何需要一个类。可不可以不通过对象来调用，而是将两个成员函数变成全局函数来直接调用？

如果将来不想在该类添加任何数据成员，也是可以的。但本章稍后修订并增强该类时，你会发现类的组织结构更有用。

代码有个地方需要注意，它用关键字 static 和 const 来修饰字符串数组声明。没有这些关键字，每次调用函数，字符串字面值都会加载到局部变量内存(栈)中。作为局部变量，这些数组具有局部可见性；但由于是静态的，所以只加载到内存一次。

 优化代码

目前的设计有个缺点，就是两个数组的大小均为"硬编码"。必须人工检查才能准确判断大小。更糟的是，如增删元素，必须确保重新编码正确大小。否则，下面这行随机挑选奖品的代码会出现错误结果：

```
return prize_list[rand() % 8];
```

如果硬编码的数字(8)太小，有的奖品永远不会被选中。如果太大，程序会出错并退出(如果在 Microsoft Visual Studio 托管环境中)或出现更糟糕的结果。

所以，虽然刚开始做的工作要多一些，但最好还是让编译器自己判断数组大小。数组大小不要填，用 sizeof 操作符判断元素数量：

```
sizeof(prize_list) / sizeof(string)
```

意思是说：获取 prize_list 的总大小，除以一个 string 对象的大小。这样就得到元素数量。或许有更快和更简单的方式来获取数组大小，但目前这是 C++唯一支持的方式。

下面修订两个函数。优化后可随意增删字符串，数组大小总是自动纠正。

```
string PrizeManager::get_good_prize() {
    static const string prize_list[] = {
```

```
                "一辆新车!",
                "好多美元!",
                "欧洲游!",
                "一套夏威夷的公寓!",
                "和英女王喝茶!"
        };
        int sz = sizeof(prize_list) / sizeof(string);
        return prize_list[rand() % sz];
}

string PrizeManager::get_bad_prize() {
    static const string prize_list[] = {
        "两周份的午餐肉.",
        "一箱烂鱼头.",
        "来自马戏团小丑的一次拜访.",
        "在小丑学校呆两周.",
        "一台用了十年的 VCR.",
        "一堂滑稽戏课程.",
        "来自小丑的一次心理分析.",
        "城市垃圾场一日游."
    };
    int sz = sizeof(prize_list) / sizeof(string);
    return prize_list[rand() % sz];
}
```

 练习

练习 14.1.1. 写测试程序包含类声明并用它创建一个对象来测试 PrizeManager 类。调用对象的两个函数。设置一个循环来随机调用其中一个函数，直到用户输出 quit 命令。

练习 14.1.2. 修改 PrizeManager 的两个函数，添加你自己想到的字符串(大奖和安慰奖都要添加)。然后对函数进行必要的修改使之正确工作。(注意，为了使数组大小正确，既可手动修改大小，也可使用刚才描述的大小自动纠正技术。)

练习 14.1.3. 同一个奖连续出两次可能不太好。所以，添加两个数据成员来防止已由一个函数选中的奖在下一次函数调用中被再次选中。

例 14.2：DoorManager 类

DoorManager 的主要任务有两个，一是暗中选择大奖门；二是根据大奖门和参赛者选择的门来决定在游戏中途打开哪扇背后是安慰奖的门("坏"门)。

doormgr.cpp

```cpp
// 包含该类的程序应同时包含 cstdlib 和 ctime
class DoorManager {
public:
    DoorManager() { srand(time(NULL)); }
    void start_new_game();
    void set_sel_door(int n);
    int get_alt_door() { return altDoor + 1; }
    int get_bad_door() { return badDoor + 1; }
    bool query_door(int n) { return n == (winDoor + 1); }
private:
    int winDoor;
    int selDoor, altDoor, badDoor;
};

void DoorManager::start_new_game() {
    winDoor = rand() % 3;
}

void DoorManager::set_sel_door(int n) {
    selDoor = n - 1;
    if (selDoor == winDoor) {
        if (rand() % 2) { // 随机 true 或 false
            altDoor = (selDoor + 1) % 3;
            badDoor = (selDoor + 2) % 3;
        }
        else {
            badDoor = (selDoor + 1) % 3;
            altDoor = (selDoor + 2) % 3;
        }
    }
    else { // 否则(选中的门不是大奖门)...
              // 备选门肯定是大奖门!
        altDoor = winDoor;
        // 将{0, 1, 2}中不等于 selDoor 或 altDoor 的编号赋给 badDoor
        badDoor = 3 - selDoor - altDoor;
    }
}
```

 工作原理

和 PrizeManager 类一样，DoorManager 类也只有一个实例在程序中使用。思路很简单，用类创建对象，再用该对象调用成员函数。例如：

```
DoorManager door_mgr;
door_mgr.new_game();
```

DoorManager 是 C++类的一个好例子，因为它在内部维护一些核心数据。类的用户只能通过调用成员函数来访问那些私有数据。

之所以要这样设计，一个原因是简化计算，门在内部标识为 0，1 和 2，尽管在类外标识为 1，2 和 3。如参赛者挑选 3 号门，该门在对象内部将存储为 2 而不是 3。类的用户注意不到这种差异，他们只知道门的编号是 1，2 和 3，对类内部的工作机制一无所知。

DoorManager 对象负责选择"坏"门，也就是打开是安慰奖的那扇门。

假定参赛者最开始就选中了正确的门，这种情况的概率是 1/3。此时需在剩余两扇门中随机选择一扇作为"坏"门，另一扇作为"备选"门。

有几种方式来进行这种随机选择，但模算术最高效。MOD 3 运算(即% 3)取 0，1 或 2 作为输入，生成集合中的另两个数。例如，假定 selDoor 为 1，altDoor 和 badDoor 会被赋值 0 和 2(不一定是这个顺序)

```
if (rand() % 2) { // 随机 true 或 false
    altDoor = (selDoor + 1) % 3;
    badDoor = (selDoor + 2) % 3;
} else {
    badDoor = (selDoor + 1) % 3;
    altDoor = (selDoor + 2) % 3;
}
```

如下图所示，MOD 3 运算(%3)就像是使用一个特制的时钟，钟盘上只有一个指针和三个位置：0，1 和 2。可从任意数字开始移动指针来生成另两个数字。

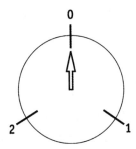

再来考虑参赛者最开始没有选中大奖门的情况，这种情况的概率是 2/3。在这种情况下，

蒙提准备打开的"坏"门肯定不是最开始选择的门。"坏"门也肯定不是大奖门。所以通过排除法，三扇门的归属都很好确定：altDoor 肯定是大奖门，因为它是符合规则的唯一可能。

```
// 备选门肯定是大奖门！
altDoor = winDoor;
// 将{0, 1, 2}中不等于 selDoor 或 altDoor 的编号赋给 badDoor
badDoor = 3 - selDoor - altDoor;
```

思路很重要，所以让我们再捋一遍。记住当前要处理是参赛者所选的门(selDoor)不是大奖门的情况。DoorManager 可在参赛者做出选择好马上检测到这种情况并做出以下推断。

- selDoor 不是大奖门(刚才已假定过了)。
- 根据定义，badDoor 不是大奖门。
- 剩下的就是大奖门，而 altDoor 不可能和 selDoor 或 badDoor 一样。所以，作为现在唯一剩下的门，它肯定就是大奖门。

最后一行代码的原理如下(同样处理的是所选的门不是大奖门的情况)：DoorManager 使用 selDoor(参赛者选择的门)和 altDoor(向参赛者展示的备选门)的值来计算 badDoor 的值。我们知道三个变量的值为 0，1 和 2 且绝不重复。所以，三个变量之和肯定为 3。

```
selDoor + badDoor + altDoor = 3
```

运用小学代数即可求得 badDoor 变量的值：

```
badDoor = 3 - selDoor - altDoor
```

通过简单的代数运算即可获得 badDoor 的值，因为目前程序已确定了另外两个变量的值。

 练习

练习 14.2.1. 如本例不是采用面向对象方式，而是将 DoorManager 类作为一系列单独的数据声明和函数来实现，程序将面临什么风险？为什么蒙提·施马尔节目可能出糗？

练习 14.2.2. 写程序测试 DoorManager 类，让用户反复进行初始选择，然后调用成员函数来获取 badDoor 和 altDoor 的值。最后用 query_door 函数判断参赛者是否选中了大奖门。打印所有这些结果。多运行几次程序判断结果是否符合游戏规则。

练习 14.2.3. 门值内部作为 0，1 和 2 来维护。类也可换用值 1，2 和 3，但这样 set_sel_door 函数中的 MOD 运算就会稍微复杂一些。修改所有类函数，内部将门作为 1，2，3 而不是 0，1，2 来存储。虽然某些代码会变复杂，但其他几个函数会变短，因为内外变得一致，不需要换算。(**提示**：MOD 运算时为确保值 1，2 和 3 正确工作，应先减掉 1，进行算术运算，最后加 1。)

例 14.3：完整蒙提程序

以下程序假定 PrizeManager 和 DoorManager 类已插入指示的位置。

```
monty.cpp
#include <iostream>
#include <cstdlib>
#include <ctime>
#include <string>
using namespace std;

void play_game();
int get_number();
PrizeManager prize_mgr;
DoorManager door_mgr;

int main()
{
    cout << "欢迎来到Good Deal, Bad Deal!" << endl;
    cout << "我是主持人蒙提·施马尔." << endl;
    string s;
    while (true) {
        play_game();
        cout << "再玩一遍? (Y 或 N): ";
        getline(cin, s);
        if (s[0] == 'N' || s[0] == 'n') {
            break;
        }
    }
    return 0;
}

void play_game() {
    string s;
    cout << "三扇门中选择哪一扇" << " (1, 2, 3)? ";
    int n = get_number();
    door_mgr.set_sel_door(n);
```

```
        cout << "在我打开这扇门之前,"
            << " 我想先打开一扇你没有选的门." << endl;
        cout << "在 "
            << door_mgr.get_bad_door() << " 号门后面是..."
            << prize_mgr.get_bad_prize() << endl << endl;
        cout << "现在, 你想从"
            << n << " 号门 " << endl << "换到 "
            << door_mgr.get_alt_door() << "号门吗? (Y 或 N): ";
        getline(cin, s);
        if (s[0] == 'Y' || s[0] == 'y') {
            n = door_mgr.get_alt_door();
        }
        cout << endl << "好吧, 你中了...";
        if (door_mgr.query_door(n)) {
            cout << prize_mgr.get_good_prize();
        }
        else {
            cout << prize_mgr.get_bad_prize();
        }
        cout << endl << endl;
}

int get_number() {
    string sInput;
    while (true) {
        getline(cin, sInput);
        int n = stoi(sInput);
        if (n >= 1 && n <= 3) {
            return n;
        }
        cout << "必须输入 1, 2 或 3. 请重新输入:";
    }
}
```

下面展示的是一个示例会话,用户输入加粗显示.记住,这是对一个虚构节目的模拟.所以很明显不包含真正电视节目的全部元素.

欢迎来到 Good Deal, Bad Deal!
我是主持人蒙提·施马尔.
三扇门中选择哪一扇 (1, 2, 3)? **3**
在我打开这扇门之前, 我想先打开一扇你没有选的门.
在 2 号门后面是...来自小丑的一次心理分析.

现在, 你想从 3 号门
换到 1 号门吗? (Y 或 N): **y**

好吧，你中了...一辆新车!!

再玩一遍? (Y 或 N): **N**

程序流程和真正的游戏一样(只是没有现场感)，而且还方便反复玩游戏并观察不同选择之下的结果。玩的次数够，就能体会到哪种策略最佳(2/3 概率中大奖)。

工作原理

理解了两个类的作用，主程序就很直观易懂。在 PrizeManager 类和 DoorManager 类已声明好的前提下，以下代码用类名创建两个对象，一种类型一个。

```
PrizeManager prize_mgr;
DoorManager door_mgr;
```

每个对象都负责一项重要工作，这样主程序只需负责用户交互。和大多数面向对象编程一样，这里用类来完成最繁重的工作。

即使本书只是讲基于字符的用户界面(UI)，和用户的交互也并非总是那么简单。例如，以下函数用于查询用户输入的是不是数字 1，2 或 3。不是会提示，直到输入正确为止。

```
int get_number() {
    string sInput;
    while (true) {
     getline(cin, sInput);
     int n = stoi(sInput);
     if (n >= 1 && n <= 3) {
         return n;
     }
     cout << "必须输入1, 2 或 3. 请重新输入:";
    }
}
```

注 意 ▶ 太老的编译器可能需要将 stoi 换成 atoi，前者从 C++11 才开始支持。将使用 stoi 的表达式换成"atoi(sInput.c_str())"。

练习

练习 14.3.1. 该程序的一处小缺陷是随机数种子被多次设置(通过调用 srand)，这明显低效。修改代码确保 srand 只被调用一次。

练习 **14.3.2.** 修改程序来维护一个决策计数(用户坚持第一扇门多少次，换门多少次)。用户退出时总结中大奖的概率：坚持第一扇门中大奖的百分比是多少？换门中大奖的百分比是多少？

练习 **14.3.3.** 修改程序只报告结果，不和用户交互。静默运行程序数千次来测试：第一，选择 1 号门而且不换门中大奖的概率？第二，选择 1 号门然后换门中大奖的概率？每扇门中大奖的概率一样吗？最开始选中一扇门，然后换或不换，总共有 6 种不同的玩法。每种玩法都静默模拟 1000 次。用表格形式报告结果。

蒙提霍尔悖论，门背后到底有什么？

1990 年，全球公认智商最高的女性玛丽莲·沃斯·莎凡特(Marilyn vos Savant)在她的 *Parade* 杂志专栏中，以答读者信的形式提出了蒙提霍尔问题。这是数百万读者第一次面临该问题。事实上，该问题最早应该是 1975 年由加州大学的史蒂夫·塞尔温(Steve Selvin)教授在给《美国统计学人》(*The American Statistician*)杂志的一封信中提到的。该谜题(或挑战)和本章展示的一样，只是我添加了一些搞怪成分。选择很简单。就两个选择：坚持第一扇门还是(在揭示出一个安慰奖后)换门。

几乎所有人最开始都以为不管换还是不换，中大奖的概率都是五五开。"坏"门被打开后只剩下两扇门，所以不管换还是不换，大奖概率都是 50%，对不对？

错。概率根本不等。玛丽莲·沃斯·莎凡特在她的专栏中试着解释了原因，但好多人都写信说她错了。她给出的正确答案是如果坚持最初的选择，中大奖的概率只有 1/3。但换门后机率会提高到 2/3。这比 50%高多了。

有许多办法可以证明，但当时的人们接受起来不容易。两扇门有什么区别？区别在于初始选择无情报支持，所以中大奖的概率只有 1/3。但剩下的选择("备选"门)有了情报支持，因为已排除一扇"坏"门。

想像画了三扇门的下面这幅图，任意门为大奖门的概率都是 1/3。

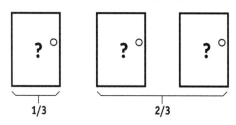

此时游戏还没有开始，没有任何情报，没有任何线索可以帮助判断，所以中大奖的概率显然是 1/3。

再来看看揭示出一个安慰奖后发生的情况。下图中，假定先选择 1 号门，再打开 2 号门并排除掉。此时 1 号门中大奖的概率不变，但 3 号门是正确选择的概率提高了，从 1/3 提高到 2/3，同时 2 号门是大奖门的概率从 1/3 下降为 0。

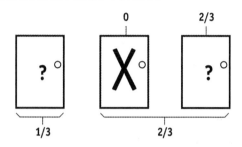

假定游戏改成总共 5 扇门(仍然有一扇门背后是大奖)，蒙提打开 3 扇"坏"门而不是 1 扇，那么理解起来会更容易。如下图所示，此时"备选"门为大奖门的概率为 4/5。

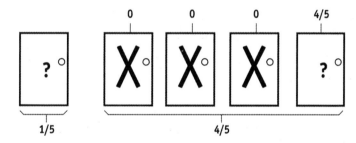

即使还不清楚，看本章的 C++ 代码就应该更清楚了。同样注意，用户一开始就中大奖的概率为 1/3，并一直保持这个概率。此时另两扇门的分配是随机的。但用户选择的第一扇门有较大的可能不是大奖门(概率为 2/3)。此时程序执行以下语句：

```
altDoor = winDoor;
```

这就是铁证，玛丽莲是对的！如选择的第一扇门不是大奖门(记住这种情况的概率为 2/3)，则程序将备选设为大奖门。所以逻辑上备选门中大奖的概率为 2/3。游戏最佳策略是在做出最终选择前总是换门。

读者或许会争辩所有这些都是我的设计而已。将 altDoor(备选门)设为 winDoor 的值，这是不是操纵了游戏？实情并非如此。altDoor = winDoor;这个语句是规则下的产物。基于前面列出的规则，只能这样写代码。

所以从纯逻辑上说，备选门肯定更有可能中大奖。

玛丽莲·沃斯·莎凡特的专栏文章后来因为"蒙提霍尔悖论"而成为传奇。之所以是"悖论"，不是因为答案，而是因为有太多的人认为答案太疯狂。它违背了人的直觉。但这只能证明直觉有时会和概率论的逻辑结果相冲突。

几周之内好多人(包括一些受人尊敬的学者)来信坚持她错了。他们是如此坚决，以至于严肃质疑她是否真的是全世界最聪明的人。其中至少有一封信留下了性别歧视的评论，认为只能男性才能合乎逻辑地解决问题。莎凡特夫人后来用连续三篇专栏文章捍卫她的论证。即使这样，也不足以说明所有人！

我觉得我在本章完成了一桩公益服务。如果你理解 C++ 并按本章描述的程序思考，就会找到证据来证明她是对的。如果仍然未被说服，试着模拟几千次游戏(练习 14.3.3)，最终，所有疑虑都会被打消。

改进 PrizeManager

本章的一个特色是奖品的多样性。其他版本的蒙提霍尔问题通常只设置一个大奖和一个安慰奖，例如一辆车(好)和一只羊(不好)。在我的版本中，一个搞怪成分是可能获得各种各样令人失望的奖品，比如来自小丑的拜访。大奖设置也很丰富，比如一套夏威夷的公寓或者和英女王喝茶。

但只有在极少数情况下，用户可能反复获得一样的奖品。奖品多样性对于以娱乐为主的游戏来说很重要。我们希望 PrizeManager 只选择以前没出现过的奖品(直到奖品列表耗尽)。

为实现该行为，一个好的办法是采用"洗牌发牌"方式，即从奖品列表中选择元素，直至用完所有元素，此时 PrizeManager 对象将自动"洗牌"(重置列表)。

洗牌算法在例 6.4 的简单发牌程序中介绍过。假定一个数组足够大，能容下所有奖品。洗牌后，从 0 到 N - 1 的每个索引在任何位置的概率均等。

```
For I = N - 1 Down to 2
J = Random 0 to I
Swap array[I] and array[J]
```

算法在正确编码后，会获取包含从 0 到 N - 1 的数字的一个数组(数字顺序任意)，生成包含同一套数字的新数组，每个数字都分配到随机位置。仔细分析算法可知，总有概率一个元素自己和自己交换，但这对性能的影响甚微，不值得花太多力气。(可添加语句来测试

I 和 J 是否相等，如果是，就不交换。)

以下代码展示了修改过的 `PrizeManager` 类，它能避免重复一样的奖品。要增加一些新的数据成员，比如每个数组都要准备一个递进索引。这样在抵达数组末尾时，就知道该"洗牌发牌"了。

注意，这些 C++代码使用了两套数组。奖品列表自身不进行"洗牌"。相反，每个奖品列表都由一个填充了索引编号的数组进行控制。`shuffle` 函数对该索引数组进行随机化处理，然后用该数组从奖品列表中选择。

Prizemgr2.cpp

```cpp
// 记得在程序中包含 string，cstdlib 和 ctime，
// 并添加 using namespace std;语句

class PrizeManager {
public:
    PrizeManager();
    string get_good_prize();
    string get_bad_prize();

private:
    int good_array[5];
    int bad_array[8];
    int good_index;
    int bad_index;
    void shuffle(int *p, int n);
};

PrizeManager::PrizeManager() {
    srand(time(NULL));
    for (int i = 0; i < 5; ++i) {
        good_array[i] = i;
    }
    for (int i = 0; i < 8; ++i) {
        bad_array[i] = i;
    }
    good_index = bad_index = 0;
    shuffle(good_array, 5);
    shuffle(bad_array, 8);
}
string PrizeManager::get_good_prize() {
```

```
        if (good_index >= 5) {
            shuffle(good_array, 5);
            good_index = 0;
        }
        static const string prize_list[5] = {
                "一辆新车!",
                "好多美元!",
                "欧洲游!",
                "一套夏威夷的公寓!",
                "和英女王喝茶!"
        };
        return prize_list[good_array[good_index++]];
}

string PrizeManager::get_bad_prize() {
    if (bad_index >= 8) {
        shuffle(bad_array, 8);
        bad_index = 0;
    }
    static const string prize_list[8] = {
            "两周份的午餐肉.",
            "一箱烂鱼头.",
            "来自马戏团小丑的一次拜访.",
            "在小丑学校呆两周.",
            "一台用了十年的 VCR.",
            "一堂滑稽戏课程.",
            "来自小丑的一次心理分析.",
            "城市垃圾场一日游."
    };
    return prize_list[bad_array[bad_index++]];
}

void PrizeManager::shuffle(int *p, int n) {
    for (int i = n - 1; i > 1; --i) {
        int j = rand() % (i + 1); // j = 0 到 i 的随机数
        int temp = p[i]; // 交换!
        p[i] = p[j];
        p[j] = temp;
    }
}
```

小结

本章旨在巩固面向对象概念，用实例演示其应用。但本章也引入(或强调)了几个新概念。

- 记住，面向对象的目的是实现模块化编程。对象就是你的助理或同事，你将任务委派给他们。他们各自能访问自己的个人信息并同意响应特定请求。

- 声明好类之后可以创建一个或多个对象。有的应用程序只需创建一个对象，够用就行。

  ```
  PrizeManager prz_manager;
  ```

- 类成员要么 public，要么 private(第 16 章会提到第三选择 protected)。某些数据私有会带来许多好处，尤其是当外部数据(比如 1 到 3 的数)必须转换成内部表示(比如 0 到 2)的时候。由于数据成员私有，所以类的用户无法直接访问并引用数据成员。这能防范许多错误。

- 取余操作符(%)为模算术提供了支持。模算术的一个常见应用是取集合中的特定数字(例如 0，1 或 2)，生成集合中的其他数字。

  ```
  doorAlt1 = (doorChoice + 1) %3;
  doorAlt2 = (doorChoice + 2) %3;
  ```

- 可用 sizeof 操作符让编译器判断数组大小。这使程序更容易维护，还消除了一个错误源。

  ```
  int sz = sizeof(my_array) / sizeof(*my_array);
  ```

- 人们有时会就一个问题发生争论。这时最好运行一次计算机模拟来平息争论。(当然，程序也得要服众。)

第 15 章

面向对象的扑克牌游戏

在内华达州拉斯维加斯，时刻都能听到悦耳的"叮-叮-叮"。这个声音来自过去所谓的"单臂强盗"(老虎机)，现在已经被电动扑克机取代。

感谢 C++，现在不花一分钱就能在自己的电脑上玩这款经典游戏。简单地说，游戏的每一轮都是抽一手牌，最后看输赢。

虽然不用面向对象也能写，但本章打算进一步演示面向对象编程，包括如何从函数返回对象，如何让对象显示自身，如何处理对象数组，以及如何使用 vector 模板(C++标准模板库最有用的组件之一)。

15.1 赢在拉斯维加斯

游戏目标是获得 5 张牌的最强组合。由于采用电动扑克中的"抽牌"(draw poker)玩法，所以有机会通过换牌来强化手上的牌。然后，取决于一手牌有多强，可以赢得从底注(不输不赢)到几百倍的赌注：头奖(Jackpot)！

在几乎所有形式的扑克牌游戏中，同点数的牌越多越好。4 张同点数的牌(四条)很强，赢面很大，但也很少见。2 张同点数的牌是一对，这种赢面就很小。虽然并非毫无价值，但至少不输不赢。两者之间还有三条，比一对好(赔率是两倍)，但跟四条完全没法比。

还有许多特殊牌型，都很容易理解。注意，在扑克牌游戏中，牌的顺序无关紧要。拿到下面任何一手牌，无论牌和牌之间的相对顺序如何，都是大牌。

- 葫芦(Full house)：三条加一对。例如 A-A-A-5-5 或 8-8-8-K-K。比四条小。
- 同花(Flush)：5 张牌皆属同一花色。比葫芦小。
- 顺子(Straight)：5 张牌连续。例如 J-10-9-8-7。即使排列为 9-7-8-10-J，仍然是顺子。比顺子小，比三条大。
- 两对(Two pair)：含义自明。比一对大，比三条小。

本章后半部分会解释如何写 C++代码来查看玩家的手牌并判断是否存在这些牌型。最终一手牌(抽牌之后)决定着你能赢多少。

懂扑克牌的人都知道一手牌可能同时出现顺子和同花，所以还需要添加以下两种非常特殊的牌型。

- 同花顺(Straight flush)：既是同花又是顺子的一手牌。例如，6-5-4-3-2，全红桃。顺序无关紧要。
- 同花大顺(Royal flush)：A-K-Q-J-10，均同一花色。这是所有手牌中除五条外最大的。但如果只用正牌，没有百搭牌不可能出现五条。同花大顺赢的钱最多，是同花顺中点数最大的子集。

为简化开发，我们按以下顺序逐渐完善扑克牌应用程序。

首先开发 Deck(牌墩/一副牌)和 Card(牌张/一张牌)类，建立起应用程序的基础。然后写主程序来实现游戏的最简单版本，用 Deck 和 Card 类来玩一轮，不重新抽牌。接着改进游戏，允许用户保留或重抽任意数量的牌，这和抽牌玩法一样。最后写另一个类 Evaluator(评估器)分析任意五张一组的手牌并报告其牌型：同花、四条、葫芦、一对……评估结果决定了能赢多少。

好了，是时候出发前往拉斯维加斯了。

15.2　怎样抽牌

虽然在本例中不是特别关键，但面向对象技术提供了极佳的问题分析手段。和前几章的例子一样，我们先问自己："程序中的主要数据是什么，怎样处理它们？"

面向对象在设计中之所以有用，是因为先确定大局，再在其中填充细节。那么，从常规的意义上说，电动扑克涉及到哪些东西？

首先是牌墩。电动扑克旨在模拟从一墩真正的牌中发牌，所以永远不可能连发 5 张黑桃A。维护和洗牌很容易，本书之前的章已介绍过基本技术。

另一种重要数据是单独的牌张。这是很小的数据单元，但数据量并不小，既有牌点(rank)，也有花色(suit)。后者还很重要，因为在涉及到同花的时候，要根据花色来判断是不是同花顺。可为这种简单的数据类型赋予一定"智能"，使其知道如何"打印自己"。

下图展示的是整个程序的概念控制流。主程序在 Deck 类上调用其函数 *deal_a_card()*

来创建 5 个 Card 对象，然后向每个对象发出指令："打印你自己。"

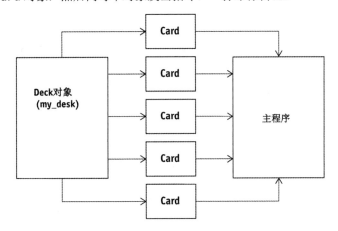

要设计并实现两个类。主程序很好写，难度不高于在拉斯维加斯的赌场喝一杯免费饮料。

Card 类最简单。它显然需要 rank(点数)和 suit(花色)这两个数据成员。防止从外部访问需把它们设为私有，从而只能通过成员函数来访问。但将这些数据私有化好处不大，所以这里允许直接访问。

该类最有意思的成员是函数。构造函数方便我们创建 Card 对象，这有时能节省一两行代码。display 函数虽然可以设计成全局函数，但由于和对象紧密联系，所以这里让它从属于类。简单地说，我们用更好的方式来组织事物，如下图所示。

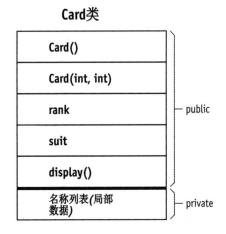

从概念上说，display 函数为每个 Card 对象赋予了"智能"，使其知道如何打印自身。

现在来看 Deck 类。它也不难写。

Deck 类的主要职责是在需要时洗牌，在类的用户面前隐藏该细节，并在需要时发一张牌。第 14 章最后的代码已执行了这些操作，第 6 章最后也演示了一个类似的例子。

Deck 类唯一比较新的是它的 **deal_a_card** 函数返回 Card 对象而不是整数。

Deck 类的结构如下图所示，仍然比较简单。本书学到这里，实现该类只是小菜一碟。

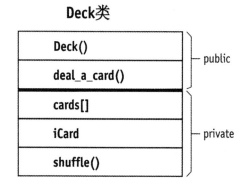

好了，理论知识足够多了，让我们详细分析两个类。

Card 类

Card 类基本上就是含有两个整数的一条数据记录，但它有一些额外的功能。前几章已见识了构造函数的强大。Card 类的构造函数也能帮我们减少一定编码量。

此外，该类支持一个 display 函数，为数据结构赋予了一定"智能"。以下是该类的C++代码，可以看出非常短。

```
card.cpp

// 记得在程序中包含 string,
// 并添加 using namespace std;语句

class Card {
public:
    Card() {}
    Card(int r, int s) { rank = r; suit = s; }
    int rank;
    int suit;
    string display();
};

string Card::display() {
```

```
    static const string aRanks[] = { " 2", " 3", " 4",
        " 5", " 6", " 7", " 8", " 9", "10", " J", " Q",
        " K", " A" };
    static const string aSuits[] = {
        "梅花", "方块", "红桃", "黑桃" };
    return aSuits[suit] + aRanks[rank] + ".";
}
```

字符串数组数据存储在两个局部变量中，这实际使其成为私有数据。如第 14 章所述，为效率起见，两者均声明为 static const。这样数据只在内存中加载一次，而不是每次调用函数都加载。

Deck 类

Deck 类比 Card 类复杂，但所做的事情仍然很简单。以下是代码清单。

deck.cpp

```
// 记得在程序中包含 string，cstdlib 和 ctime，
// 并添加 using namespace std;语句

class Deck {
public:
    Deck();
    Card deal_a_card();
private:
    int cards[52];
    int iCard;
    void shuffle();
};

Deck::Deck() {
    srand(time(NULL));
    for (int i = 0; i < 52; ++i) {
        cards[i] = i;
    }
    shuffle();
}

void Deck::shuffle() {
    iCard = 0;
    for (int i = 51; i > 0; --i) {
        int j = rand() % (i + 1);
```

```
        int temp = cards[i];
        cards[i] = cards[j];
        cards[j] = temp;
    }
}

Card Deck::deal_a_card() {
    if (iCard > 51) {
        cout << endl << "正在重新洗牌..." << endl;
        shuffle();
    }
    int r = cards[iCard] % 13;
    int s = cards[iCard++] / 13;
    return Card(r, s);
}
```

以前使用过类似的 C++代码。只是 deal_a_card 函数的返回类型是 Card 类，这意味着函数必须返回一个 Card 对象。

```
Card deal_a_card();
```

函数定义的最后一行返回的正是这种对象。本例是直接调用构造函数。

```
return Card(r, s);
```

类的核心功能是自动"洗牌发牌"。让我们复习一下洗牌算法。

For I 从 51 倒数至 1
  将 J 设为 0 到 I 的随机数
  交换 cards[I] 和 cards[J]

如此短小的算法能做这么多事情，这真令人惊叹！这里使用了在 C++中高度灵活的 for 语句。总是可以用它倒数或正数至一个值。

索引编号 51 是牌墩中的最后一个位置。代码的目的是将该位置和索引为 J 的位置交换，J 的范围是 0 到 51。意思是"和牌墩中的任何牌交换"。

下一次循环迭代将 I 设为 50(下一个最大索引编号)，J 设为 0 到 50 的随机数。意思是从牌墩剩余的牌中为该位置随机选择一张牌。第三次迭代从位置 0 到 49 中随机选择一张牌，如此反复。最后，每个位置都填充一张随机选择的牌。

注意，该算法总是执行交换，但偶尔 I 和 J 相等。

I 和 J 是否应该无脑交换(即使两者相等)？这是一个经典的优化分析问题。许多程序员会忽略该问题，但 C++程序员通常会予以重视。无脑交换 I 和 J，和频繁执行相等性测试相比，哪个更有效率？这要视具体情况而定。这里由于 I 和 J 是整数，所以不值得执行该测试。但如果 I 和 J 是更复杂的对象，可能更有效率的做法是执行测试，只在不相等的前提下才交换。

```
if (i != j) {
    int temp = cards[i];
    cards[i] = cards[j];
    cards[j] = temp;
}
```

最后记住，要使用类，必须先至少创建一个对象，并在该对象上调用函数。例如，以下第一个语句直接实例化 Deck 类来创建名为 my_deck 的对象。第二个语句用 my_deck 对象生成 Card 类的一个实例。

```
Deck my_deck;
Card crd = my_deck.deal_a_card()
```

好好利用现有的算法

第 13 章介绍了 C++标准模板库(STL)，它帮我们节省了好多时间和精力。STL 包含 list 和 stack 等集合模板，能作用于几乎任何基类型。除此之外，STL 还有一个很大的类别是算法，用于执行常见的编程任务。同样地，算法也能作用于几乎任何基类型。

注 意 ▶ 和 C++库的许多组件一样，所有 STL 算法都要求 std:: 前缀。但如果在程序中包含了 using namespace std;语句，就不需要添加这个前缀了。

只要程序用到了一个 STL 算法，就必须在程序开头添加#include 指令。

```
#include <algorithm> // algorithm 是算法的意思
```

其中一个较常用算法是 swap，作用是交换两个实参的值(只要两者的类型匹配)。如两者类型不匹配，算法会失败，因为交换行为会产生歧义。例如：

```
#include <algorithm>
using namespace std;
...
int lil = 1, big = 1000;
swap(lil, big);
cout << "big is now: " << big << endl;
```

使用 swap 必须添加一行#include <algorithm>指令，但这样就可以少写几行代码。

shuffle 函数现可简化为:

```cpp
void Deck::shuffle() {
    iCard = 0;
    for (int i = 51; i > 0; --i) {
        int j = rand() % (i + 1);
        swap(cards[i], cards[j]);
    }
}
```

还可进一步简化。random_shuffle(随机洗牌)也是 STL 的经典算法之一。该算法能完成 shuffle 函数的几乎所有工作,从而节省更多编码量。该算法假定程序已设定了一个随机种子。基于此前提,可像下面这样随机打乱某个范围内的元素。

```cpp
random_shuffle(beg_rage, end_range);
```

其中,beg_range 是指向集合(比如数组)范围起点的一个迭代器或指针,end_range 则指向范围终点。例如:

```cpp
void Deck::shuffle() {
    iCard = 0;
    random_shuffle(cards, cards + 52);
}
```

例 15.1:基础电动扑克游戏

这是游戏的最简单版本。不允许重新抽牌,也不能对手中的牌型进行判定。这些功能以后添加。

Poker1.cpp

```cpp
#include <iostream>
#include <string>
#include <cstdlib>
#include <ctime>
using namespace std;

// 在这里包含 Deck 类和 Card 类的声明和定义

Deck my_deck;
Card aCards[5];
void play_game();
int main() {
    string s;
```

```
    while (true) {
        play_game();
        cout << "再玩一遍? (Y 或 N): ";
        getline(cin, s);
        if (s[0] == 'N' || s[0] == 'n') {
            break;
        }
    }
    return 0;
}

void play_game() {
    for (int i = 0; i < 5; ++i) {
        aCards[i] = my_deck.deal_a_card();
        cout << i + 1 << ". ";
        cout << aCards[i].display() << endl;
    }
}
```

和本书其他某些例子一样，我写 main 函数来反复玩游戏，直到用户表示要退出。下面是一次示例会话。

1. 梅花 A.
2. 方块 10.
3. 黑桃 K.
4. 黑桃 3.
5. 红桃 A.
再玩一遍? (Y 或 N): N

这手牌包含一对，具体说是一对 A。除非是为了澄清或美观，否则牌的顺序不重要。在真正的扑克牌游戏中，完全可按此顺序将牌拿在手上并被判定为"一对"。俗话说："牌自己会说话"。意思是，即使持牌人没有将两个 A 放在一起，所有诚实的扑克牌玩家都会判定这手牌是"一对"。

虽然在这些问题上，不止一些河船赌徒[①]曾伸手拿枪，但牌自己会说话，不应该关排列的事。该原则在本章后面更重要，因为我们要教会电脑识别牌型。匹配的牌即使不放在一起，电脑也必须能正确识别。

----

① 译注：指 19 世纪时善于在险境中求生的高手。后来 20 世纪 70 年代，45 岁的乔恩·亨茨曼因花 4200 万美元成为壳牌万油公司最大的个人客户，获赠一座刻有"河船赌徒"的雕像。

工作原理

这个程序的大多数工作都由 Card 类和 Deck 类完成，主程序做的事情不多。程序创建 Deck 对象 my_deck，稍后将利用该对象发牌。

```
Deck my_deck;
Card aCards[5];
```

记住，为了获得一个 Card 对象，要调用 Deck 对象的 deal_a_card 成员函数。

```
aCards[i] = my_deck.deal_a_card();
```

程序将所发的每张牌都放到数组中，同时显示那张牌。

但为什么非要用数组？如以下代码所示，可以直接打印牌。代码看起来和例 15.1 相似，但没有对数组成员的引用。

```
void play_game() {
    for (int i = 0; i < 5; ++i) {
        Card crd = my_deck.deal_a_card();
        cout << i + 1 << ". ";
        cout << crd.display() << endl;
    }
}
```

下一节将开发抽取新牌的功能。新牌将取代玩家想放弃的牌，其他牌则予以保留。为此需要一个地方来容纳这些信息。这正是要使用数组的原因。

练习

练习 15.1.1. 看代码可知，在问"再玩一遍?"时，针对玩家的回答有一个默认行动。该默认行动是什么？

练习 15.1.2. 重写程序来消除该默认行动。换言之，要求用户只能输入 Y 或 N。如果不是，就反复询问。

练习 15.1.3. 重写程序，每发一手牌就重新洗牌。提示：可能要修改 Deck 类。

15.3　vector 模板

第 13 章介绍了 C++标准模板库(STL)提供的两个强力模板：`list` 和 `stack`。一个更强力的模板是 vector(向量)。类似于 `list` 和 `stack`，可创建任何基类型的一个向量。例如：

```
vector<int> vec_of_ints;
vector<string> vec_of_strings;
vector<double> vec_of_flts;
vector<Card> vec_of_objs;
```

向量在几乎所有方面都和数组相似，只是更强大。它能无限扩容，只受限于计算机的物理内存。

声明好向量后，可调用它的 push_back 函数来添加元素。例如：

```
vector<int> iVec;
iVec.push_back(10);
iVec.push_back(20);
iVec.push_back(30);
```

这会创建整数向量 `iVec` 并在其中容纳值 `10`，`20`，`30`。这类似于容纳了那些值的一个整数数组。还可像数组那样对向量进行索引：

```
cout << iVec[0] << " ";
cout << iVec[1] << " ";
```

第 13 章描述了如何通过迭代器访问 `list` 容器的元素。可用同样的方式访问向量的元素，但更简单的做法是像数组那样直接索引向量，调用 `size` 函数来获得长度。

```
for (int i = 0; i < iVec.size(); ++i) {
    cout << iVec[i] << endl;
}
```

上述代码创建并打印目前大小为 3 的一个向量。但任何时候都可添加新元素而不用担心超过大小限制，因为向量能根据需要增大。执行以下语句后，向量的大小变成 4。

```
iVec.push_back(55);
```

最后，向量非常好用的一个功能是可以随时清除其内容，将大小重置为 0。

```
iVec.clear(); // 删除内容，从头再来
```

从玩家获取数字

大多数程序都要考虑的一个重要问题是 UI(用户界面)。这里想获得什么样的用户体验？我们希望用户能从发的 5 张牌中选择保留任意组合，并且(其实是同一回事)能选择要放弃的任意组合。

一个办法是每张牌都问:

牌 1 想重新抽一张吗? **Y**
牌 2 想重新抽一张吗? **N**
牌 3 想重新抽一张吗? **Y**
...

但这太无聊了。最好是让用户在一行输入所有请求，例如(同样，用户输入加粗):

输入想放弃的牌的编号: **1, 3, 5**

但还能更好。数字间的逗号纯属多余，空格也是。牌的所有编号都只有一位: 1, 2, 3, 4 或 5。所以可连续输入:

输入想放弃的牌的编号: **135**

可用一种简单的方式实现这种输入系统。和 C 字符串一样，可索引字符串对象来获取独立字符。例如，可扫描字符串来获取并打印 1 到 5 的数位。

如第 8 章所述，对 C 字符串或 C++ string 对象进行索引将获得 char 类型的单个值。该值实际是数字，打印时会转换成对应字符。附录 E 的表 E.1 列出了 ASCII 字符码。

```
// 扫描由数位构成的字符串，并只打印'1'到'5'
for (int i = 0; i < sInput.size(); ++i) {
    int n = sInput[i] - '0';
    if (n >= 1 && n <= 5) {
        cout << n << " ";
    }
}
```

平时不用记忆数位的 ASCII 值，依赖它们在序列中的相对顺序即可。字符'0'减'0'结果肯定是 0。类似地，字符'1'减'0'肯定是 1，字符'2'减'0'肯定是 2……以此类推。所以，一个数位的 ASCII 值减'0'肯定就是该数位的实际值。

可利用上述事实来识别数位 1 到 5，将对应的索引编号 0 到 4(C++数组基于零，所以如果玩家说要重抽第 1 张牌，那么实际重抽的是索引 0 的牌)添加到一个向量中。

```
    for (int i = 0; i < sInput.size(); ++i) {
        int n = sInput[i] - '0';
        if (n >= 1 && n <= 5) {
            selVec.push_back(n - 1);
        }
    }
}
```

例 15.2：抽牌

有了 vector 模板，并能在字符串中扫描独立数位之后，我们终于能改进电动扑克游戏，允许玩家放弃牌的任意组合并重新抽牌。

在例 15.1 基础上新增或改动的代码加粗显示。

Poker2.cpp

```
#include <iostream>
#include <string>
#include <cstdlib>
#include <ctime>
#include <vector>
using namespace std;

// 在这里包含 Deck 和 Card 类的声明和定义

Deck my_deck;
Card aCards[5];
bool aFlags[5];
vector<int> selVec;

void play_game();
bool draw();

int main() {
    string s;
    while (true) {
        play_game();
        cout << "再玩一遍? (Y 或 N): ";
        getline(cin, s);
        if (s[0] == 'N' || s[0] == 'n') {
            break;
        }
    }
    return 0;
```

```
}

void play_game() {
    for (int i = 0; i < 5; ++i) {
        aCards[i] = my_deck.deal_a_card();
        aFlags[i] = false;
        cout << i + 1 << ". ";
        cout << aCards[i].display() << endl;
    }
    cout << endl;

    // 抽新牌并重新显示
    if (draw()) {
        for (int i = 0; i < 5; ++i) {
            cout << i + 1 << ". ";
            cout << aCards[i].display();
            if (aFlags[i]) {
                cout << " *";
            }
            cout << endl;
        }
        cout << endl;
    }
}

bool draw() {
    string sInput;
    selVec.clear();
    cout << "输入要重抽的牌的编号: ";
    getline(cin, sInput);
    if (sInput.size() == 0) {
        return false;
    }

    // 读取输入字符串，在 selVec 中为读取的每个数字都添加一个元素
    for (int i = 0; i < sInput.size(); ++i) {
        int n = sInput[i] - '0';
        if (n >= 1 && n <= 5) {
            selVec.push_back(n - 1);
        }
    }

    // 为 selVec 中的每个数字(0-4)重新抽取对应的牌
    for (int i = 0; i < selVec.size(); ++i) {
```

```
        int j = selVec[i]; // 选择一张牌
        aCards[j] = my_deck.deal_a_card();
        aFlags[j] = true;
    }
    return true;
}
```

下面是一次示例会话。现在舒服多了，玩家可重抽任意组合牌。和之前的示例会话一样，用户输入加粗。

1. 梅花 A.
2. 方块 10.
3. 黑桃 K.
4. 黑桃 3.
5. 红桃 A.

输入要重抽的牌的编号：**234**
1. 梅花 A.
2. 方块 A. *
3. 方块 7. *
4. 梅花 7. *
5. 红桃 A.

再玩一遍？(Y 或 N)：**N**

拿到了一手葫芦(Full House)：三条 A 加一对 7！程序能不能识别这个牌型并相应发放奖励？本章最后一部分将添加该功能。

工作原理

程序的这个版本首先声明了一些新数据结构。

```
bool aFlags[5];
vector<int> selVec;
```

aFlags 数组是由 5 个标志构成的数组，每个标志都对应手牌中的一张牌。一旦某个标志设为 true，就表明对应的牌是重抽的，方便我们在牌的旁边打印一个星号(*)来表示这是换牌。

接着修改了 play_game 函数来调用 draw 函数，后者获取玩家输入的换牌编号。如直接按 Enter 键而不输入数字，就认为玩家想保留手上的牌，不会对这手牌执行进一步操作，这时 draw 函数将返回 false。

```
if (draw()) {
    // 重新打印这手牌...
}
```

draw 函数主要采取两个行动，分别用一个循环来完成。第一，询问用户哪些牌要重抽；第二，从 Deck 对象请求新牌(用户通过 1 到 5 的编号来指定)，重抽那些牌。

这些行动可分解成以下伪代码。

提示用户输入字符串
For 输入字符串中的每个字符
*   If 字符是数字1 到5*
*   将N-1 送入 selVec*
*   For selVec 的每个元素*
*   将J 设为 selVec 的当前元素*
*   为 aCards[J]换一张新牌*

通过一个例子来理解这些循环更容易。假定用户输入字符串"125"。第一个循环从其中每个数位减 1，生成包含以下值的向量：

```
0 1 4
```

如下图所示，第二个循环遍历该向量(记住，向量和数组很相似)并重新抽三张牌，替换 Cards 数组中的对应元素：aCards[0]，aCards[1]和 aCards[4]。

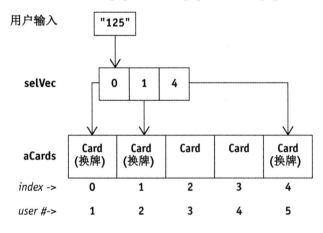

练习 15.2.1. 重写 play_game 函数，改为在每行开头为重抽的牌打印星号(*)。要求其他元素对齐。

练习 15.2.2. 用第 13 章介绍的 list 模板实现 selVec。可考虑改名，例如 selList(选择列表)。列表不能像向量和数组那样索引，但可使用第 13 章前半部分讨论的技术来遍历列表。

练习 15.2.3. 将 selVec 作为普通 C++数组来实现。提示：需要进行绝对的大小限制，并添加一个变量来跟踪当前要重抽的牌的数量。

练习 15.2.4. 禁止任何牌被多次重抽。目前，如用户输入"333"，那么牌 3 会被反复替换。效果等同于被重抽一次，但除了影响效率，还会造成牌墩中最后出现从未见过的牌。防止这种情况的发生，如用户输入"333"，那么该牌只应被重抽一次。

15.4 判断牌型

现在开始最有趣的挑战！刚开始确实不好理解一个计算机程序如何检查一组未整理的牌，判断是三条、同花还是一对。我们只知道这应该是能够程序化的东西。

实际也不难。大多数时候只涉及统计重复的东西。例如，任何点数统计出有 4 个，那么这手牌必然是四条。我们需要统计全部 13 个牌点和 4 种花色的出现次数，并在某个地方跟踪这些信息。

通常用数组来解决此类问题。可用两个简单的整数数组跟踪计数。

```
int rankCounts[13];
int suitCounts[4];
```

将这些数组初始化为全零值之后，很容易用它们统计一手牌中的牌点和花色重复次数。

```
for (int i = 0; i < 5; ++i) {
    int r = aCards[i].rank;
    int s = aCards[i].suit;
    ++rankCounts[r];
    ++suitCounts[s];
}
```

以手牌 A-A-A-5-5 为例(牌型为葫芦，牌顺序任意)，程序统计每个点数的牌的数量后，最终的 rankCounts 数组如下图所示。

假定手牌是 A-K-Q-J-10(最大为 A 的顺子，牌顺序任意)，统计这些牌的数量后，最终的 rankCounts 数组如下图所示。

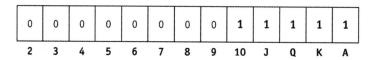

现在可以检查 rankCounts 和 suitCounts 数组来判断牌型。事情比较繁琐，因为需要检查许多种牌型。

为了模块化设计，这里打算将所有牌型判断代码放到另一个名为 Eval 的类中。和其他类一样，将创建该类的一个对象并在其上调用它的成员函数。

将所有相关内容放到类中有什么好处？确实可以单独写所有函数和数据。但放到类中的主要优点在于，检视 Eval 类，会发现所有这些函数和数据本来就应共同使用，它们是同一个模块的一部分，不是整个程序的孤立组件。

另一个优点是，私有成员不能从外部访问，防止类的用户"接触"并篡改内部内容，那样会造成隐蔽的依赖性和 bug。

以下是 Eval 类的代码清单。看起来很长，但大多数单独的函数都很短，很容易理解。

注 意 ▶ 该类有一种牌型无法分辨。扑克牌中的 A 可大或小，哪个最有利选哪个。实战中 A 几乎总是选大，但有一个例外：A-2-3-4-5(顺序任意)。这是一个顺子，俗称"bicycle"。下面将在练习中识别这手牌。

eval.cpp

```cpp
// 记得在程序中包含 string,
// 并添加 using namespace std;语句

class Eval {
public:
    Eval(Card* pCards);
    string rank_hand();
private:
```

```
        int rankCounts[13];
        int suitCounts[4];
        int has_reps(int n);
        bool is_straight();
        bool verify_straight(int n);
        bool is_flush();
        bool is_two_pair();
};

Eval::Eval(Card* pCards) {
    for (int i = 0; i < 13; ++i) { // 清除数组
        rankCounts[i] = 0;
    }
    for (int i = 0; i < 4; ++i) {
        suitCounts[i] = 0;
    }
    for (int i = 0; i < 5; ++i) { // 初始化数组
        int r = pCards[i].rank;
        int s = pCards[i].suit;
        ++rankCounts[r];
        ++suitCounts[s];
    }
}

string Eval::rank_hand() {
    string s;
    if (is_straight() && is_flush()) {
        if (rankCounts[12] && rankCounts[11]) { // A 和 K
            s = "你的牌是同花大顺(ROYAL FLUSH)！奖金 = 800";
        }
        else {
            s = "你的牌是同花顺(STRAIGHT FLUSH)！奖金 = 50";
        }
    }
    else if (has_reps(4)) {
        s = "你的牌是四条(FOUR OF A KIND)！奖金 = 25";
    }
    else if (has_reps(3) && has_reps(2)) {
        s = "你的牌是葫芦(FULL HOUSE)！奖金 = 9";
    }
    else if (is_flush()) {
        s = "你的牌是同花(FLUSH)！奖金 = 6";
    }
    else if (is_straight()) {
```

```
                s = "你的牌是顺子(STRAIGHT)！奖金 = 4";
        }
        else if (has_reps(3)) {
                s = "你的牌是三条(three of a kind). 奖金 = 3";
        }
        else if (is_two_pair()) {
                s = "你的牌是两对(two pair). 奖金 = 2";
        }
        else if (has_reps(2)) {
                s = "你的牌是一对(pair). 奖金 = 1";
        }
        else {
                s = "你的牌是无对(no pair). 奖金 = 0";
        }
        return s;
}


// has_reps 是 Has reps 的意思，即"有重复"
// 任意牌点重复指定次数就返回 true
int Eval::has_reps(int n) {
    for (int i = 0; i < 13; ++i) {
        if (rankCounts[i] == n) {
                return true;
        }
    }
    return false;
}


// 判断是不是顺子
// 查找牌点中的"单牌"，验证这张牌是不是开始一个顺子
bool Eval::is_straight() {
    for (int i = 0; i <= 8; ++i) {
        if (rankCounts[i] == 1) {
                return verify_straight(i);
        }
    }
    return false;
}

bool Eval::verify_straight(int n) {
    for (int i = n + 1; i < n + 5; ++i) {
        if (rankCounts[i] != 1) {
                return false;
        }
```

```
        }
        return true;
    }

    // 同花
    bool Eval::is_flush() {
        for (int i = 0; i < 4; ++i) {
            if (suitCounts[i] == 5) {
                return true;
            }
        }
        return false;
    }

    // 两对
    bool Eval::is_two_pair() {
        int n = 0;
        for (int i = 0; i < 13; ++i) {
            if (rankCounts[i] == 2) {
                ++n;
            }
        }
        return n == 2;
    }
```

例 15.3：抽牌并发放奖金

以下代码清单主要展示了主程序，在 `play_game()`函数中进行了修改以便和 Eval 类交互。注意，没有包含任何类声明和定义。只需添加两行代码(已加粗)来使用 Eval。

Poker3.cpp

```
#include <iostream>
#include <string>
#include <cstdlib>
#include <ctime>
#include <vector>
using namespace std;

// 在这里包含 Deck，Card 和 Eval 类的声明和定义

Deck my_deck;
Card aCards[5];
```

```
bool aFlags[5];
vector<int> selVec;

void play_game();
bool draw();

int main() {
    string s;
    while (true) {
        play_game();
        cout << "再玩一遍? (Y 或 N): ";
        getline(cin, s);
        if (s[0] == 'N' || s[0] == 'n') {
            break;
        }
    }
    return 0;
}

void play_game() {
    for (int i = 0; i < 5; ++i) {
        aCards[i] = my_deck.deal_a_card();
        aFlags[i] = false;
        cout << i + 1 << ". ";
        cout << aCards[i].display() << endl;
    }
    cout << endl;

    // 抽新牌并重新显示
    if (draw()) {
        for (int i = 0; i < 5; ++i) {
            cout << i + 1 << ". ";
            cout << aCards[i].display();
            if (aFlags[i]) {
                cout << " *";
            }
            cout << endl;
        }
        cout << endl;
    }
    Eval my_eval(aCards);
    cout << my_eval.rank_hand() << endl;
}
```

```
bool draw() {
    string sInput;
    selVec.clear();
    cout << "输入要重抽的牌的编号: ";
    getline(cin, sInput);
    if (sInput.size() == 0) {
        return false;
    }

    // 读取输入字符串，在 selVec 中为读取的每个数字都添加一个元素
    for (int i = 0; i < sInput.size(); ++i) {
        int n = sInput[i] - '0';
        if (n >= 1 && n <= 5) {
            selVec.push_back(n - 1);
        }
    }

    // 为 selVec 中的每个数字(0-4)重新抽取对应的牌
    for (int i = 0; i < selVec.size(); ++i) {
        int j = selVec[i]; // 选择一张牌
        aCards[j] = my_deck.deal_a_card();
        aFlags[j] = true;
    }
    return true;
}
```

下面是程序的一次示例会话。和以前一样，用户输入加粗。

1. 黑桃 4.
2. 方块 3.
3. 方块 7.
4. 梅花 4.
5. 红桃 7.

输入要重抽的牌的编号: **24**
1. 梅花 7. *
2. 黑桃 7. *
3. 方块 7.
4. 梅花 4. *
5. 红桃 7.

你的牌是四条(FOUR OF A KIND)！奖金 = 25
再玩一遍？(Y 或 N): **N**

工作原理

判断牌型的所有工作都由 Eval 类完成，所以主程序几乎不需要添加什么。在 Eval 类中，成员函数 has_reps 的工作最繁重，虽然做的事情很简单。该函数唯一的职责就是判断是否有任意牌点重复指定次数。例如，如传给函数的参数是 4，那么只有在 ranksCount 数组的某个元素等于 4 的前提下它才返回 4。这表明存在 "四条" 牌型。

```
int Eval::has_reps(int n) {
    for(int i = 0; i < 13; ++i) {
        if (rankCounts[i] == n) {
            return true;
        }
    }
    return false;
}
```

有了这个函数后，Eval 类其他部分就很简单了，即使看起来很长。唯一比较难的就是顺子的判断。有几个解决方案，我选择的是比较容易编程的。它相当于一个两次算法。首先要找到可能开始一个顺子的位置。然后，验证顺子是否能成功延续。

For I = 0 到 8(含8)
　If rankCounts[I]等于1
　　返回 verify_straight(I)的值
返回 false

换言之，从数组第一个位置开始，尝试找到 rankCounts 数组等于 1 的元素(单牌)。如找到该元素，验证接着 4 张牌能不能组成顺子(即验证接着 4 张牌是不是连续的单张)。后者通过调用 verify_straight 函数来完成。

```
For I = N + 1到N + 5(不含N + 5)
    If aCards[I]不等于1
        Return false
Return true
```

练习

练习 **15.3.1.** 允许 rank_hand 函数返回奖金金额。(提示：需要为函数声明添加另一个参数。)然后在游戏期间跟踪玩家银行账户，告诉玩家每玩一轮还剩多少钱。注意，每轮需下注 1 个货币单位。所以，如果奖金为 1，相当于不输不赢。初始银行账户余额为100。

练习 15.3.2. 修改 rank_hand 函数将 A-2-3-4-5 正确识别为顺子(俗称"bicycle",是最小的顺子),刚好比 2-3-4-5-6 小。(同样地,记住顺序无关紧要。)

练习 15.3.3. 修改 rank_hand 函数来识别特殊牌型"大老虎"(Big Tiger)和"小老虎"(Little Tiger)。建议奖金为 4。这些手牌只有在赌场规则允许下才生效,比顺子大,比同花小。两者都是特殊"无对"牌。"大老虎"是 8 到 K 的"无对"牌。"小老虎"是 3 到 8 的"无对牌"。

小结

本章旨在巩固面向对象概念,用实例演示其应用。但本章也引入(或强调)了几个新概念。

- 对象类型(即类)可像其他任意类型(比如基元类型)那样作为返回类型。声明返回类型的方式是一样的,都放到它在函数声明的开头。例如:

  ```
  Card deal_a_card();
  ```

- 从函数返回对象时,通常要调用类的构造函数。

  ```
  return Card(r, s); // 返回一个 Card 对象
  ```

- 和基元类型的数组一样,可声明并实例化对象数组。这种数组甚至可以放到其他类声明中,从而创建包含其他对象的对象。

  ```
  Card aCards[5];
  ```

- 可直接使用 swap 或 random_shuffle 算法而不必自己写洗牌(打乱)程序。要使用 C++ STL 提供的某个算法,需在文件开头添加以下代码:

  ```
  #include <algorithm>
  ```

- vector 模板是 STL 最有用的功能之一。它提供了和数组一样的容器,也能像数组那样索引,同时可以无限制增大。使用它时,需要包含<vector>。

  ```
  #include <vector>
  ```

- 可创建任意类型的向量容器。例如:

  ```
  vector<int> iVec;
  vector<double> fVec;
  ```

- 调用 push_back 函数来填充向量,将元素添加到向量末尾(这正是 back 一词的来历)

```
vector<int> my_vec;
my_vec.pushback(100);
my_vec.pushback(200);
my_vec.pushback(1000);
```

- 然后可调用向量的 **size** 函数来获得向量当前大小，根据它遍历向量。

```
for (int i = 0; i < my_vec.size(); ++i) {
    cout << my_vec[i] << endl;
}
```

- 调用 **clear** 函数来清除向量。

```
my_vec.clear();
```

第 16 章

多态版扑克牌游戏

面向对象实现了模块化编程风格。将紧密相关的代码和数据分组到一起，仅这一点就很有价值。但除此之外，还有更多好处。

OOP 的核心思想是实现"智能"数据类型。使函数成为成员函数只是第一步。理想情况下，对象应该能根据实际情况判断调用哪个函数。应该能换一个对象就获得新的行为，同时不必修改其他任何东西。甚至可在运行时切换对象并获得新的行为。听起来像做梦？但这正是本章要探索的，从上一章讨论的 Deck 类开始。

16.1   多种牌墩

玩多了第 15 章的电动扑克游戏，你有时可能希望有不同行为的牌墩。这可能是出于测试的目的。例如，"同花大顺"出现概率太小，以至于几乎不可能随机到，除非手动玩游戏几千次(即使这样也可能拿不到)。计算可知，第一手牌就是"同花大顺"的概率为 1/649170！

这时就该测试部门头疼了。"同花大顺"概率低于五十万分之一，怎样验证程序真的能识别"同花大顺"呢？

一个方案就是特殊化的牌墩。可创建 Deck 类的特殊版本，保证生成的前 5 张牌是 A-K-Q-J-10。另一个方案是使用皮纳克尔牌(Pinochle)，它只使用 9 到 A 的牌，但要使用两副牌。这种牌更容易出现高价值牌型。

以下代码声明并实现皮纳克尔牌墩，和标准 Deck 类有区别的加粗。记住，这个牌墩只有 48 张牌，牌 24 到 47 重复牌 0 到 23 的牌点和花色。

```
class PinochleDeck {
public:
    PinochleDeck();
    Card deal_a_card();
private:
```

```
    int cards[48];
    int nCard;
    void shuffle();
};

PinochleDeck::PinochleDeck() {
    srand(time(NULL));
    for (int i = 0; i < 48; ++i) {
     cards[i] = i;
    }
    shuffle();
}

void PinochleDeck::shuffle() {
    nCard = 0;
    for (int i = 47; i > 0; --i) {
     int j = rand() % (i + 1);
     int temp = cards[i];
     cards[i] = cards[j];
     cards[j] = temp;
    }
}

Card PinochleDeck::deal_a_card() {
    if (nCard > 47) {
     cout << endl << "正在重新洗牌..." << endl;
     shuffle();
    }
    int r = (cards[nCard] % 6) + 7; // r = 9 到 A

    // 牌墩分为一半(%24)再除以 6
    // 来生成 0 到 3 的花色值
    int s = (cards[nCard++] % 24) / 6;
    return Card(r, s);
}
```

怎样换到 Deck 类的这个新版本？可将上述代码添加到程序，再将下面这行代码：

```
Deck my_deck;
```

更改为以下形式：

```
PinochleDeck my_deck;
```

然后必须重新编译程序。如果没有任何打字错误，新的程序将开始工作。deal_a_card 函数调用应该能正确解析，现在调用的是 PinochleDeck 类的 deal_a_card 函数。C++ 允许不同类定义同名函数。

```
aCards[i] = my_deck.deal_a_card();
```

在运行时切换牌墩

遗憾的是，测试部门的噩梦才刚刚开始。每次测试员想要切换到 Deck 类的皮纳克尔版本，都**必须重新编译整个程序**。如果你是单干，带来的困扰可能不太大。但即便如此，你也不想浪费时间频繁重新生成程序。

所以，我们需要一个方案在运行时切换不同类型的牌墩。理想的是在运行时根据当时的情况修改 my_deck 的声明，再通过下面这行代码自动调用恰当的函数：

```
my_deck.deal_a_card()
```

但不管如何欺骗编译器，都保证无法工作。这不仅仅是语法问题，可将 **my_deck** 声明为以下多个类的对象：

```
Deck my_deck;
PinochleDeck my_deck;
StackedDeck my_deck;
DoubleDeck my_deck;
```

但不管如何欺骗编译器，调用成员函数时，编译器都必须确定要绑定到哪个物理内存地址。现在不是只有一个 **deal_a_card** 函数，而是有好多个。

可用作用域操作符(::)澄清调用函数的哪个版本。但在这种情况下没用：

```
Deck::deal_a_card()
PinochleDeck::deal_a_card()
StackedDeck::deal_a_card()
DoubleDeck::deal_a_card()
```

权宜之计是先用#define 指令指定各种类型的牌墩：

```
#define DECK52 0
#define PIN_DECK 1
#define DBL_DECK 2
```

然后在程序中包含所有这些类型的牌墩，这意味着需要为每种牌墩都创建一个对象，即使只使用其中一种类型。这很低效，也浪费资源。

```
Deck my_deck;
PinochleDeck my_pin_deck;
DoubleDeck my_dbl_deck;
```

最后，当程序需要调用 deal_a_card 函数时，必须使用一个包含 switch 语句的中间函
数来判断调用函数的哪个版本。

```
Card get_a_card() {
    switch(deck_selector) {
    case DECK52:
        return my_deck.deal_a_card();
    case PIN_DECK:
        return my_pin_deck.deal_a_card();
    case DBL_DECK:
        return my_dbl_deck.deal_a_card();
    }
}
```

也许能起作用，但问题太多。我们需要一个更好的方案。

多态是终极解决方案

上一节的解决方案一点儿都不"优雅"。有时能起作用，但编码量大，而且低效。更糟的
是，每次要在项目中添加新的牌墩类型，都必须在主程序中添加新代码，一切都要重新
编译。

不仅如此，如某个对象在主程序中频繁使用，而且不只在一个函数中使用，程序中将不得
不使用大量 switch 语句。

我们真正需要的在调用 deal_a_card 函数时，能自动调用当前对象的对应实现，即使事
先不知道对象的确切类型。

```
my_deck.deal_a_card(); // 总是奏效！
```

在计算机科学中，这样的函数称为多态，意思是"许多形式"。更准确地说是"无限的形
式"，不同的类实现 deal_a_card 的方式是无限的。如果一个函数是多态的，那么总是
能在运行时调用该函数的正确版本。

C++支持多态函数，但谨慎地进行了控制。必须无条件满足两个前提条件。

● 涉及的类必须通过继承来关联。一个必须从另一个派生，或者都从一个通用基类
  派生。

- 函数必须在基类中声明为 virtual。

理解这些内容需理解继承。派生类自动继承基类的所有成员。例如，为了创建 Deck 类的一个变种，在其中添加额外的函数，需要像下面这样写：

```
class MyDeckClass : public Deck {
public:
    int cards_remaining(); // 要提供定义
};
```

本例的 MyDeckClass 自动拥有 Deck 类的所有成员，还添加了自己的一个公共函数。但就本例来说，这个类可能无法起作用，因为它访问不了 Deck 类的私有成员。这正是除了公共和私有之外，还需要第三种访问级别 protected 的原因，它为所有派生类(包括派生类的派生类)赋予了访问权限。

第二个条件是函数必须声明为 virtual，但只需要在基类中为函数添加 virtual 访问修饰符。下面是一个重要的语言规范。

※ 任何设计由派生类重写(override)的函数必须声明为 virtual。

这是关于虚函数的最重要的一个规则。还有其他一些规则。例如，可以在虚函数中添加内联函数，但编译器只有在觉得"安全"的时候才会展开这样的一个函数。也就是说，可以在编译时确定对象类型的时候。

另一个规则是构造函数不能为虚。顺便说一句，构造函数是继承容易出问题的地方。它们是唯一不能自动继承的成员(虽然可在 C++11 和之后的版本中指定继承的构造函数)。所以一般情况下，需要构造函数的每个类都必须提供自己的。

为声明虚函数，在函数声明前添加 virtual 关键字即可。

   virtual function_declaration;

仅在基类中才需要这样做。例如，你或者其他程序员为了能从 Deck 类派生出新类并实现自己的 deal_a_card 版本，要先这样声明 Deck 类：

```
class Deck {
public:
    Deck();
    virtual Card deal_a_card();
private:
    int cards[52];
    int nCard;
```

```
    void shuffle();
};
```

然后从 Deck 类派生出 PinochleDeck 类，从而通过继承将两个类联系在一起，进而使多
态性成为可能。

```
class PinochleDeck : public Deck {
public:
    PinochleDeck();
    Card deal_a_card(); // 自动 virtual! 因为该函数已在基类中声明为 virtual

private:
    int cards[48];
    int nCard;
    void shuffle();
};
```

实现多态性的另一种方式是从一个通用基类(或称"接口")派生出各种牌墩类。作为抽象
类的接口不能实例化，但可将一个派生类型对象的地址传给一个基类型的指针。具体步骤
有三步：第一，创建对象；第二，获得它的地址；第三，将地址传给一个指针，尽管是基
类型(接口)的指针。例如：

```
IDeck *pDeck;      // 指向基类型 IDeck.
                   // 创建派生类型的对象，把它的地址赋给指针 pDeck.
pDeck = new PinochleDeck;
...
aCards[i] = pDeck->deal_a_card();
```

本例使用了第 12 章介绍的指针解引用兼成员访问操作符(->)。该操作符对一个指针进行
解引用并访问一个成员，所以本例最后一个语句等价于以下语句：

```
aCards[i] = (*pDeck).deal_a_card();
```

这里的重点在于，可对 pDeck 进行赋值来指向任意对象，只要该对象的类型从 IDeck 派
生。在这种情况下，如果 deal_a_card 声明为 virtual，那么对 deal_a_card 的调用
总是做符合我们期望的事情：调用为对象所属的类定义的那个版本的 deal_a_card。

这一特性的重要性怎么强调都不过分。接口(即基类)的指针可在编译时指向一个派生类的
对象，也可在运行时根据实际情况(比如用户选择)指向不同类型的对象。

```
IDeck *pDeck;

if (strSel == "standard") {
```

```
        pDeck = new Deck;
    } else (strSel == "pinochle") {
        pDeck = new Pinochle_Deck;
    }
```

IDeck 中的 deal_a_card 函数声明为 virtual。所以不管将什么对象的地址赋给 pDeck(假定是合法的赋值)，以下语句总是调用函数的正确实现。

```
    Card crd = pDeck->deal_a_card();
```

例 16.1：虚发牌程序

Ideck.cpp

```
// 必须先声明 Card 类，因为 IDeck 引用该类型。参见第 15 章
class IDeck {
public:
    virtual Card deal_a_card() = 0;
};

class PinochleDeck : public IDeck {
public:
    PinochleDeck();
    Card deal_a_card();
private:
    int cards[48];
    int nCard;
    void shuffle();
};

PinochleDeck::PinochleDeck() {
    srand(time(NULL));
    for (int i = 0; i < 48; ++i) {
        cards[i] = i;
    }
    shuffle();
}

void PinochleDeck::shuffle() {
    nCard = 0;
    for (int i = 47; i > 0; --i) {
        int j = rand() % (i + 1);
        int temp = cards[i];
        cards[i] = cards[j];
```

```
        cards[j] = temp;
    }
}

Card PinochleDeck::deal_a_card() {
    if (nCard > 47) {
        cout << endl << "正在重新洗牌..." << endl;
        shuffle();
    }
    int r = (cards[nCard] % 6) + 7; // r = 9 到 A

    // 牌墩分为一半(%24)再除以 6
    // 来生成 0 到 3 的花色值
    int s = (cards[nCard++] % 24) / 6;
    return Card(r, s);
}
```

 工作原理

本例最重要的是前几行。这些代码建立继承关系并使 deal_a_card 成为虚函数，确保在运行时总是调用该成员函数的正确版本。

```
class IDeck {
public:
    virtual Card deal_a_card() = 0;
};

class PinochleDeck : public IDeck {
...
```

可声明其他任意数量的牌墩类，使其从 IDeck 派生，通过该继承层次结构建立关联。顺便说一句，派生类必须先提供自己的 deal_a_card 函数实现，然后才能实例化。

注 意▶出于不值得解释的技术原因，在派生类声明的第一行中，必须在基类名称前附加 public 前缀。这种情况下可使用 private 或 protected，但那属于许多程序员都没有真正用过的一种高级技术。

记住，继承和虚函数的终极目的有两个：第一，任何对象都可在运行时选定，只要它的类从一个通用基类派生；第二，将调用每个虚函数的正确实现。

一个可笑(但有参考价值)的例子是几个动物类从一个通用的 Animal 类派生。

```
class IAnimal { // 基类
public:
    virtual void speak() = 0;
};
class Dog : public IAnimal { // 狗，派生类
    void speak();
};
class Cat : public IAnimal { // 猫，派生类
    void speak();
};
```

IAnimal 类型的指针可指向派生类 Dog 和 Cat 的任何对象。然后，调用对象的 speak()
函数总是能产生预期效果：根据实际情况调用 Dog::speak 或 Cat::speak。

```
IAnimal *pAnimal;
pAnimal = new Dog();
...
pAnimal->speak(); // 正确调用 Dog::speak
```

如对同一个指针重新赋值，让它指向一个 Cat 对象，则同一个语句会调用 Cat::speak
而不是 Dog::speak。

```
pAnimal = new Cat();
...
pAnimal->speak(); // 调用 Cat::speak
```

在这个简单的例子中，根据需要调用 Cat::speak 或 Dog::speak 看起来微不足道，因为
已知 pAnimal 指向哪个类的对象。但还有可能遇到更复杂的情况，比如一个由 IAnimal
指针构成的数组，其中每个元素都可能指向一个不同类的对象。

```
pAnimal *zooArray[10];
// 初始化数组来指向不同的动物...
for (int i = 0; i < 10; ++i) {
    zooArray[i]->speak();
}
```

在这个例子中，for 循环造成动物园中的每个动物都正确"发声"(speak)，不同对象所属
的类实现了不同的 speak 函数，所有类都从 IAnimal 派生。

重申->是指针解引用兼成员访问操作符，循环主体语句等价于以下代码：

```
(*zooArray[i]).speak();
```

练习

练习 **16.1.1.** 写至少一个自己的牌墩类并从 `IDeck` 类派生，从而与继承层次结构中的其他牌墩类关联。测试并确保调用正确版本的发牌函数。在程序开头允许用户选择标准 `Deck` 类、`PinochleDeck` 类和你自己的牌墩类。

练习 **16.1.2.** 写程序来使用刚才展示的 `IAnimal` 接口。声明并定义派生类 `Dog`，`Cat` 和 `Cow`，都从 `IAnimal` 派生。测试该设计的多态性，创建由不同"动物"对象构成的数组，然后为数组的每个元素调用 `speak()` 函数。

花絮

虚函数的代价

虽然不必知道 C++如何实现虚函数调用，但有必要知道为它付出的代价。虚函数更灵活，但并非没有代价。如确定某个函数永远不需要(被派生类)重写，就不必把它变成虚。

不过，付出的代价并不大，尤其是老虎到当今计算机的速度和容量。实际有两方面的代价：性能和空间。

C++程序执行标准函数调用时，它会做第 5 章介绍过的事情。如下图所示，程序控制转移到特定地址，并在函数完成时返回。这是一个简单的行动。

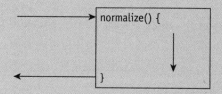

但虚函数执行起来就没这么简单了。每个对象都包含一个隐藏的"vtable"指针来指向一个表，后者包含对象所属的类中的所有虚函数。(通常将该指针称为"vptr"。)例如，所有 `FloatFraction` 类的对象都包含一个 vtable 指针来指向 `FloatFraction` 的虚函数表。顺便说一句，如果类没有虚函数，其对象就不需要维护一个 `vtable` 指针，从而节省一些空间。

为调用一个虚函数，程序使用 `vtable` 指针(vptr)来发出一个间接的函数调用。这个过程其实就是在运行时查找函数地址。(记住，这些操作是在幕后进行的，不会在 C++源代码中反映。)如下图所示。

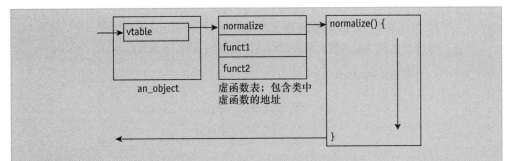

由于每个对象都包含一个 vtable 指针，所以每个对象都知道如何正确采取行动。vtable 指针指向自己类的专属实现，从而为每个对象赋予了"智能"。

代价明显不高。性能损失来源于需要更多时间发出间接函数调用(虽然差异以毫秒计)。空间损失来源于 vptr 和表自身占用的字节。总之，只要函数有任何可能被重写，就把它变成虚函数。为此付出的代价很小。

16.2 "纯虚"和其他抽象事项

所以，虚函数很好用。其宗旨是在即使成员函数在派生类中被重写，也总是调用函数的正确实现。这具有深远意义，Microsoft Foundation Classes、Java 和 Visual Basic 等开发系统深度集成了继承层次结构。

如下图所示，使用这些系统，你从常规 Form，Window 或 Document 类派生出子类来创建自己的实现。操作系统在你的对象上发出调用(通过你的类声明和实现)来执行特定任务，比如 Repaint，Resize、Move 等。这些行动全都是虚函数调用，确保最终调用的是你的实现。

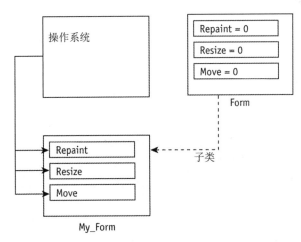

接口(或抽象类)包含纯虚函数。纯虚函数既不需要，也不期待有一个具体实现。使用=0 记号法来标识纯虚函数。例如，可这样定义纯虚的 normalize：

```
class Number {
protected:
    virtual void normalize() =0;
};
```

注意，只有声明，无函数定义。

注 意 ▶ 虽然不推荐，但也可为纯虚函数提供一个定义……也就是说，若函数原型包含 "=0"，可在该函数所在的类中定义它。这听起来像是一个悖论。但其目的是创建函数的一个默认实现，同时该类仍然算是抽象类(下一节解释)。不过，程序员通常不会在基类中为纯虚函数(=0)提供定义

16.3 抽象类和接口

包含一个或多个纯虚函数(原型包含=0)的类称为"抽象类"。抽象类的一个重要规则是不可实例化，即不能用它声明对象。

例如，假定 Number 是抽象类，实例化它将报告以下错误：

```
Number a, b, c;   // E0322:不允许使用抽象类类型 Number 的对象
                  // Number 包含一个纯虚函数，所以是抽象类，不能创建 a,b 和 c
```

如下图所示，抽象类主要是为它的子类起到一个规范作用。简单地说，从抽象类派生出子类，实现所有虚函数，最后用子类实例化对象。

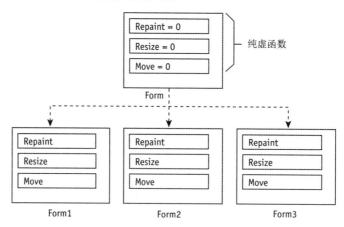

用子类实例化(创建)对象之前，子类必须为所有纯虚函数提供定义。任何一个函数没有实现，当前类就还是抽象类，不可以实例化。

利用这一点，可基于以下规则定义并强制一组常规服务或称"接口"。

- 每个子类都可采取它想要的任何方式实现所有服务(即纯虚函数)。
- 每个服务都需要实现，否则类不能实例化。
- 每个类都要严格遵守类型约定，包括返回类型和每个实参的类型。这为继承层次结构制定了严格的纪律，编译器能提早发现意外(比如传递错误的数据)。

子类作者知道自己必须实现接口定义的服务(本例就是 Repaint，Move 和 Load)。但除此之外，他/她是完全自由的。另外，由于所有这些函数都是虚函数，所以总会执行正确的实现，不管怎样访问一个对象。

下面准备展示一个例子，希望你能对此有所体会。

16.4 面向对象和 I/O

为展示面向对象(OOP)的强大功能，最经典的一个例子就是使用各种流(stream)类来扩展输入/输出。

古老的 C 语言要求使用一个称为 printf 的库函数向控制台打印。该函数还有另两个版本，分别是 fprintf(打印到文本文件)和 sprintf(打印到字符串)。

```
printf("这是一个整数: %d", i); // 打印一个 int
printf("这是一个浮点数: %f", x); // 打印一个 double
```

这些函数的问题在于，如果创建了自己的数据类型(比如一个 Fraction 类或者复数类)，就没办法扩展 printf 来运行自己的类。printf 和它的其他版本支持的是一套固定的数据格式(%d，%f 和%s 等)。所有这些都没不修改。

理论上可以重新定义 printf，用#define 拦截调用，替换成自己的函数，再在需要的时候通过一个函数指针来自己调用 printf。但这过于高端，是一种炫技(hack)，生成的代码一点都不"优雅"。

cout 无限可扩展

C++虽然仍然支持旧的 C 函数来实现向后兼容，但它引入了新的 I/O 流类。这些流类示范了 OOP 的可扩展性。

第 18 章会讲到,要使一个类"可打印",只需写一个 operator<<函数。例如,可以为 Fraction 类写这样的一个函数。

```
ostream &operator<<(ostream &os, const Fraction &fr) {
    os << fr.num << "/" << fr.den;
    return os;
}
```

该操作符函数使 Fraction 对象可在多种情况下打印。使用各种 I/O 流类,不仅能输出到控制台(cout),还可输出到任何文件或字符串:

```
Fraction fr1(1, 2); // fr1 = 1/2.
cout << fr1; // 打印到控制台
fout << "The value is: " << fr1; // 打印到文件
```

所以*理论上*,对于任何类型的对象,经上述处理后,以下语句都能正常工作:

```
cout << "对象的值是 " << an_object;
```

cout 不是多态的

虽然不是那么明显,但存在一处限制。流类要和一个对象配合使用,对象的类型必须在编译时确定。客户端代码必须知晓关于该类的一切。

但那不是显然的吗?怎么可能引用一个类型没有完全定义的对象呢?

事实上,确有可能引用一个没有定义好类型的对象。例如,可对一个 void 指针进行解引用,这时 cout 就不知道如何打印对象。

```
void *p = &an_object;
cout << *p; // ERROR! 不能打印*p
```

在理想情况下,你应当能指定一个提领的对象指针(即*p 这样的表达式),然后对象总能以正确格式打印。换种说法,对象自己内建了打印机制。

这时涉及的不是 void*指针,而是指向常规接口(例如 IPrintable)的一个指针:

```
IPrintable *p = &an_object;
```

在系统编程中,这样的指针非常重要。例如,可能获得网上的一种新对象的指针。这时要确保调用的是正确的函数代码,即使对象的类型对于客户端代码(对象的用户)来说是完全未知的。

简单地说，我们希望自己的程序能无缝处理未来定义的新数据类型。

为此，可定义包含纯虚函数 print_me 的抽象类 IPrintable。下个例子证明 IPrintable 的任何子类只要实现了 print_me，就可被 cout(或 ostream 类的任何实例)正确打印，即使类比客户端代码新。换言之，主程序在编译时根本不需要提前知晓类的具体情况。

以下语句能正常工作，即使事先完全不知道 an_object 所属类的具体情况，只知道它是 IPrintable 的子类。

```
IPrintable *p = &an_object; // 对象的类必须是 IPrintable 的子类
cout << *p;  // 能根据由 an_object 的类定义的正确格式打印
```

上述代码能正常工作，是基于一个非常重要的规则：子类对象的指针能传给基类指针。具体编码规范如下所示。

✱ 较具体的东西(子类)总是能传给较常规的东西(基类)。

反之则不然(将基类指针传给子类指针)，除非提供一个转换函数来支持该操作。

例 16.2：真正的多态性：IPrintable 类

本例演示如何以真正多态的方式支持输出流类和对象(比如 cout)。只要遵守一个常规接口(这里是名为 IPrintable 的抽象类)的约定，任何类型的对象都能正确打印，即使编译时并不知道该对象的确切类型。

之所以说这种方式是"多态"的，是因为单一的函数调用代码可在运行时调用数量不限的实现。可能的响应理论上数量无限。

虽然听起来有点不太现实，但我是说真的。不知道类型，也不知道具体函数代码，也能打印对象，因为你(或客户端代码)不需要知道怎样打印对象。怎样打印对象，这方面的细节是在对象及其类中内建的。

Printme.cpp

```
#include <iostream>
using namespace std;

class IPrintable {
    virtual void print_me(ostream &os) = 0;
    friend ostream &operator<<(ostream &os,
```

```
        IPrintable &pr);
};

// operator<<函数:
// 调用虚函数 print_me, 输出发送给流.
ostream &operator<<(ostream &os, IPrintable &pr) {
    pr.print_me(os);
    return os;
};

// 这些类是 IPrintable 的子类
//-----------------------------------------
class P_int : public IPrintable {
public:
    int n;
    P_int() {};
    P_int(int new_n) { n = new_n; };
    void print_me(ostream &os); // 重写(override)
};

class P_dbl : public IPrintable {
public:
    double val;
    P_dbl() {};
    P_dbl(double new_val) { val = new_val; };
    void print_me(ostream &os); // 重写(override)
};

// print_me 的实现
//-----------------------------------------
void P_int::print_me(ostream &os) {
    os << n;
}

void P_dbl::print_me(ostream &os) {
    os << " " << val << "f";
}

// 主程序
//-----------------------------------------
int main()
{
    IPrintable *p;
    P_int num1(5);
```

```
    P_dbl num2(6.25);

    p = &num1;
    cout << "这是一个数: " << *p << endl;
    p = &num2;
    cout << "这是另一个: " << *p << endl;
    return 0;
}
```

 工作原理

本例的代码主要包括三部分。

- 抽象类 **IPrintable** 和指针 **p**，后者能指向从 **IPrintable** 派生的任何类的对象。
- 子类 **P_int** 和 **P_dbl**，分别包含一个整数值和浮点值，并实现了不同的对象打印机制。
- 对这些类进行测试的 **main** 函数。

IPrintable 类是抽象类，可将其视为定义了单一服务(虚函数 **print_me**)的接口。

```
class IPrintable {
    virtual void print_me(ostream &os) = 0;
    friend ostream &operator<<(ostream &os,
        IPrintable &pr);
};
```

类的思路很简单：**IPrintable** 的子类实现 **print_me** 函数来定义如何将数据发送给输出流 (ostream)。**IPrintable** 类还声明了一个全局友元函数。第 18 章将更多地解释怎样写这样的函数。目前只需要接受该函数的有效性。

这个操作符函数将以下表达式：

```
cout << an_object
```

转换成对对象自己的 **print_me** 函数的调用：

```
an_object.print_me(cout)
```

由于 **print_me** 是虚函数，所以总是调用 **print_me** 的正确版本：

```
Printable *p = &an_object;
//...
cout << *p;
```

相反，如 print_me 不为虚，代码将无法工作。此时会调用 IPrintable::print_me 函数。但由于 IPrintable 根本没有实现 print_me，所以将造成运行时错误。

在本例中，print_me 的实际实现很简单，但那不重要。整数和浮点数打印起来本来就很简单。两者的实现只进行了简单区分，打印浮点数时加了一个空格前缀，最后加了字母 f。

```
void P_int::print_me(ostream &os) {
    os << n;
}

void P_dbl::print_me(ostream &os) {
    os << " " << val << "f";
}
```

其他类的 print_me 实现则可能要有趣一些。例如，下面是 Fraction 类的实现：

```
void Fraction::print_me(ostream &os) {
    os << get_num() << "/" << get_den();
}
```

那么，这到底有什么用？结果是可以创建由不同类型的对象构成的一个数组，每个对象的类型都从 IPrintable 派生。这样可以一次性打印全部对象，每个都*自动*采用正确格式。

总之，对象知道怎样打印自己！cout <<告诉每个对象打印你自己。结果是每个对象都执行不同的代码，按照由自己的类定义的方式打印：

```
IPrintable array_of_objects[ARRAY_SIZE];
//...
for (int i = 0; i < ARRAY_SIZE; i++) {
    cout << array_of_objects[i] << endl;
}
```

 练习

练习 16.2.1. 修改第 10 章的 Point 类，把它变成 IPrintable 的子类并实现 print_me 函数。测试结果。该 print_me 的输出格式是(x, y)。

练习 16.2.2. 修改第 10 章的 Fraction 类，把它变成 IPrintable 的子类并实现 print_me 函数。使用以下代码来打印 Fraction 对象以测试结果：

```
Fraction fract1(3, 4);
//...
IPrintable *p = &fract1;
cout << "The value is " << *p;
```

如编码无误，Fraction 对象会以正确格式打印(中间有分号)。

结语

我在 20 世纪 80 年代最开始学习面向对象编程时，产生的一个想法是 OOP 本质在于创建
单独的、自解释的实体，它们通过相互发送消息来进行通信(如下图所示)。例如，
Smalltalk 语言就是基于该理念的。

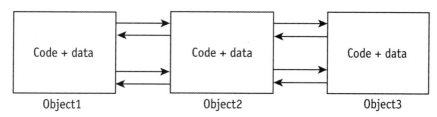

那时的一些基本概念至今都很重要。独立的、自包容的实体会保护其内容，结果就是封
装，即保持数据私有。

该模型一定程度上演示了继承。将独立的对象看成是微处理器或芯片(都用硬件术语来描
述)，那么理想情况下可以拿出一块芯片，进行修改或增强，再把它插回去。

总之，"独立实体通过发送消息来通信"就是多态性和虚函数的宗旨。

下面用语言规范的形式总结例 16.2 讨论 IPrintable 接口时说过的话。

* 可以直接使用一个对象，不必知道它的类型或它调用的函数，因为如何执行服务的逻辑已
内建于对象中。对象的用户无需关心这些细节。

该规范和"独立实体通过发送消息来通信"的思路一致。对象的用户不需要告诉对象怎样
做它的工作。对象中的细节无关紧要。只需发送一条消息，对象就会以恰当的方式响应。
本质上，对象(独立的代码和数据单元)不需要依赖其他对象的内部结构。

但结果并不是一片混乱。面向对象编程系统对类型检查进行了规范。要执行一个接口，就
必须实现接口定义的所有服务(即虚函数)，而且必须和参数列表规定的类型匹配。

即使客户端代码还没有写，也可以实现一个函数。记住以下代码总能工作，不需要修改或
重新编译，即使 an_object 的具体类型发生改变(即重新分配指针，指向一个种不同的、

从 IPrintable 派生的对象)。

```
IPrintable = &an_object;
cout << *p;
```

更多结语

但所有这些意义何在？多态性重要在哪里？是有利于代码重用吗？是的，但还不是主要的原因。

面向对象编程更多地是针对系统，比如图形系统、网络通信和其他日益复杂的技术层面。GUI 或网络中的项作为独立的对象存在，相互发送消息。

传统编程技术是为一个不同的世界开发的。这个世界的编程是平铺直叙的，就好像提交一叠穿孔卡，让程序开始、进行和结束。在这个世界中，所有东西都是你自己写的。

今天的软件越来越丰富，越来越复杂。例如，Microsoft Windows 的成功很大程度上来自它的丰富组件，而组件模型用传统编程技术不易实现。我们需要在复杂的现有框架(如 Windows)中插入新的软件组件。

最终，这种看待事物的方式更接近于真实世界。面向对象的一个口号就是"建模真实世界"。虽然有些夸张，但确实有可取之处。我们生活在一个复杂的世界。人和事物进行交互，但人又是独立的。我们需要信任别人的专业知识。如果能解放软件对象，赋予它们独立和自由，让它们做各自知道怎么做的事情，最终也许能解放我们自己。

小结

- 多态性是指对象自己内建了如何执行服务的逻辑。该逻辑不由客户端(即使用对象的软件)提供。结果是可以通过数量不限的方式对单一函数调用或操作进行解析。

- 多态性通过虚函数来实现。

- 虚函数的地址到运行时才解析(称为"晚期绑定")。到运行时才知道对象属于什么类，该具体的类决定了执行虚函数的哪个实现。

- 在函数声明前用 virtual 关键字标注虚函数，例如：

```
virtual Card deal_a_card();
```

- 函数声明为虚，在所有子类中同样为虚。在子类中重写虚函数时不需要添加

virtual 关键字。

- 构造函数不能为虚。技术上可在虚函数中创建内联函数，但除非认为安全，否则编译器不会将其作为内联函数展开。什么时候"安全"？一个例子是在编译时能确定具体类型的时候。不能确定，函数就不能内联。

- 函数为虚之后要付出少量性能和空间上的代价，但几乎总是利大于弊。

- 一个原则是，可能被重写的任何成员函数都应声明为虚。

- 纯虚函数在声明它的类中通常无具体实现(即没有函数定义)。用=0 记号法声明纯虚函数：

  virtual void print_me() =0;

- 含有至少一个纯虚函数的类称为抽象类。不可用它实例化对象，虽然子类可以。

  Number a, b, c; // 错误!

- 抽象类主要用于创建接口，子类通过实现所有虚函数来提供一组服务。

- 多态性解放了对象，避免它们相互依赖，因为对象自己内建了执行服务的逻辑。这是正是"面向对象"一词的由来。主要面向对象而非只是面向类。

第 17 章

C++14 新功能

C++规范每三年更新一次，它在行业中的重要性可见一斑。每次更新都伴随着有趣和有用的一些新语言功能。专业程序员依赖 C++写商业软件，所以 C++社区高度关注不断变化的编程需求，积极研究哪些语言功能帮助自己写最好、最高效和最可靠的软件。

许多最新功能面向高级程序员。例如，一些新功能帮助写模板和 Lambda(动态定义的函数)。我的 *C++ for the Impatient* 一书有讲到这些主题，但它们不适合基础编程。本章强调的是对初级程序员和中级程序员有用的功能。

17.1　C++14 最新功能

C++14 只有少量功能对新手 C++程序员有用，但其中一些很有趣，而且回应了程序员多年以来的诉求。下面总结了这些新功能。

- 字面值常量中的数位分隔符。以前很难在程序中写大的常量值。例如，以前不能写 674,501，但现在可以了(只是逗号要换一下)。
- 字符串字面值后缀。现在可为字符串字面值附加 s 后缀。字符串字面值默认是 C 字符串类型，是 char 数组。s 后缀为其赋予和 string 对象等同的类型。
- 二进制字面值。C++一开始就支持写十六进制和八进制数字。但程序员一直都在请求增加对二进制数字的支持，现在，他们终于得偿所愿了。

数位分隔符

最新 C++规范允许使用单引号(')作为数位分隔符。这是最有用的功能之一。新手程序员经常因为输入数位分隔符而犯错。例如，可能习惯像下面这样写：

```
1,320,000
```

而不是像下面这样：

```
1320000
```

这是一个长期存在的问题。计算机读取 1320000 这样的内容时没有问题，因为它扫描数位，一个一个地读取。但我们人看这样的大数字就有点困难，会习惯性地分组，然后才知道：“喔，超过一百万了。”

你可能会问：“为什么编译器不能检查数字并自动忽略逗号？”如果不和语法冲突的话，确实可以这样实现。以获取几个整数的一个函数调用为例：

```
my_func(1,2,3);
```

假定逗号是数位分隔符，那么编译器该怎样解释以下调用？

```
my_func(1,200,333,500,100);
```

所以不是用逗号，C++14 规范用单引号分隔数位。这刚开始看起来是有点奇怪，但应该很快就能习惯。例如，刚才的函数调用可修改成：

```
my_func(1'200,333'500,100);
```

要想更好看一些，可以像下面这样添加空格：

```
my_func(1'200, 333'500, 100);
```

当然，C++并不要求添加这些空格，否则会造成严重的向后兼容问题。

数位分隔符在需要写大数字时很好用。本章稍后会介绍 C++11 规范引入的 long long int 类型。不用分隔符很难初始化。例如，1000 亿(100 个 10 亿)可以这样初始化：

```
long long int big_n = 100'000'000'000;
```

不用分隔符就只能写成下面这样：

```
long long int big_n = 100000000000;
```

问题很明显。零的个数不好数。增减一个 0，就是 10 倍的数量级差异。

可按你喜欢的任何分组模式使用数位分隔符。除了整数，还可应用于小数。例如：

```
double pi = 3.141'592'653;
int goofy_num = 1'02'000'5;
```

编译器实际会忽略数字中的单引号。和注释一样，数位分隔符只对阅读和维护代码的人有用。

字符串字面值后缀

向字符串字面值应用 s 后缀，使其成为真正的 string 对象而不是 C 字符串(字符数组)。

```
"text"s
```

需要使用文本字符串时，通常最好使用 STL string 对象。它能避免你操心大小限制，可使用许多有用的成员函数，并能简化代码，例如：

```
#include <string>
using namespace::std;
...
string sFirst = "Elvis ";
string sLast = "Presley ";
string sFullName = sFirst + sLast;
```

但 C++无法做到完全避免 C 字符串。为保持与 C 以及老软件的向后兼容，C++的字符串字面值默认是 C 字符串类型(不添加后缀的话)，其实就是 char 类型的数组，最后用 NULL 值终止(参见第 8 章)。

```
char str[] = "I am a null terminated C-string."
char *p = "So am I."
```

将字符串字面值解释成 C 字符串而不是 string 对象，该行为偶尔会带来问题。因为虽然能写下面这样的语句：

```
string sName = sFirst + " Adams";
```

但不能写成下面这样：

```
string sName = "John Quincy " + "Adams";
```

第二个语句的问题在于，虽然 string 对象能和 C 字符串交互(这使第一个语句有效)，但 C 字符串本身(具有 char*类型)没有定义+操作符的行为。相反，必须使用 strcat 函数来连接，这样写出来的代码就有点难看了。

加了 s 后缀的字符串字面值成为真正的 string 对象，所以能合法地写以下语句，多长都可以。一个语句要分多行来写时，这一点尤其方便。

```
string sName = "John Quincy "s + "Adams"s;
```

将字面值指定为 string 类型还有其他好处。假定要从函数返回一个字符串，但函数返回类型是 string；或更糟，是 auto 返回类型，编译器必须推断真正的返回类型。在这种情况下，s 后缀有助于澄清你是想返回一个真正的 string 对象，而不是 char 数组。

```
return "Hello!"s; // 作为 string 对象返回,
// 而不是作为一个 char*
```

二进制字面值

C++14 允许使用 0b 或 0B 写二进制字面值。

0bdigits

例如：

```
cout << 0b110 + 0b001; // 打印 7 (= 0b111).
```

计算机所有数据都由 1 和 0 构成。之所以在电脑屏幕上看到的不是 1 和 0，是因为操作系统和 BIOS(基本输入/输出系统)的一系列复杂转换。但假如真的能看到任何内存位置的实际数据模式，它们将由 1 和 0 构成。

许多程序员长期以来都诉求能读写这种基本形式的数据。例如，写位掩码就会更容易一些(开关单独的 bit)。C 和 C++程序员多年来只能使用十六进制和八进制来"曲线救国"。现在就轻松多了。如下例所示，可以直接测试位掩码：

```
cout << data | 0b1111; // 低 4 位开
cout << data & 0b1111; // 将除了低 4 位的其他所有位都遮掩掉(置 0)
```

为理解这些语句，首先要了解按位操作符(见下表)。之前一直都回避该主题，因为在中初级编程中很少需要用到它们。

操作符	名称	说明
&	按位 AND(与)	两个操作数对应的位都是 1，就将该位设为 1。其他位设为 0
|	按位 OR(或)	两个操作数对应的位任何一个是 1，就将该位设为 1。其他位设为 0
^	按位 XOR(异或)	两个操作数对应的位不同，就将该位设为 1，否则设为 0
~	按位 NOT(取反)	一元操作符。反转操作数每一位的值，例如 1 变成 0，反之亦然

所谓"对应的位"，是指同一位置的位。例如，假定 0b1100 和 0b0011 进行 AND 运算，结果是 0b0000。但如果执行 OR 运算，结果变成 0b1111。

看下图更容易明白。例如，对 0b111000 和 0b101011 执行按位 AND，只有在操作数中对应的位都是 1 的前提下，结果位才是 1。

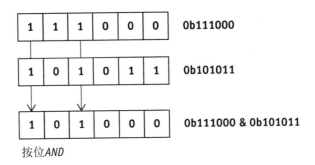

按位AND

使用二进制字面值记号法，可以写下面这样的语句，注意，它同时集成了上一节描述的单引号数位分隔符。这里执行的是按位 OR(|)运算。

```
cout << 0b1111'0000 | 0b0000'1111 << endl;
```

结果是 1111 1111，即整数的全部低 8 位都设为 0，其余设为 1。所以上述语句打印：

```
255
```

255 这个数字字符串当然不是二进制格式。要打印二进制，一个简单的方式是使用 bitset 模板。使用该模板不要指定基础类型，而要指定一个固定位数。bitset 打印时会生成一个包含 0 和 1 的数字字符串。

和其他模板一样，使用它时，需添加相应的语句 include 和 using：

```
#include <bitset>
using namespace std;
```

然后，声明并初始化一个 bitset：

```
bitset<8> my_bit_field(0b1111'0000 & 0b1100'0000);
cout << my_bit_field << endl;
```

结果如下：

```
11000000
```

例 17.1：按位运算

这个简单的程序打印一组按位运算的结果。操作数和结果都采用二进制。留给你的挑战是预测输出，看结果是否符合预期。

```
binaryr.cpp

#include <iostream>
#include <bitset>
using namespace std;

int main()
{
    bitset<8> a(0b1111'0000 & 0b1001'0000);
    bitset<8> b(0b1111'0000 | 0b1001'0000);
    bitset<8> c(0b1010'1010 & 0b1000'1111);
    bitset<8> d(0b1010'1010 | 0b1000'1111);
    cout << a << endl;
    cout << b << endl;
    cout << c << endl;
    cout << d << endl;
}
```

 练习

练习 17.1.1. 写一个和上例相似的程序，测试几次按位异或操作符(^)的效果。

练习 17.1.2. 写一个和上例相似的程序，测试几次按位取反操作符(~)的效果。取反操作符是一元操作符，只获取一个操作数。

练习 17.1.3. 写程序获取一个整数输入，遮掩全部低 4 位并打印结果。是不是有一个涉及取余(%)的运算能产生一样的结果？

练习 17.1.4. 什么情况下逻辑操作符(&&，||和!)总是产生和对应的按位操作符(&，|和^)一样的结果？提示：对于 int 这样的有符号类型，所有位置都是 1，终值(int 类型)将是-1。对于 unsigned long 这样的无符号类型，所有位置都是 1，终值将是范围内的最大值。

17.2 C++11 引入的功能

C++14 之前的一次大更新是 C++11，自然继承了该版本引入的许多功能。一些编译器厂商其实直到最近才完整实现了 C++11。

本章讨论 C++11 引入的以下功能。

- long long int 类型。能存储比 long int 大得多的值，后者范围在正负 20 亿左右。long long int 至少 64 位，能存储远超十亿数量级的整数，同时还能保证绝对精度，这一点和 double 不一样。
- 基于范围的 for(For Each)。该语法是 C++ for 关键字的变种。不用显式设置循环起点和终点，只需说"处理组内每一项"。更简单，更不容易出错。
- auto 和 decltype 关键字。处理复杂类型时尤其方便。
- nullptr 关键字。一种表示空(零值)指针的新方式。虽然不严格要求，但强烈建议用。
- 强类型枚举。用该功能引用更有意义的符号名称而不是随意一个数字；是摆脱"魔法数字"(程序中突兀出现一个或多个数字，不能一眼看出它们的含义)的另一种方式。这是 C++ 长期的功能，但在 C++11 中得到了加强。弱和强 enum 类型都支持。
- 原始字符串字面值。直接输入字符串字面值，不必为"和\使用转义符。

long long 类型

PC 环境中的 C 和 C++通常支持 16 位短整数(short)和 32 位长整数(long)。目前 int(一般说整数就是指 int)和 long 是同一回事。

但突破 32 位限制也不是一件难事。一个替代方案是改用浮点。由于科学计数法的存在，浮点类型能存储极大和极小的值。当然，浮点类型在存储大数字时无法保证绝对精度。

64 位是计算的未来，是整数要过渡到的自然目标大小。如下表所示但由于 long 类型已经有了(32 位)，所以现在需要两个 long。

类型	典型含义(几乎所有 PC 都支持)	C++实现
char	一般 8 位，足以容纳 ASCII 字符	大小足以容纳标准字符
short int	16 位，限制 64K	至少 16 位，大小等于或大于 char，不超过 int
long int	32 位，限制约 40 亿(正负 20 亿)	大小等于或大于 int
long long int	64 位，限制 40 亿的平方	C++11 或更高版本才支持。比 long 大，至少 64 位

所有这些类型都有无符号版本，比如 unsigned short 和 unsigned long。无符号类型不存储负数，但能存储两倍大小的正数。所以，虽然损失了负数范围，但正数范围变大了。有符号整数(默认类型)正数和负数都能存储。

声明 long long 整数和其他类型的声明语法一样。注意，除了 int 类型本身，其他整型在声明时都可去掉 int 关键字。

```
long long 变量;
long long int 变量; // int 可选
```

还有一个只能存储非负数的无符号版本：

```
unsigned long long 变量;
unsigned long long int 变量; // int 可选
```

例如：

```
long long i;          // i 是未初始化的 64 位 int
long long i = 0;      // i 初始化为 0
long long i, j, k;    // i，j 和 k 均为 64 位 int
```

花絮

自然整数

本书主要使用 int 类型。就目前的 PC 环境来说，int 等价于 long，都是 32 位整数。作为"自然"整数，int 旨在与目标环境的处理器地址大小对应，从而高效运行程序。

但有一个缺点：将代码移植到较小的架构(16 位)上，在 32 位架构上运行良好的程序会无预警地失败。这可能是由于 int 变量容纳的值超过了 64K。这种程序移植到 16 位架构上会招致严重 bug。

结果是在仅供自己使用的程序中能安全地使用 int。但是……

Microsoft 专业开发的代码就不会用 int。真正的商业项目其实从来不用 int 类型。Microsoft 开发人员使用具有固定大小的类型，例如 INT32。这些类型在头文件中控制和定义。这是因为他们开发的软件要面向遍布全世界的多种平台。对于新手，这种技术有点过了。但是，如果要写商业(广泛分发的)软件或移植到不同平台，就需要注意该问题。

使用 64 位字面值(常量)

64 位类型大多数时候用起来都很方便。只是初始化时要注意。例如，以下声明能正常工作，即使数值字面值 0 具有 int 类型，而 n 具有 long long int 类型：

```
long long n = 0;
```

C++自动将较小的类型(如 int)提升为较大的类型(比如 long long)。但是，如果将 n 初始化为一个较大的值呢？

```
long long n = 123000123000456; // 错误
```

问题在于，本例的字面值超出标准 int 的范围，所以会报错。为确保能正常存储大数字 (20 亿以上)，请使用新的 LL 后缀(代表 long long)：

```
long long n = 123000123000456LL; // 用了 LL，不报错
```

还可用 ULL 后缀表示 unsigned long long：

```
long long n = 123000123000456ULL; // 用了 ULL，不报错
```

如前所述，还可使用 C++14 引入的单引号数位分隔符来方便阅读：

```
long long n = 123'000'123'000'456ULL;
```

接收 long long 输入

以前用 atoi 函数将字符串转换为整数。支持 long long 的 C++编译器提供类似的函数 atoll 将 char*字符串(C 字符串)转换成 long long 整数。

```
char *input_string[MAX_WIDTH + 1];
cin.get(input_string, MAX_WIDTH);
long long n = atoll(input_string);
```

long long 类型带来了另一个挑战：如数字过大，用户将很难输入或阅读。之前介绍单引号分隔符时，已就长度问题进行了讨论。但是，你可能希望用户能用更习惯的逗号来分隔。例如：

```
123,000,123,000,446,001
```

解决方案很简单，就是在转换成数字之前剥离这些字符。我专门写了以下函数来执行该任务，你可以拿去用到自己的程序中。

注 意 ▶ 支持 atoll 函数需包含<cstdlib>。

```
#define GROUP_SEP ','

long long read_formatted_input(string s) {
    for (int i = 0; i < s.size(); ++i) {
        if (s[i] == GROUP_SEP)
            s.erase(i, 1);
    }
    return atoll(s.c_str());
}
```

格式化 long long 数字

用正确数位分隔符打印格式化数字具有较大挑战，因为程序必须智能判断在哪里添加那些字符。这时可以用到 STL stringstream 类。该特殊类允许向字符串写入，类似于向控制台或文件写入。要包含以下文件：

```
#include <string>
#include <sstream>
```

然后，就可创建并使用一个"字符串流"。例如，就像向 cout 写入一样，可以向 s_out 对象写入。完成向流对象的写入之后，用 str 成员函数把它转换成实际字符串。

```
stringstream s_out;
s_out << "i 的值是 " << i << endl;
string s = s_out.str()
```

现在，就可以写一个函数来获取 long long 作为输入，返回一个格式化字符串。

```
#define GROUP_SEP ','
#define GROUP_SIZE 3

string output_formatted_string(long long num) {
    // 将数据读入字符串 s
    stringstream temp, out;
    temp << num;
string s = temp.str();

// 在第一个分隔符(GROUP_SEP)前写第一组字符
    int n = s.size() % GROUP_SIZE;
    int i = 0;
    if (n > 0 && s.size() > GROUP_SIZE) {
        out << s.substr(i, n) << GROUP_SEP;
        i += n;
    }

    // 处理其余分组
    n = s.size() / GROUP_SIZE - 1;
    while (n-- > 0) {
        out << s.substr(i, GROUP_SIZE) << GROUP_SEP;
        i += GROUP_SIZE;
    }
    out << s.substr(i); // 写其余数位
    return out.str(); // 流转换成字符串
}
```

同样，欢迎在你自己的程序中利用该函数。函数有点长，因为我提供了注释。和往常一样，要少打点字，可以拿掉注释。

本例用到了子串函数 substr，它是 string 类的一个重要函数。第一个参数是起始位置(记住，基于 0)，第二个参数是从起始位置开始选取的字符数。substr 函数返回你要的子串。省略第二个参数，就返回从起始位置到字符串末尾的全部字符。

函数获取数值输入(例如 88123000567001LL)，返回用分隔符格式化的字符串，从而增强可读性。然后就可以在控制台上打印结果字符串，例如：

```
88,123,000,567,001
```

例 17.2：斐波那契数之 64 位程序

好了，铺垫得差不多了，来看一个实际的例子。假定你想知道第 15 个斐波那契数。答案明显超出了标准 int 或 long(32 位)的范围，所以正适合拿 long long 来练手。

先快速复习一下斐波那契数。这是一组著名的数字，在前两个数之后，每个数都是前两个数之和。数列最开头的几个数如下：

```
1 1 2 3 5 8 13 21 34 55 89 144
```

该数列有正式的数学定义：

```
F(0) = 1
F(1) = 1
...
F(n) = F(n-1) + F(n-2)
```

表面上，该定义可用递归完美实现，能流畅转换成 C++代码。(这里用到了 long long，因为斐波那契数很快就会变得非常大。)

```cpp
long long Fibo(long long n) {
    if (n < 2) {
        return 1;
    } else {
      return Fibo(n - 1) + Fibo(n - 2);
    }
}
```

但是，虽然代码看起来很美，但效率低下。数字小的时候问题不大，比如在 Fibo(30)之前。但一旦达到 Fibo(40)左右，延迟就会变得非常明显，即使是用当今最快的处理器。

这是由于 n 每递增一次，就会几何级数地增大函数调用次数。

改成递归版本要多写几行代码。但和迭代版本不一样，Fibo(50)几乎能瞬时完成，而不用花几个小时的时间。

```
long long Fibo(int n) {
    if (n < 2)
        return 1;
    long long temp1 = 1;
    long long temp2 = 1;
    long long total = 0;
    while (n-- > 1) {
        total = temp1 + temp2;
        temp2 = temp1;
        temp1 = total;
    }
    return total;
}
```

这个版本要解决的问题不是速度，而是对大数字的处理。这正是它需要 long long 的原因。但注意，即使这么大的取值范围，在 Fibo(100)出头的时候也会溢出。

下面是完整程序，它提示输入一个数并计算 Fibo(n)，第 N 个斐波那契数。

```
fibo.cpp

#include <iostream>
#include <string>
#include <sstream>

using namespace std;

int long long Fibo(int n);
string output_formatted_string(long long num);

int main() {
    int n = 0;
    cout << "输入一个数: ";
    cin >> n;
    string s = output_formatted_string(Fibo(n));
    cout << "Fibo(" << n << ") = " << s << endl;
    return 0;
}
```

```cpp
long long Fibo(int n) {
    if (n < 2)
        return 1;
    long long temp1 = 1;
    long long temp2 = 1;
    long long total = 0;
    while (n-- > 1) {
        total = temp1 + temp2;
        temp2 = temp1;
        temp1 = total;
    }
    return total;
}

#define GROUP_SEP ','
#define GROUP_SIZE 3

string output_formatted_string(long long num) {
    // 将数据读入字符串 s
    stringstream temp, out;
    temp << num;
    string s = temp.str();

    // 在第一个分隔符(GROUP_SEP)前写第一组字符
    int n = s.size() % GROUP_SIZE;
    int i = 0;
    if (n > 0 && s.size() > GROUP_SIZE) {
        out << s.substr(i, n) << GROUP_SEP;
        i += n;
    }

    // 处理其余分组
    n = s.size() / GROUP_SIZE - 1;
    while (n-- > 0) {
        out << s.substr(i, GROUP_SIZE) << GROUP_SEP;
        i += GROUP_SIZE;
    }
    out << s.substr(i); // Write the rest of digits.
    return out.str(); // Convert stream -> string.
}
```

例如，如输入 **70**，程序将打印以下结果：

```
Fibo(70) = 308,061,521,170,129
```

工作原理

main 函数从控制台获取一个数并把它传给 Fibo 函数。函数返回的 long long 整数传给 print_formatted_string 函数，生成并打印格式漂亮的字符串。

```
string s = output_formatted_string(Fibo(n));
cout << "Fibo(" << n << ") = " << s << endl;
```

其余代码的工作原理之前已经讲过了。程序使用 Fibo 函数的迭代版本。虽然不如递归版本"优雅"，但更实用，更高效。即使较大的数字，也能几乎瞬间出结果。递归版本计算 Fibo(50) 要花几个小时的时间(如果期间系统没有崩溃的话)。

练习

练习 17.2.1. 修改程序维护包含 70 个 long long 整数的一个数组。用前 70 个斐波那契数填充。注意，这里第一个数是 F(0) 而非 F(1)。不是使用例 17.2 的 Fibo(0) 函数，而是直接设置 F(0) 和 F(1)。然后写一个循环计算剩余每个数组元素，即 F(2) 到 F(70)。求前两个数组元素之和即可。调用现成的 output_formatted_string 函数打印数组。

练习 17.2.2. 写程序提示输入一个数，将其作为 long long 存储。允许用户使用可选的数位分隔符来输入。计算比该数大的第一个质数并打印。如果需要，可参考第 2 章和第 4 章的质数测试代码。

本地化数字

第 8 章介绍了 #define 预处理器指令，用于减少程序中的"魔法数字"(作用不能一眼看清楚的数字)。语法很简单：

#define *符号名称 替代文本*

C++预处理器会将它在源代码文件剩余部分(注释和打印文本除外)找到的每个*符号名称*替换成*替代文本*。

如程序要面向其他国家的用户，可能需注意一下格式。大数字在美国和英国是一种格式，法国和其他许多欧洲国家是另一种。还有一些国家用点号(.)作为数位分隔符，逗号(,)反而是小数点(如德国)。

```
1,235,070,556 // 英美格式
1 235 070 556 // 欧洲格式
1.235.070.556 // 其他欧洲格式
```

本章程序针对这一点进行了优化，提供了最简便的控制手段。print_formatted_string 函数使用的格式由两个#define 指令决定。只需修改下面这两行：

```
#define GROUP_SEP ','
#define GROUP_SIZE 3
```

GROUP_SEP 指定数位分隔符：可选逗号、空格、单引号或点号；GROUP_SIZE 指定多少数位一组。中日 4 位一组；大多数国家 3 位一组。

花絮

斐波那契是何方神圣呢？

斐波那契数不是由斐波那契发明的，但计算机的发明要感谢他。他将十进制数字带入欧洲，如果我们不理解十进制系统，就不会理解二进制数字。没有二进制数字，就没有计算机。

这个富有远见的人名为列奥纳多·博纳奇，又称"博纳奇之子"。用意大利语来说，就是 Fibonacci(斐波那契)。1170 年出生的他被认为是中世纪最伟大的欧洲数学家。他最著名的作品是《计算之书》(*Liber Abaci*)。该书向欧洲引入了发源于印度并由阿拉伯人使用的十进制数字系统(即阿拉伯数字)。书中还引入了由印度数学家提出并在 6 世纪解答的一个问题：是否能用一个数列描述一对兔子在理想环境(没有饥饿，没有捕食者)中的繁殖数量？答案是 1，1，2，3，5，8，13，等等。该数列后来在西方被称为"斐波那契数列"。

这些古代印度人当时是否意识到了隐藏在该数列中的奥秘？相邻两个数相除的商越来越接近一个神秘的超自然数字：近似值 1.618。希腊人把它称为"黄金比例"。帕台农神殿就是基于该比例设计的。2000 年后，列奥纳多·达·芬奇著名的维特鲁威人展示了黄金比例在完美比例人体上的应用。例如，腿长和躯干长度的比例以及躯干长度和身高的比例。

如此多的奥秘以这种方式描述出来，是不是意味着有人在试图向我们传达什么奥义？可以确定的是，观察自然万物，我们人类能够领略到数学之美。

基于范围的 for(For Each)

C++11 最受欢迎的功能之一是"基于范围的 for"(C++14 当然也支持)。宗旨在于用 for 循环处理数组或其他容器时可以写更少的代码，犯更少的错误。

其他一些语言已引入该功能多年。它的意思是"处理容器中的每一项"，而不必关心从哪里开始或者在哪里结束。那些细节由编译器负责。该功能有两方面的好处。

- 简化编程，不用关心如何正确初始化和设置 for 循环的终止条件。
- 避免 C++编程的一个常见 bug 源：不正确地设置循环条件。即使最有经验的程序员在这一点上也容易疏忽。

以下是常规语法。有两种形式。仔细观察，你会发现唯一区别是&符号。

for(*基类型* **&** *变量* ： *容器*)　　// 传引用
　　语句
for(*基类型 变量*： *容器*)　　　　// 传值
　　语句

和往常一样，*语句*可以是用大括号({})封闭的复合语句或称"代码块"。而且推荐总是使用代码块，即使只有单个语句。变量作用域限制在*语句*或*块*中。

在语法的第一种形式中，*变量*是引用类型。意味着能修改原始数据。要修改容器中的值，推荐使用该形式。第二种形式只能访问值的拷贝。下面用数组来展示一个实例，它将 my_array 的每个成员设为 0：

```
int my_array[10];
for(int& i : my_array) {
    i = 0;
}
```

下例将 my_array 的每个成员设为 5：

```
for(int& i : my_array) {
    i = 5;
}
```

记住，如果不打算修改任何值，就拿掉&符号以保护数据。例如，下例打印 my_array 的所有元素：

```
for(int i : my_array) {
    cout << i << endl;
}
```

保留&符号也能保护值，但要将循环变量声明为 const。好处是保持 i 作为引用变量，避免因拷贝而带来的性能损失：

```
for(const int& i : my_array) {
```

```
        cout << i << endl;
    }
```

下例打印一个 double 数组的所有值。由于将 d 作为"值"变量，所以数组的每个元素都要拷贝。循环内的代码可随意处置这些拷贝，不会影响原始值。但如刚才所述，该版本要承受拷贝 100 个元素的代价。

```
double float_pt_nums[100];
...
for(double d : float_pt_nums) {
    cout << d << endl;
}
```

但下例要将原始数组中的所有浮点值都设为 0.0，所以要求&符号：

```
for(double& d : float_pt_nums) {
    d = 0.0;
}
```

C++基于范围的 for 语法非常灵活。容器可以是下面中的任意一种。

- 任何数组。
- STL string 对象(string 对象中的元素就是单独的字符)。基类型是 char。
- 定义了迭代器的 STL 类的实例，如 list 和 vector。
- 初始化列表(马上就有例子)。

基于范围的 for 语法支持大括号中的初始化列表。例如，以下代码在一行打印前 12 个斐波那契数。下面是打印大量数字的最简方式：

```
for(int& n : {1,1,2,3,5,8,13,21,34,55,89,144}) {
    cout << n << endl;
}
```

基于范围的 for 并非无缺陷。由于遍历容器时没有具体的索引编号、指针或迭代器，所以较难完成一些特定操作。每个元素都被一视同仁。

例如，怎样将一个数组设为{0, 1, 2, 3, 4}？使用标准 for 语句可以像下面这样写：

```
for(int i = 0; i < 5; i++) {
    array[i] = i;
}
```

幸好，稍微多写点代码，用基于范围的 for 仍然可以实现：

```
int j = 0;
for (int& i : array) {
    i = j++;
}
```

基于范围的 for 还有一个缺点(虽然瑕不掩瑜)。循环变量必须声明成循环的局部变量。不能在循环外部声明它。

例 17.3：用基于范围的 for 设置数组

下例演示了基于范围的 for 的几个应用场景。

range_based_for.cpp

```cpp
#include <iostream>
#include <cstdlib>
using namespace std;

#define SIZE_OF_ARRAY 5

int main()
{
    int arr[SIZE_OF_ARRAY];
    int total = 0;

    // 提示输入每个元素的值，存储并累加到 total 上
    for (int& n : arr) {
        cout << "输入数组的值: ";
        cin >> n;
        total += n;
    }
    cout << "数组包含的值: ";

    // 打印每个元素
    for (int n : arr) {
        cout << n << " ";
    }
    cout << endl << "累加总和: " << total << endl;
    cout << "下面将值清零." << endl;

    // 将每个元素清零
    for (int& n : arr) {
        n = 0;
    }
```

```
        cout << "现在数组包含的值: ";
        for (int n : arr) {
            cout << n << " ";
        }
        return 0;
    }
```

 工作原理

本例除了使用 C++11 基于范围的 for 语法，其实无多大新意。它更多地是带你体验这种更简洁的语法。例如，以前打印数组所有元素一般像下面这样写：

```
for (int i = 0; i < SIZE_OF_ARRAY; i++) {
    cout << arr[i] << endl;
}
```

很标准，但再来看看新版本有多简洁：

```
for (int n : arr) {
    cout << n << endl;
}
```

记住，可以使用任何类型，但变量类型和容器基类型必须要匹配。例如，假定 arr_floating_pt 是 double 数组，则循环变量必须是 double 类型而不能是 int 类型：

```
for (double x : arr_floating_pt) {
    cout << x << endl;
}
```

另外，不要忘记修改容器中的值需要添加 **&**：

```
for (int& n : arr) {
    n = 0;
}
```

 练习

练习 17.3.1. 不是提示用户"输入数组的值"，而是提示"输入 5 个数组值的第 *X* 个:"。其中 *X* 是当前数组索引。仍然用基于范围的 for 完成。提示：将一个辅助变量(例如 j)设为 0 并递增它。

练习 17.3.2. 将数组初始化为{1, 2, 3, 4, 5}。然后，使用基于范围的 for 倍增每个元素。打印结果以确认符合预期。提示：不要忘了添加&。

关键字 auto 和 decltype

新手可能体会不到 auto 关键字带来的巨大便利。但一旦开始写较复杂的程序，要用到复杂的数据类型，就知道它能帮你节省大量工作。

注 意 ▶ auto *关键字还有一个用处，即指定自动(基于栈的)存储类。除非特地声明为静态，否则局部变量默认都属于该存储类。用 auto 指定存储类现已完全废弃，不再支持!*

一旦用 auto 关键字声明变量，变量类型就由上下文决定。具体地说，由初始化它的东西决定。一旦固定，变量的类型就不能改变。auto 并不是用来定义可变数据类型。例如：

```
auto x1 = 5;          // x1 是 int 类型
auto x2 = 3.1415      // x2 是 double 类型
auto x3 = "Hello";    // x3 是 char*类型
auto x4 = "Hi!"s;     // x4 是 string 类型
```

刚开始可能不明白该关键字的要义。高级 C++程序员有时要使用一些复杂类型。假定 return_pp_Fraction 函数返回指向一个 Fraction 对象的指针。可像下面这样写代码来声明并初始化 x：

```
Fraction **x = return_pp_Fraction();
```

但也可如下简化：

```
auto x = return_pp_Fraction();
```

更妙的是，可在基于范围的 for 中使用 auto 关键字。假定 weirdContainer 是一个指针数组，包含指向 Fraction 对象的指针的指针[①]。这时可以像下面这样写：

```
for (Fraction& **x : weirdContainer) ...
```

但也可如下简化：

```
for (auto& x : weirdContainer) ...
```

auto 关键字在这里是如此有用，简直可以作为基于范围的 for 语法的一部分。容器将自动判断变量的类型。在这种情况下使用 auto，变量总是具有正确类型。

---

① 译注：一个指针包含一个变量的地址。定义一个指向指针的指针时，第一个指针包含了第二个指针的地址，第二个指针指向包含实际值的位置。

```
for(auto& 变量 : 容器) // 传引用
    语句
for(auto 变量 : 容器) // 传值
    语句
```

auto 关键字和另一个 C++11 关键字 decltype 相关，它用于返回实参的类型。

```
decltype(x) y; // 声明 y 具有和 x 一样的类型
```

auto 关键字在声明函数返回类型时也很有用，尤其是假如函数返回一个复杂类型，或类型可能在未来程序升级时改变。

记住，返回类型由函数的实际返回内容决定，所以自己要清楚返回什么。下例的返回类型明显是 int。

```
auto func1() {
    if (x == y) {
        return 1;
    } else {
        return 2;
    }
}
```

但下面这个函数的返回类型是 char*。

```
auto func2() {
    if (x == y) {
        return "equal";
    } else {
        return "not equal";
    }
}
```

另外，一个函数中的所有 return 语句都需精确匹配返回类型，否则编译器会因歧义而报错。

关键字 nullptr

nullptr 关键字提供了表示"空指针"(null pointer)的一种新的、首选的方式。意思是"不指向任何地方"。这和未初始化的指针不一样！

以第 8 章介绍的 strtok 函数为例。使用该函数的一种方式是向其传递空指针实参。

历史上，为了使指针容纳空值，办法是把它设为 0 或预定义常量 NULL。

```
int *p = 0;        // p 现在不指向任何地方
int *p2 = NULL;    // p2 也是
```

目前这些技术仍然可用。为了向后兼容，它们可能还会长时间支持。但用 0 来初始化或设置指针不好，因为同样的值可能被用于设置普通变量。这是不应该的。

```
int i = 0;    // 0 也用于指针
```

nullptr 的好处在于指针专用。它是语言的一部分，在支持它的所有程序中都能正确工作。如编译器支持 nullptr，应尽快用它代替 NULL。例如：

```
p = strtok(the_string, ", ");
while (p != nullptr) {
    cout << p << endl;
    p = strtok(nullptr, ", ");
}
```

注意，任何指针设为空(nullptr)，作为条件测试时就等价于 false。所以以下条件测试：

```
while (p != nullptr) { // 如 p 不为 false
    ...
}
```

等价于：

```
while (p) { // 如 p 为 true(非空)
    ...
}
```

强类型枚举

程序写得越多，越看各种"魔法数字"不顺眼。这些是程序中莫名其妙的字面数值。最好是把它们换成有意义的符号名称。

第一个办法是将数字，1，2 和 3 分配给不同的选择。值在大多数时候都重要。重要的是用数字表示选择时要保持一致。以一个 Rock, Paper, Scissors(石头、剪子、纸(布))游戏为例。

```
cout << "Enter Rock, Paper, or Scissors: "
cin >> input_str;
int c = input_str[0];

if (c == 'R' || c == 'r') {
    player_choice = 1; // 1 = rock 石头
```

```
} else if (c == 'P' || c == 'p') {
    player_choice = 2; // 2 = paper 纸(布)
} else if (c == 'S' || c == 's') {
    player_choice = 3; // 3 = scissors 剪子
}
```

程序员必须记住，1 代表 rock，2 代表 paper，3 代表 scissors。不加注释，这种代码很难懂。需要放弃"魔法数字"，替换成有意义的名称。

为了存储这种信息，另一个办法是用一系列#define 指令。

```
#define ROCK      1
#define PAPER     2
#define SCISSORS  3
```

现在，ROCK 就是 1，PAPER 就是 2，SCISSORS 就是 3。代码的可读性变好了。

```
if (comp == ROCK && player == SCISSORS)
    cout << "Rock smashes scissors. I WIN! " << endl;
```

虽有进步，但如果能自动赋值岂不更好？C++允许用 enum 关键字来实现。

```
enum {rock, paper, scissors };
```

该声明将 rock，paper 和 scissors 创建成符号常量，并自动赋予连续的整数 0，1 和 2。(默认从 0 开始。) 然后可将该类的值赋给变量，并可在条件表达式中测试。

```
if (c == 'R' || c == 'r')
    player = rock;
...
if (comp == rock && player == scissors)
    cout << "Rock smashes scissors. I WIN! " << endl;
```

在传统 C++中，可选择在 enum 关键字后添加类型名称来声明一个枚举类型。这是弱类型，可将枚举值赋给整数变量，反过来则不行。

```
enum Choice {rock, paper, scissors };
Choice your_pick = paper, my_pick = rock;
int i = my_pick; // Ok.
my_pick = 1; // 错误! 需要强制类型转换
my_pick = static_cast<Choice>(1); // Ok.
```

C++11 和更高版本的 enum 类

C++11 和更高版本的编译器支持 enum 关键字的新用法。使用 enum 和 class 关键字合并使用，不仅创建符号名称还创建一个类。

```
enum class Choice {rock, paper, scissors };
```

现在就可以声明 Choice 类型的变量。只能将该变量设置或初始化成 Choice 值，即 rock，paper 或 scissors。优点是避免了将组外的值赋给变量，或者错把枚举值当成整数。强 enum 值和整数之间需要强制类型转换(static_cast)。

```
Choice comp = Choice::rock;
Choice player = Choice::paper;
Choice x = 0; // 错误 - 0 不在 Choice 类中!
Choice y = 1; // 错误 - 1 不在 Choice 类中!
Choice me = static_cast<Choice>(0) // Ok, 使用强制类型转换
int i = Choice::rock; // 错误! 需要强制类型转换
```

扩展 enum 语法：控制存储

上一节描述的语法通常已经够用了，但偶尔需要对存储进行更多控制。下面是语法的完整版本：

```
enum class 枚举类型 : 存储类型 {
    符号
};
```

例如，可指定 C++应将你的符号作为 unsigned long 来实现。

```
enum class Choice : unsigned long {
    rock, paper, scissors
};
```

该语法的另一个灵活之处在于，可选择为特定符号指定值，例如：

```
enum class Numbers {
    zero,
    ten = 10;
    eleven,
    twelve,
    hundred = 100,
    hundred_and_one
};
```

枚举默认从 0 开始。不显式赋值，每个符号默认都是上个符号的值加 1。所以，在刚才的例子中，符号将自动获得你希望的值。

```
Numbers oceans = Numbers::eleven; // 为 oceans 赋值 11
```

原始字符串字面值

第 8 章介绍的字符串字面值实际是一个 char*类型的标准 C 字符串。(C++还支持代表宽字符的 wchar_t*格式，通常在国际化应用程序中使用)。

标准字符串字面值支持制表符和换行符等特殊字符，但一些普通字符(特别是\和")也必须用反斜杠(\)转义。例如，传统 C++要表示以下字符串数据:

> The "file" is c:\docs\a.txt.

就必须这样写:

> char s[] = "The \"file\" is c:\\docs\\a.txt.";

虽然看不起来不舒服，但至少在编译器那里消除了歧义。C++11 规范支持新的"原始字符串"规范:R"(和)"之间的一切都被视为字符串的一部分，无需对字符进行"转义"，真的成了"字面"值了。

> char s[] = R"(The "file" is c:\docs\a.txt.)";

R 前缀告诉 C++编译器这是一个原始字符串字面值。可读性是不是变好了？它的常规语法如下所示:

> R"(原始字符串文本)"

并非只能用(和)封闭字符串。还可添加另一个字符(或最长 16 个字符的字符串)来进一步界定字符串。下例使用 R*(和)*:

> char s[] = R"*(The "file" is c:\docs\a.txt.)*";

定界符(本例是*)只有在这个特殊的上下文中才有意义。具体说来，就是"*(开始字符串，遇到)*"才代表字符串结束。

小结

- 新的 C++14 规范允许在大数字中将单引号(')作为数位分隔符。这纯粹是为了增强可读性，会被编译器忽略。例如，可这样初始化 1000 万(10 个百万):

  int n = 10'000'000;

- C++14 规范允许为字符串字面值添加 s 后缀，强制它成为真正的 string 类型而不是 char*类型。如函数的返回类型是 auto，这个功能尤其好用。

```
return "Hello"s;
```

- C++14 支持二进制字面值。该功能特别适合执行二进制运算。

```
cout << data | 0b1111; // 低 4 位开
```

- C++14 规范包含 C++11 引入的所有新功能。 这些功能也就是最近才被几乎所有编译器厂商完整实现。

- C++11 支持 long long int，即 64 位整型。还有一个对应的 unsigned long long int 类型。声明这两种类型时，int 关键字都可省略。

```
long long x = 0;
unsigned long long y = 0;
```

- 对于超出长整数范围的数值字面值，C++11 和更新的编译器支持新的数值字面值后缀 LL(代表 long long)和 ULL(代表 unsigned long long)。

```
long long x = 1230004560012LL;
```

- atoll 函数函数获取字符串输入并返回一个 long long(64 位)整数。

- 基于范围的 for 是一种新语法，意思是"对指定容器中的每个成员执行指定的操作"。容器可以是数组、STL string 对象或支持 begin/end 函数的任何 STL 类(比如 list 模板)。

- 如果不需要在循环期间更改容器的内容，可使用基于范围的 for 最简单的版本：

```
for(int n : my_array)      // 打印 my_array 的每个成员
    cout << n << endl;
```

- 如果需要修改值，在变量声明中使用&符号：

```
for(int& n : my_array) // 将 my_array 的每个成员设为 0
    n = 0;
```

- auto 关键字声明类型由上下文决定的数据项。但一经声明，该类型就固定下来了。例如：

```
int my_int_array[NUM_ITEMS];
for (auto x : my_int_array)
    cout << x << endl; // x 具有 int 类型
```

- decltype 关键字返回其实参的类型。

- 用 nullptr 关键字初始化一个指针，让它"不指向任何地方"。

  ```
  int *p = nullptr;
  ```

- C++11 和更新的编译器同时支持弱枚举和强 enum(枚举类型)。用 enum class 类创建强类型的枚举值集合(如下例所示)。这会创建一个独立的命名空间，其中的值除非进行强制类型转换，否则不能赋给其他整型，或从其他整型赋值。

  ```
  enum class type_name { symbols };
  ```

- C++11 和更新的编译器允许用 R 前缀表示原始字符串字面值，其中的字符无需转义。就连引号(")和反斜杠(\)都不用。用"(和)"定界字符串。常规语法如下：

  ```
  R"(原始字符串文本)"
  ```

操作符函数：用类来完成

用 C++能做许多有意思的事情，其中一件是定义操作符怎样"操作"你的类。例如，可定义一个 Fraction(分数)类型，再通过一些编程使以下语句在 C++中变得有意义：

```
Fraction fr1(1, 2), fr2(1, 4);
cout << fr1 + fr2 << endl;
```

如果 1/2 和 1/4 能正确相加并打印 3/4，是不是很有意思？没问题，C++能做到！为进一步提高可读性，还可以添加第 11 章最后展示的 Fraction(string)构造函数，从而写出这样的代码：

```
Fraction a = "1/2", b = "1/6";
cout << a + b << endl; // 打印"2/3".
```

这里的加法操作符(+)被编码成操作符函数。相应的技术称为"操作符重载"。

操作符重载函数是 C++最吸引人的特色之一。但只有在创建新的基元数据类型时，该功能才有用。事实上，这是一种只有少数 C++程序员才会考虑使用的高级技术，所以我把它放到最后介绍。

18.1 操作符函数入门

类操作符函数的基本语法很简单。

返回类型 **operator@**(*参数列表*)

将语法中的@符号替换成一个有效的 C++操作符，例如+，-，*或/。可使用 C++标准类型支持的任何操作符。操作符的优先级和结合性将被继承(参见附录 A)。

操作符函数可定义成成员函数或全局函数(即非成员函数)。

- 将操作符函数声明为成员函数，在左操作数代表的对象上调用函数。
- 将操作符函数声明为全局函数，每个操作数都对应一个函数实参。

下面在 Point 类中声明+和−操作符函数。

```
class Point {
//...
public:
    Point operator+(Point pt);
    Point operator-(Point pt);
};
```

有了这些声明，就可将操作符应用于 Point 对象。

```
Point point1, point2, point3;
point1 = point2 + point3;
```

编译器看到上述代码，会通过左操作数(point2)来调用 operator+函数。右操作数(point3)成为函数实参。如下图所示。

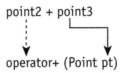

那么，point2 怎么了？它的值被忽略了吗？并没有。函数将 point2 视为"这个对象"(this)。所以，如果不加限定地使用 x 和 y，指的就是 point2 的 x 和 y 拷贝。看函数定义就明白了。

```
Point Point::operator+(Point pt) {
    Point new_pt;
    new_pt.x = x + pt.x;
    new_pt.y = y + pt.y;
    return new_pt;
}
```

数据成员 x 和 y 前面不加限定，指的就是左操作数(point2)的值。表达式 pt.x 和 pt.y 指的是右操作数(point3)的值。

该操作符函数声明为具有 Point 返回类型，意味着它返回一个 Point 对象。这很正常。两个点相加，应该得到另一个点。从一个点减去一个点，也应该得到另一个点。但是，C++允许你为返回类型指定任何有效类型。

如果有一个 Point(int, int)构造函数，函数可以更精简：

```
Point Point::operator+(Point pt) {
```

```
        return Point(x + pt.x, y + pt.y);
    }
```

参数列表可包含任何类型。函数允许重载。可声明一个操作符函数和 int 类型交互，另一个和浮点类型交互，以此类推。

Point 类的对象和整数相乘是有意义的。像这样声明对应的操作符函数(在类中)：

```
    Point operator*(int n);
```

函数定义如下所示：

```
    Point Point::operator*(int n) {
        Point new_pt;
        new_pt.x = x * n;
        new_pt.y = y * n;
        return new_pt;
    }
```

函数在这里同样返回 Point 对象，虽然可选择返回任何东西。

作为对照，可创建操作符函数来计算两个点之间的距离并返回浮点(double)结果。本例选择的操作符是%，但你可以选择 C++定义的其他任何二元操作符。重点在于，可选择适合当前操作的任何返回类型。

```
    #include <cmath>
    double Point::operator%(Point pt) {
        int d1 = pt.x - x;
        int d2 = pt.y - y;
        return sqrt(d1 * d1 + d2 * d2);
    }
```

基于该函数定义，以下代码将正确打印点(20, 20)和点(24, 23)之间的距离(5.0)：

```
    Point pt1(20, 20);
    Point pt2(24, 23);
    cout << "两点间的距离 :" << pt1%pt2;
```

18.2 作为全局函数的操作符函数

操作符函数也可声明为全局函数。虽然不再将所有相关函数都集中在类声明中，但有时确实需要这样做。

全局操作符函数在类的外部声明(不在任何类中)。参数列表中的类型决定该函数应用于哪种操作数。例如，Point 类的+操作符函数可以写成全局函数。下面是声明(原型)，位置应该在函数调用之前。

```
Point operator+(Point pt1, Point pt2);
```

下面是函数定义：

```
Point operator+(Point pt1, Point pt2) {
    Point new_pt;
    new_pt.x = pt1.x + pt2.x;
    new_pt.y = pt1.y + pt2.y;
    return new_pt;
}
```

调用该函数的过程如下图所示。

现在两个操作数都被解释成函数实参。左操作数(point2)的值赋给第一个实参 pt1。不再有"这个对象"(this)的概念。对 Point 数据成员的所有引用都必须进行限定。

这带来一个问题。如果数据成员不是公共的，函数就不能访问它们。一个方案是使用内部的成员访问函数(如果有的话)来访问数据。

```
Point operator+(Point pt1, Point pt2) {
    Point new_pt;
    int a = pt1.get_x() + pt2.get_x();
    int b = pt1.get_y() + pt2.get_y();
    new_pt.set(a, b);
    return new_pt;
}
```

但这个方案不理想。而且，有的类根本不能这样做，因为成员完全不可访问。更好的方案是声明友元函数。这样，函数是全局的，又能访问私有成员。

```
class Point {
//...
public:
    friend Point operator+(Point pt1, Point pt2);
};
```

有时只能将操作符函数写成全局函数。在成员函数中，左操作数被解释成“这个对象”。但是，如果左操作数没有对象类型怎么办？例如，怎样支持下面这样的操作？

```
point1 = 3 * point2;
```

这里的问题在于，左操作数具有 int 类型而不是 Point 类型。为支持这样的操作，唯一的方案就是写全局函数。

```
Point operator*(int n, Point pt) {
    Point new_pt;
    new_pt.x = pt.x * n;
    new_pt.y = pt.y * n;
    return new_pt;
}
```

为了访问私有数据成员，可能需要将该函数变成类的友元。

```
class Point {
    //...
    public:
        friend Point operator*(int n, Point pt);
};
```

函数调用过程如下图所示。

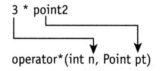

18.3 通过引用提高效率

对象每次作为值传递或返回，都会调用一次拷贝构造函数并分配内存。用引用类型可减少这种操作的次数。

下面展示了 Point 类的 add 函数以及调用它的+操作符函数，都不是用引用类型写的。

```
class Point {
//...
public:
    Point add(Point pt);
    Point operator+(Point pt);
};
```

```
Point Point::add(Point pt) {
    Point new_pt;
    new_pt.x = x + pt.x;
    new_pt.y = y + pt.y;
    return new_pt;
}

Point Point::operator+(Point pt) {
    return add(pt);
}
```

这样写函数本身没有问题，但注意，像 pt1 + pt2 这样的表达式会创建多少次新对象。

- 右操作数传给 operator+ 函数。这要求创建 pt2 的一个拷贝并传给函数。
- operator+ 函数调用 add 函数。创建 pt2 的另一个拷贝并传给该函数。
- add 函数创建新对象 new_pt。这会调用默认构造函数。构造函数返回时，程序创建 new_pt 的一个拷贝并传回调用者(operator+ 函数)。
- operator+ 函数将对象返回给它的调用者，又创建 new_pt 的一个拷贝。

太多拷贝! 创建了 5 个新对象，调用默认构造函数一次，调用拷贝构造函数四次。效率太低了。

注 意 ▶ 对当今速度超级快的 CPU 来说，效率似乎不是问题。但你根本无法保证一个类会被怎样使用。有的程序执行一个循环千百万次。所以，只要有简单的方式能使代码变得更高效，就要利用它。

其中两个拷贝操作可通过引用参数来避免。下面是修改版，改动的行加粗。

```
class Point {
//...
public:
    Point add(const Point &pt);
    Point operator+(const Point &pt);
};

Point Point::add(const Point &pt) {
    Point new_pt;
    new_pt.x = x + pt.x;
    new_pt.y = y + pt.y;
    return new_pt;
}
```

```
Point Point::operator+(const Point &pt)
    return add(pt);
}
```

使用 Point&这样的引用类型，一个好处是函数调用的实现变了，但源代码不需要进行其他修改。

这里使用了 const 关键字，目的是防止修改传递的实参。函数获得它自己的实参拷贝时，不管怎样都改变不了原始拷贝的值。const 关键字实现了数据保护，防止不慎更改操作数的值。

使用引用消除了两个被拷贝的对象实例。但每次这些函数返回时，都会创建对象的一个拷贝。可使一个或两个函数内联来避免这种拷贝动作。operator+函数内部只是调用 add 函数，所以特别适合内联。

```
class Point {
//...
public:
    Point operator+(const Point &pt) {return add(pt);}
};
```

operator+函数内联后，像 pt1 + pt2 这样的操作会在编译时直接转换成对 add 函数的调用。这又消除了一个拷贝动作。现在，大多数拷贝都被消除了，类变得更高效。

例 18.1：Point 类的操作符

为 Point 类写高效的、有用的操作符函数所需的全部工具现已被我们掌握。下面是 Point 类的完整声明以及相应的测试代码。

来自第 11 章的代码使用正常字体。新的或改动的行加粗。

point3.cpp

```
#include <iostream>
using namespace std;

class Point {
private: // 私有数据成员
    int x, y;
public: // 构造函数
    Point() { set(0, 0); }
    Point(int new_x, int new_y) { set(new_x, new_y); }
```

```
        Point(const Point &src) { set(src.x, src.y); }

    // 操作(运算)
    Point add(const Point &pt);
    Point sub(const Point &pt);
    Point operator+(const Point &pt) { return add(pt); }
    Point operator-(const Point &pt) { return sub(pt); }

    // 其他成员函数
    void set(int new_x, int new_y);
    int get_x() const { return x; }
    int get_y() const { return y; }
};

int main()
{
    Point point1(20, 20);
    Point point2(0, 5);
    Point point3(-10, 25);
    Point point4 = point1 + point2 + point3;
    cout << "点坐标是 " << point4.get_x();
    cout << ", " << point4.get_y() << "." << endl;
    return 0;
}

void Point::set(int new_x, int new_y) {
    if (new_x < 0) {
        new_x *= -1;
    }
    if (new_y < 0) {
        new_y *= -1;
    }
    x = new_x;
    y = new_y;
}

Point Point::add(const Point &pt) {
    Point new_pt;
    new_pt.x = x + pt.x;
    new_pt.y = y + pt.y;
    return new_pt;
}

Point Point::sub(const Point &pt) {
```

```
        Point new_pt;
        new_pt.x = x - pt.x;
        new_pt.y = y - pt.y;
        return new_pt;
    }
```

 ## 工作原理

本例为 Point 类添加了一组操作符函数。

```
Point add(const Point &pt);
Point sub(const Point &pt);
Point operator+(const Point &pt) {return add(pt);}
Point operator-(const Point &pt) {return sub(pt);}
```

如前所述，operator+函数是内联函数，将下面这样的表达式转换成对 add 函数的调用：

```
Point point1 = point2 + point3;
```

该表达式实际相当于：

```
Point point1 = point2.add(point3);
```

add 函数进而新建 Point 对象，通过将 this 对象(本例是 point2)的坐标加到实参(point3)的坐标上来初始化该对象 operator-和 sub 函数工作原理类似。

本例还在 get_x 和 get_y 函数声明中添加了 const 关键字，它在该上下文中的意思是"函数同意不更改任何数据成员或调用其他任何非 const 的函数"。

```
int get_x() const {return x;}
int get_y() const {return y;}
```

这个改动很有用。它防止因为不慎对数据成员的更改，允许函数由其他 const 函数调用，并允许由同意不更改 Point 对象的函数调用。

例如，假定声明一个 const Point 对象：

```
const Point p1, p2, p3;
cout << p1.get_x(); // 合法吗?
```

const 成员函数使第二个语句能成功执行。而且完全合理，因为它唯一做的就是调用 p1 的一个成员函数而不会更改它。

下面列出 const 成员函数的编码规范。

> ✻ 如对象声明为 const，就只能调用该对象的 const 成员函数。如对象未被声明为 const，const 和非 const 函数都可调用。

 练习

练习 **18.1.1.** 写程序测试默认构造函数和拷贝构造函数被调用多少次。提示：插入语句将输出发送给 cout；如有必要可以写多行，只要函数定义语法正确。然后在有和没有引用参数(const Point&)的情况下运行程序。将参数改回原本的 Point 就是没有引用参数。使用引用参数是不是高效多了？

练习 **18.1.2.** 编写并测试一个扩展的 Point 类来支持 Point 对象和一个整数的乘法运算。使用全局函数，辅以 friend 声明。

练习 **18.1.3.** 写一个相似的类，但建模三维空间的点(Point3D)。

例 18.2：Fraction 类的操作符

本例使用和例 18.1 相似的技术来扩展 Fraction 类，提供基本的操作符支持。和之前一样，代码使用引用参数(const Fraction&)来提高效率。

Fract5.cpp

```cpp
#include <iostream>
using namespace std;

class Fraction {
private:
    int num, den; // num 代表分子，den 代表分母
public:
    Fraction() { set(0, 1); }
    Fraction(int n, int d) { set(n, d); }
    Fraction(const Fraction &src);

    void set(int n, int d) { num = n; den = d; normalize(); }
    int get_num() const { return num; }
    int get_den() const { return den; }
    Fraction add(const Fraction &other);
    Fraction mult(const Fraction &other);
    Fraction operator+(const Fraction &other)
        { return add(other); }
```

```cpp
Fraction operator*(const Fraction &other)
    { return mult(other); }

private:
    void normalize(); // 分数化简
    int gcf(int a, int b); // 最大公因数(GCF)
    int lcm(int a, int b); // 最小公倍数(LCM)
};

int main()
{
    Fraction f1(1, 2);
    Fraction f2(1, 3);
    Fraction f3 = f1 + f2;

    cout << "1/2 + 1/3 = ";
    cout << f3.get_num() << "/";
    cout << f3.get_den() << "." << endl;
    return 0;
}

// -------------------------------------------------
// Fraction 类的成员函数
Fraction::Fraction(Fraction const &src) {
    num = src.num;
    den = src.den;
}

// Normalize(标准化): 分数化简,
// 数学意义上每个不同的值都唯一
void Fraction::normalize() {
    // 处理涉及 0 的情况
    if (den == 0 || num == 0) {
        num = 0;
        den = 1;
    }
    // 仅分子有负号
    if (den < 0) {
        num *= -1;
        den *= -1;
    }

    // 从分子和分母中分解出 GCF
    int n = gcf(num, den);
```

```
        num = num / n;
        den = den / n;
}

// 最大公因数
//
int Fraction::gcf(int a, int b) {
    if (b == 0)
        return abs(a);
    else
        return gcf(b, a%b);
}

// 最小公倍数
//
int Fraction::lcm(int a, int b) {
    int n = gcf(a, b);
    return a / n * b;
}

Fraction Fraction::add(const Fraction &other) {
    Fraction fract;
    int lcd = lcm(den, other.den);
    int quot1 = lcd / other.den;
    int quot2 = lcd / den;
    fract.set(num * quot1 + other.num * quot2, lcd);
    return fract;
}

Fraction Fraction::mult(const Fraction &other) {
    Fraction fract;
    fract.set(num * other.num, den * other.den);
    return fract;
}
```

 工作原理

add 和 mult 函数取自 Fraction 类原有的代码(例 11.2)。只是修改了参数类型，都使用
引用参数，提供更高效的实现。

```
Fraction add(const Fraction &other);
Fraction mult(const Fraction &other);
```

函数声明变了，定义也必须修改来反映当前参数类型。但这个改动只影响函数头(加粗部
分)。函数体无需改动。

```
Fraction Fraction::add(const Fraction &other) {
    Fraction fract;
    int lcd = lcm(den, other.den);
    int quot1 = lcd/den;
    int quot2 = lcd/other.den;
    fract.set(num * quot1 + other.num * quot2, lcd);
    return fract;
}

Fraction Fraction::mult(const Fraction &other) {
    Fraction fract;
    fract.set(num * other.num, den * other.den);
    return fract;
}
```

操作符函数别的事情不干，就是调用相应的成员函数(add 或 mult)并返回值。这是由内联 operator+和 operator*函数的写法决定的。例如，当编译器看到以下表达式：

    f1 + f2

会将其转换成以下函数调用：

    f1.operator+(f2)

类似地，以下表达式：

    f1 * f2

会转换成以下调用：

    f1.mult(f2)

main 中的语句声明两个分数，相加，打印结果，测试了 operator+函数。

 优化代码

Fraction 类提供了一个很有用的 Fraction(int, int)构造函数。可利用它来简化 add 和 mult 函数，使它们不必调用 set 函数。

```
Fraction Fraction::add(const Fraction &other) {
    int lcd = lcm(den, other.den);
    int quot1 = lcd/den;
    int quot2 = lcd/other.den;
    return Fraction(num * quot1 + other.num * quot2, lcd);
```

```
    }

Fraction Fraction::mult(const Fraction &other) {
    return Fraction(num * other.num, den * other.den);
}
```

还有一个改进类的重要手段，之前在讨论 Point 类时已经讲到：大多数成员函数都可声明为 const 函数。

哪些应声明为 const？原则很简单，如成员函数不更改其所属类的对象，就适合声明为 const 成员函数。这在许多程序中并不重要。但一旦类的用户有可能声明 const 对象，就必须关注该问题。

```
const Fraction one_half(1, 2), one_third(1, 3);
```

这种对象只能调用同样声明为 const 的成员函数。(非 const 对象既可调用 const 函数，也可调用非 const 函数。)而 const 成员函数无法修改其调用对象。

那么，成员函数应该声明为 const 吗？是的，大多数都应该。构造函数不能声明为 const，要更改对象内容的函数也不能，例如 set 和 normalize。但本例的所有操作符函数都适合声明为 const。它们尽管会新建对象，但不会更改它们的调用对象。

要将成员函数声明为 const，需在声明之后、分号或起始大括号之前添加 const 关键字。例如：

```
Fraction add(const Fraction &other) const;
Fraction mult(const Fraction &other) const;
```

 练习

练习 **18.2.1.** 修改 main 函数提示输入一组分数值，为分母输入 0 退出输入循环。程序累加所有分数并打印结果。

练习 **18.2.2.** 为 Fraction 类写 operator-函数(减法)。

练习 **18.2.3.** 为 Fraction 类写 operator/函数(除法)。

练习 **18.2.4.** 修改 Fraction 类将每个成员函数声明为 const，那些不适合的函数除外 (set，normalize 和构造函数)。

18.4　操作其他类型

感谢重载，可以为同一个操作符写多个函数，每个都操作不同的类型。例如：

```
class Fraction {
//...
public:
    operator+(const Fraction &other);
    friend operator+(int n, const Fraction &fr);
    friend operator+(const Fraction &fr, int n);
}
```

每个函数都处理 int 和 Fraction 操作数的不同组合，以支持下面这样的表达式：

```
Fraction fract1;
fract1 = 1 + Fraction(1, 2) + Fraction(3, 4) + 4;
```

但在处理整数运算时有一个更简单的方式。其实真正需要的就是将整数转换成 Fraction 对象的函数。有这样的函数存在，只需写 operator+函数的一个版本。对于如下所示的表达式，编译器能将整数 1 自动转换成 Fraction 格式再调用 Fraction::operator+函数使两个分数相加。

```
Fraction fract1 = 1 + Fraction(1, 2);
```

这个转换函数很容易写，其实就是获取单个 int 参数的一个 Fraction 构造函数。可内联以提高效率。

```
Fraction(int n) {set(n, 1);}
```

18.5　类赋值函数(=)

写类时，一些函数由 C++编译器自动提供。之前已介绍过两个，本节介绍第三个。

* 默认构造函数。什么都不初始化的编译器版本。另外，只要写了自己的任何构造函数，编译器就会停止供应默认构造函数。为安全起见，应该坚持写自己的默认构造函数，除非你想强迫类的用户自己初始化对象。

* 拷贝构造函数。自动版本的行为是对源对象执行简单的逐成员拷贝。

* 赋值操作符函数(=)。这是以前没讲过的。

如果没写赋值操作符函数，编译器就自动提供一个。这正是以前能执行以下操作的原因：

```
    f1 = f2;
```

第 15 章依赖的正是该行为，它将函数返回的对象拷贝给包含那些对象的一个数组。Card
对象中的数据直接拷贝到基类型 Card 的数组中。

编译器提供的 operator=函数和编译器提供的拷贝构造函数相似：都执行简单的逐成员
拷贝(或赋值)。但记住拷贝构造函数会创建新对象，所以它们不完全相同。

用以下语法写自己的赋值操作符函数：

```
class_name& operator=(const class_name &source_arg)
```

该函数和拷贝构造函数相似，但应返回对类的一个对象的引用，而不是创建新对象。下面
是 Fraction 类的 operator=函数：

```
class Fraction {
//...
public:
    Fraction& operator=(const Fraction &src) {
        set(src.num, src.den);
        return *this;
    }
};
```

代码中使用了关键字 this，代表指向当前对象的指针。(在哪个对象上调用成员函数，那
个对象就是"当前对象"。)

this

return *this;就是返回对象自身！另外，根据函数的声明方式，返回的是一个引用而
非拷贝。顺便说一下，这正是 C++赋值的初衷：通过赋值而生成的值实际是对左操作数的
一个引用。这使以下代码得以成立：

```
int a, b, c;
a = b = c = 0; // 将 0 赋值所有这些变量
```

但目前只需知道，没必要为这样的一个类专门写赋值操作符函数。默认行为便已足够。而
且如果没有自己写赋值操作符函数，编译器肯定会自动提供一个。

只有在对象除了它的数据成员，还拥有其他资源(比如在构造时才分配的资源)的情况下，
才需要写赋值操作符函数。例如，从头写自己的 string 类就属于这种情况。

18.6 相等性测试函数(==)

如果你没写，编译器自动提供一个赋值操作符(=)函数，相等性测试则不然。编译器不会
自动提供 operator==函数。所以如果自己没有写，以下代码无法工作：

```
Fraction f1(2, 3);
Fraction f2(4, 6);

if (f1 == f2) {
    cout << "两个分数相等.";
} else {
    cout << "两个分数不等.";
}
```

显然，上述代码应打印两个分数相等的消息，即使两个对象包含的是不同的数字(2/3 和
4/6)。

感谢以前为 Fraction 类写的分数化简函数 normalize，比较两个分数很简单。如分子
和分母均相等，则分数相等。所以，可以像下面这样写 operator==函数：

```
bool Fraction::operator==(const Fraction &other) {
    if (num == other.num && den == other.den) {
        return true;
    } else {
        return false;
    }
}
```

该函数定义还可进一步简化如下：

```
bool Fraction::operator==(const Fraction &other) {
    return (num == other.num && den == other.den);
}
```

都这么短了，完全适合内联。

```
class Fraction {
//...
public:
    int operator==(const Fraction &other) {
        return (num == other.num && den == other.den);
    }
};
```

18.7 类的"打印"函数

每次想打印分数内容时都要写这种重复的代码显得很枯燥：

```
cout << f3.get_num() << "/";
cout << f3.get_den() << "." << endl;
```

明显可以用一个函数来改进。甚至可以声明一个名为 print 的成员函数，该名字不是 C++的保留字。

```
void Fraction::print() {
    cout << num << "/";
    cout << den;
};
```

但其实我们真正想要的是能用这样的代码打印对象：

```
cout << fract;
```

为支持这样的语句，需要写一个 operator<<函数来和 cout 的父类 ostream 交互。必须是全局函数，因为左操作数是 ostream 类的对象，而我们没有更新或修改 ostream 代码的权限。

函数应声明为 Fraction 类的友元以便访问其私有成员。

```
class Fraction {
//...
public:
    friend ostream &operator<<(ostream &os, Fraction &fr);
};
```

函数返回一个 ostream 对象引用。只有这样，以下语句才能成功执行：

```
cout << "分数的值是 " << fract << endl;
```

以下是 operator<<函数的定义，它能用令人舒适的格式打印 Fraction 对象。

```
ostream &operator<<(ostream &os, Fraction &fr) {
    os << fr.num << "/" << fr.den;
    return os;
}
```

这个方案的好处在于，它能将 Fraction 的输出正确定向到你指定的任何 ostream 对象。例如，如 outfile 是文本文件输出对象，就可用它将分数打印到文件。

```
outfile << fact;
cout << "对象 " << fract;
cout << " 已打印到文件." << endl;
```

例 18.3：完整的 Fraction 类

下面是 Fraction 类基本完整的版本以及相应的测试代码。和往常一样，新增代码加粗。

```
Fract6.cpp
#include <iostream>
using namespace std;

class Fraction {
private:
    int num, den; // num 代表分子，den 代表分母
public:
    Fraction() { set(0, 1); }
    Fraction(int n, int d) { set(n, d); }
    Fraction(int n) { set(n, 1); }
    Fraction(const Fraction &src);

    void set(int n, int d) { num = n; den = d; normalize(); }
    int get_num() const { return num; }
    int get_den() const { return den; }
    Fraction add(const Fraction &other);
    Fraction mult(const Fraction &other);
    Fraction operator+(const Fraction &other) { return add(other); }
    Fraction operator*(const Fraction &other) { return mult(other); }

    bool operator==(const Fraction &other);
    friend ostream &operator<<(ostream &os, Fraction &fr);

private:
    void normalize(); // 分数化简
    int gcf(int a, int b); // 最大公因数(GCF)
    int lcm(int a, int b); // 最小公倍数(LCM)
};

int main()
{
    Fraction f1(1, 2);
    Fraction f2(1, 3);
    Fraction f3 = f1 + f2 + 1;
```

```
        cout << "1/2 + 1/3 + 1 = " << f3 << endl;
        return 0;
}

// --------------------------------------------------
// Fraction 类的成员函数
Fraction::Fraction(Fraction const &src) {
        num = src.num;
        den = src.den;
}
// Normalize(标准化): 分数化简,
// 数学意义上每个不同的值都唯一
void Fraction::normalize() {
        // 处理涉及 0 的情况
        if (den == 0 || num == 0) {
                num = 0;
                den = 1;
        }
        // 仅分子有负号
        if (den < 0) {
                num *= -1;
                den *= -1;
        }
        // 从分子和分母中分解出 GCF
        int n = gcf(num, den);
        num = num / n;
        den = den / n;
}

// 最大公因数
//
int Fraction::gcf(int a, int b) {
        if (b == 0)
                return abs(a);
        else
                return gcf(b, a%b);
}

// 最小公倍数
//
int Fraction::lcm(int a, int b) {
        int n = gcf(a, b);
        return a / n * b;
```

```
}

Fraction Fraction::add(const Fraction &other) {
    int lcd = lcm(den, other.den);
    int quot1 = lcd / den;
    int quot2 = lcd / other.den;
    return Fraction(num * quot1 + other.num * quot2,
        lcd);
}

Fraction Fraction::mult(const Fraction &other) {
    return Fraction(num * other.num, den * other.den);
}

bool Fraction::operator==(const Fraction &other) {
    return (num == other.num && den == other.den);
}

// ---------------------------------------------------
// Fraction 类的友元函数
ostream &operator<<(ostream &os, Fraction &fr) {
    os << fr.num << "/" << fr.den;
    return os;
}
```

 工作原理

本例只为 Fraction 类添加了几个新功能。

- 获取单个 int 参数的构造函数。
- 支持相等性测试操作符(==)的操作符函数。
- 支持将 Fraction 对象打印到 ostream 对象(比如 cout)的全局函数。

有了 Fraction(int)构造函数，程序就能自动将整数转换成 Fraction 对象。

    Fraction(int n) {set(n, 1);};

函数将参数作为分子，1 作为分母。所以 1 转换成 1/1，2 转换成 2/1，5 转换成 5/1，以此类推。

对 Fraction 类的其他新扩展集成了之前的小节引入的代码。首先扩展了类声明，现在声明两个新函数。

```
int operator==(const Fraction &other);
friend ostream &operator<<(ostream &os, Fraction &fr);
```

operator<<函数是全局函数,同时是 Fraction 类的友元,因而可以访问私有数据(具体就是 num 和 den)。

```
ostream &operator<<(ostream &os, Fraction &fr) {
    os << fr.num << "/" << fr.den;
    return os;
}
```

 练习

练习 18.3.1. 修改本例的 operator<<函数,用(n, d)格式打印数字。n 和 d 分别是分子和分母(num 和 den 成员)。

练习 18.3.2. 写大于(>)和小于(<)函数,修改 main 函数来测试。例如,测试 1/2 + 1/3 是否大于 5/9。提示:如 A * D > B * C,则 A/B 大于 C/D。

练习 18.3.3. 写 operator<<函数将 Point 对象的内容发送给 ostream 对象(比如 cout)。假定函数被声明为 Point 类的友元函数。只需写函数定义。

练习 18.3.4. 修改类将所有成员函数声明为 const,不适合的除外(包括 set、normalize 和构造函数)。

18.8 结语(关于操作符)

能写类操作符函数,这是 C++吸引人的地方之一。但即使是高级程序员,声明新类时也一般很少需要。

为什么用得不广泛?一个原因是需要做好多工作,才能实现称为"语法糖"的某种东西。它主要是方便人写这样的语句:

```
fract1 + fract2
```

而不是像下面这样写:

```
fract1.add(fract2)
```

确实,操作符重载版本(第一个)能少打一些字。但有的公司明确表示反对其 C++程序员写操作符函数,因为像这样的用法并不能提升运行时效率,有时反而会成为一种阻碍。

不过，本书其实一直在使用操作符函数。写操作符函数也称为"操作符重载"，意味着重新定义操作符之于特定对象类型的功能。例如，在 cin 和 cout 的情况下就在用它。

```
cout << "输入要存储到 n 中的数字: ";
cin >> n;
```

流操作符<<和>>实际是来自老的 C 语言的移位操作符，在应用于流对象时被重新定义成其他功能。虽然用起来方便，但没有做好表率。(但或许还是值得的，因为在这种特定情况下，两个操作符具有很好的视觉隐喻。)一般情况下，即便应用于新的上下文，操作符的抽象意义也应保持一致。例如，+总是执行某种加法，例如在它应用于字符串对象的时候(虽有争议)。

那么，为何 C++的设计者比雅尼(Bjarne Stroustrup)最开始要将操作符重载功能引入语言呢？这是为了实现 C++的一个设计宗旨：语言不仅仅是"有类的 C"。它是构建强大和灵活的数据类型的一种方式，基本上相当于你在扩展语言本身。事实证明这是贯彻面向对象的最佳方式之一，至少在 C ++中实现了这一点。

从某种程度上说，类是相当高级的用户自定义类型，能做各种有趣的事情，各方面都和基元类型(int，double 等等)一样方便。总之，可能没有其他任何一种编程语言能像 C++那样提供如此完整的可能性和选择。

小结

- 类的操作符函数像下面这样声明，其中@是任何有效 C++操作符。

  返回类型 **operator@**(*参数列表*)

- 操作符函数可声明为成员函数或全局函数。如果是成员函数，那么(对于二元操作符)有一个参数。例如，Point 类的 operator+函数可这样声明和定义：

```
class Point {
//...
public:
    Point operator+(Point pt);
};

Point Point::operator+(Point pt) {
    Point new_pt;
    new_pt.x = x + pt.x;
    new_pt.y = y + pt.y;
```

```
        return new_pt;
    }
```

- 基于以上代码，编译器知道在加号应用于类的两个对象时该如何解释。以下表达式生成 Point 类的另一个对象：

```
point1 + point2
```

- 像这样使用操作符函数，左操作数成为函数的调用对象，右操作数作为实参传递。所以在刚才的 operator+函数定义中，未限定的 x 和 y 引用的是左操作数的值。

- 操作符函数也可声明为全局函数。对于二元操作符，函数有两个实参。例如：

```
Point operator+(Point pt1, Point pt2) {
    Point new_pt;
    new_pt.x = pt1.x + pt2.x;
    new_pt.y = pt1.y + pt2.y;
    return new_pt;
}
```

- 这样写操作符函数的一个缺点在于无法访问私有成员。解决该问题的方案是将全局函数声明为类的友元。例如：

```
class Point {
//...
public:
    friend Point operator+(Point pt1, Point pt2);
};
```

- 如参数要获取一个无需更改的对象，一般都可以改成引用参数来提高效率。例如，将参数类型从 Point 更改为 const Point&。

- 获取单个参数的构造函数是转换函数。例如，以下构造函数实现了整数到 Fraction 对象的自动转换：

```
Fraction(int n) {set(n, 1);};
```

- 没有写赋值操作符函数(=)，编译器将自动提供一个。该版本执行简单的逐成员赋值。

- 编译器不自动提供相等性测试函数(==)。所以如果需要比较对象，就要自己写一个。如编译器支持，最好使用 bool 返回类型，否则使用 int 返回类型。

- 要为类写"打印"函数，就写一个全局 operator<< 函数。第一个参数应具有 ostream 类型，这样就可以输出到 cout 和其他输出流类。首先将函数声明为类的友

元。例如：

```
class Point {
//...
public:
    friend ostream &operator<<(ostream &os, Fraction &fr);
};
```

- 在函数定义中将来自右操作数(本例是 fr)的数据写入 ostream 实参。函数最后返回 ostream 实参本身。例如：

```
ostream &operator<<(ostream &os, Fraction &fr) {
    os << fr.num << "/" << fr.den;
    return os;
}
```

操作符

表 A.1 列出所有 C++操作符的优先级、结合性、相关说明以及语法。我给优先级分配了编号，但这仅供参考。你只需注意同一编号的操作符具有相同优先级。

结合性可能是从左到右或从右到左。两个操作符具有相同优先级，哪个先求值就由结合性来决定。例如以下表达式：

　　*p++

操作符*和++具有相同优先级(第 2 级)，所以求值顺序由结合性决定，本例就是从右到左。所以，上述表达式相当于：

　　*(p++)

它意味着指针 p 本身(而不是它指向的东西)递增。

注意，表中的第 2 级操作符都是一元操作符，只有一个操作数。其他大多数操作符都是二元的，要求有两个操作数。有的操作符(比如*)同时有一元和二元版本，两个版本做的事情完全不同。

下面是对"语法"一栏中出现的各种表达式的解释。

- *expr*：任何表达式。
- *num*：任何数值表达式(包括 char)。
- *int*：整数(也包括 char)。
- *ptr*：指针(即地址表达式)。
- *member*：类成员。
- *lvalue*：即左值，合法的赋值目标，位于赋值操作符左侧。可以是一个变量、数组元素、引用或完全解引用的指针。字面值和数组名称永远不会成为左值。

表 A.1   C++操作符

优先级	结合性	操作符	说明	语法
1	L-to-R	()	函数调用	func(args)
1	L-to-R	[]	访问数组元素	array[int]
1	L-to-R	->	访问类成员	ptr->member
1	L-to-T	.	访问类成员	object.member
1	L-to-R	::	指定作用域	class::name 或 ::name
2	R-to-L	!	逻辑非	!expr
2	R-to-L	~	按位非	~int
2	R-to-L	++	递增	++*num* 或 *num*++或
2	R-to-L	--	递减	--num 或 num--
2	R-to-L	-	改变正负	-num
2	R-to-L	*	获取目标地址的内容(解引用)	*ptr
2	R-to-L	&	取址	&lvalue
2	R-to-L	sizeof	获取数据大小(字节单位)	sizeof(*epxr*)
2	R-to-L	new	分配数据对象(所需的内存)	new *type*
				new type[int]
				new type(args)
2	R-to-L	delete	删除数据对象	delete *ptr* 或 delete []*ptr*
2	R-to-L	cast	改变类型	(type)expr
3	L-to-R	.*	指针到成员(很少用)	obj.*ptr_mem
3	L-to-R	->*	指针到成员(很少用)	ptr->*ptr_mem
4	L-to-R	*	乘	num * num
4	L-to-R	/	除	num / num
4	L-to-R	%	取余	int % int
5	L-to-R	+	加	num + num
				ptr + int
				int + ptr
5	L-to-R	-	减	num - num
				ptr - int
				ptr - ptr
6	L-to-R	<<	左移位(按位),兼流操作符	expr << int
6	L-to-R	>>	右移位(按位),兼流操作符	expr >> int

优先级	结合性	操作符	说明	语法
7	L-to-R	<	小于	num < num
				ptr < ptr
7	L-to-R	<=	小于等于	num <= num
				ptr <= ptr
7	L-to-R	>	大于	num > num
				ptr > ptr
7	L-to-R	>=	大于等于	num >= num
				ptr >= ptr
8	L-to-R	==	测试相等	num == num
				ptr == ptr
8	L-to-R	!=	测试不相等	num != num
				ptr != ptr
9	L-to-R	&	按位 AND	int & int
10	L-to-R	^	按位 XOR(异或)	int ^ int
11	L-to-R	|	按位 OR	int | int
12	L-to-R	&&	逻辑 AND	expr && expr
13	L-to-R	||	逻辑 OR	expr || expr
14	R-to-L	?:	条件操作符：对 *expr1* 求值。如结果非零(true)，求值 *expr2* 并返回结果；否则求值 *expr3* 并返回结果	expr1?expr2:expr3
15	R-to-L	=	赋值	lvalue = expr
15	R-to-L	+=	加后赋值	lvalue += expr
15	R-to-L	-=	减后赋值	lvalue -= expr
15	R-to-L	*=	乘后赋值	lvalue *= expr
15	R-to-L	/=	除后赋值	lvalue /= expr
15	R-to-L	%=	取余后赋值	lvalue %= expr
15	R-to-L	>>=	右移位并赋值	lvalue >>= expr
15	R-to-L	<<=	左移位并赋值	lvalue <<= expr
15	R-to-L	&=	按位 AND 后赋值	lvalue &= expr
15	R-to-L	^=	按位 XOR 后赋值	lvalue ^= expr
15	R-to-L	|=	按位 OR 后赋值	lvalue |= expr
16	R-to-L	,	连接(对两个表达式求值，返回 *expr2*)	expr1,expr2

下面提供了部分操作符的更多细节。

- 作用域操作符(::)
- sizeof 操作符
- 强制类型转换操作符
- 整数和浮点除法
- 按位操作符(&, |, ^, ~, <<和>>)
- 条件操作符(?:)
- 赋值操作符
- 连接操作符(,)

作用域操作符(::)

该操作符有几个相关的应用。首先，可用它引用类或命名空间中的声明的符号。

```
class::symbol_name
namespace::symbol_name
```

作用域操作符还可引用全局(或者说未限定)名称。例如，在存在名称冲突的时候，可在类的成员函数中用它引用一个全局符号。

```
::symbol_name
```

sizeof 操作符

sizeof 操作符返回其操作数的字节大小。

- 将 sizeof 用于指针，就返回指针自身的宽度(32 位电脑就是 4 字节)，而不是返回基类型大小。

```
double x = 0.0;
double *p = x;
cout << sizeof(p); // 打印 4
cout << sizeof(x); // 打印 8
```

- 用于数组，返回全部元素的总大小。例如，如 sizeof(int)为 4，则以下代码打印 40：

```
int arr[10];
cout << sizeof(arr); // 打印 40
```

- sizeof 可直接用于类型名称(包括类名)。

```
cout << sizeof(char); // 打印 1
```

强制类型转换操作符(旧的和新的)

为向后兼容，C++支持旧式 C 强制类型转换：

```
(type) expression
```

C++标准委员会计划了好久来废除该用法。一种方式是编译器生成警告消息来建议程序员避免该用法。但由于 C++仍被用于编译大量 C 遗留代码，所以委员会至今仍未下定决心。

新写的程序应首选表 A.2 列出的四种新式强制类型转换。虽然要写更多代码，而且要花更多精力集成到程序中，但优点是程序更易读。习惯使用这些操作符(而不是旧式 C 强制类型转换)后，有利于防止不慎进行不正确的强制类型转换。

表 A.2　C++强制类型转换操作符(新式)

强制类型转换语法	说明
static_cast*<type>*(*expression*)	将 *expression* 强制转换为 *type* 的数据格式，比如将 double 转换成 int(同时移除警告消息)，或者转换成 enum 类型/从 enum 类型转换。static_cast 相当于说："是的，我就是想这样做，不要警告我。"类型转换要成功，在涉及到的类型之间，有的转换必须合法
reinterpret_cast*<type>*(*expression*)	将指针类型转换成另一种指针类型，或者在指针类型和 int 之间转换。该转换危险性较大(使用前一定要先确定)，因其改变了对特定地址处的数据的解释方式
dynamic_cast*<type>*(*expression*)	在验证了被指向的对象确实具有指定子类类型之后，将基类指针转换成子类指针。转换无效将生成 NULL。要求涉及到的类具有一个或多个虚函数。注意这个转换在继承层次结构中是向下进行的。反方向的转换(将子类指针赋给基类指针)完全自由，无需强制
const_cast*<type>*(*expression*)	将非 const 表达式转换成 const 类型。你自己负责表达式不会被更改

整数和浮点除法

表 A.1 的大多数操作符一眼就能看明白，但某些类型需特殊对待。例如，整数用另一个整数相除时，余数会被丢弃。

```
int quotient = 19 / 10; // 商(quotient) = 1
```

本例的小数部分(0.9)被丢弃。整数除法要保留余数，需使用取余操作符(%)。

```
int remainder = 19 % 10; // 余数 = 9
```

下例执行的是整数除法，结果大部分被丢弃，即使商具有浮点格式，而且结果(1.9)能存储到 double 变量(quotient)中。

```
double quotient = 19 / 10; // 商 = 1.0
```

但如果任何一个操作数是 double 类型(加个小数点就行)，另一个操作数就会提升为 double，会执行浮点除法。

```
double quotient = 19 / 10.0; // 商 = 1.9
```

按位操作符(&，|，^，~，<<和>>)

按位 AND，OR 和异或(&，|，^)操作同样宽度的两个整数表达式。一个操作数具有和其他操作数不一样的宽度(大小)，较小的提升较大的宽度。三个操作符都将一个操作数的第 n 位和另一个操作数据和第 n 位比较，并在结果整数中设置第 n 位。例如：

```
cout << hex;
cout << (0xe & 0x3); // 1110 & 0011 -> 0010 (AND)
cout << endl;
cout << (0xe | 0x3); // 1110 | 0011 -> 1111 (OR)
cout << endl;
cout << (0xe ^ 0x3); // 1110 ^ 0011 -> 1101 (XOR)
```

注意，异或(XOR)的意思是两个位*不一样*才为真(1)，否则为假(0)。

按位取反(~)是一元操作符，操作数每一位都反转。例如：

```
cout << hex;
cout << (~(char)0xff); // 1111 1111 -> 0000 0000 (0)
cout << endl;
cout << (~(char)0x89); // 1000 1001 -> 0111 0110 (76)
```

作用于整数时，双箭头(<<和>>)就不是流操作符，而是移位操作符。

```
整数 << 要移动多少位
整数 >> 要移动多少位
```

C 语言只用这些操作数执行移位，不会执行 I/O。但在 C++中，这些操作符被重载以操作流，经重新定义而成为流输入/输出操作符。但不管怎么使用，它们都保持了和原来一样的优先级和结合性(表 A.1)。

条件操作符(?:)

条件操作符(?:)执行 if-then-else 逻辑，用于写相当精简的代码。例如，下面用传统的办法写，将 x 和 1 比较，根据结果打印 1 或 0：

```
if (x == 1) {
    cout << 1 << endl;
} else {
    cout << 0 << endl;
}
```

用条件操作符就简单多了：

```
cout << (x == 1 ? 1 : 0) << endl;
```

该操作符的常规语法如下：

> 条件 ? 表达式 1 : 表达式 2

对*条件*进行求值，为 true(非零)就求值*表达式 1* 并返回结果，否则求值*表达式 2* 并返回结果。

条件操作符优先级很低，所以条件表达式一般用圆括号封闭(就像刚才展示的那样)。

赋值操作符

所有赋值操作符都返回所赋的值，所以能在一行中进行多次赋值：

```
x = y = z = 0;
```

有许多操作符可同时进行运算和赋值(称为**复合赋值**)。例如以下表达式：

```
i += 1;
```

它在功能上等价于：

```
i = i + 1;
```

类似的操作符还有\=，*=，-=等等。注意以下表达式：

```
(i += 1)
```

等价于：

```
(++i)
```

因为两者都是说：“在 i 值上加 1，结果传给更大的表达式”。

连接操作符(,)

连接操作符(,)在单个表达式的空间中合并多个表达式。如需在 for 语句中初始化或递增多个变量，该操作符就很好用。

```
for (int i = 0, int j = 0; ; i++, j++) {
...
```

常规意义上，连接操作符求值逗号(,)两侧的表达式，返回第二个表达式的值。除了 for，以下情况也适合使用该操作符。它先在循环顶部执行几个操作，然后才测试条件(i < 10)：

```
while (i = j + 1, cout << "i", i < 10) {
    i++;
}
```

操作符(,)在所有 C++操作符中优先级是最低的。

数据类型

涉及类型的范围(大小)时，虽然 C++规范有点保守，但某些范围在 32 位架构的计算机上实际是通用的。其中包括目前使用的全部个人电脑，无论 PC 还是 Mac。但某些范围将来可能改变。例如，当64位架构成为标准时，int 极有可能被标识为64位整数。

int 和 double 分别具有整数和浮点数的"自然"大小，这基于计算机自己的架构。也就是说，任何整型在表达式(比如 char)中使用时，都自动提升为 int(前提是不会丢失信息)。除非磁盘的压缩格式或其他数据流要求，否则没理由使用 short 或 float。

表 B.1 列出了数据类型及其在 32 位计算机上的范围，之后的小节讨论了涉及数据类型存储的其他问题。注意，10 亿=1 000 000 000。下面列出了涉及版本支持的一些注意事项。

- 有的类型标注为"ANSI"。除非最古老的那些，否则当前几乎所有编译器都支持 ANSI 要求的类型。所以，除非你的编译器太老，否则都应支持。
- 有的类型标为"C++11"。相容于 C++11 或之后版本的编译器支持这些类型，其中包括那些声称支持 C++14 的所有编译器(比如 Microsoft 社区版)。

表 B.1　C++支持的数据类型

类型	说明(32 位系统)	范围(32 位系统)
char	1 字节整数(用于容纳 ASCII 字符值)	0 到 255
unsigned char	1 字节无符号整数	0 到 255
signed char	1 字节有符号整数	–128 到 127
short	2 字节整数	–32768 到 32767
unsigned short	2 字节无符号整数	0 到 65535
int	4 字节整数(在 16 位系统上和 short 一样)	约±20 亿
unsigned int	4 字节无符号整数(在 16 位系统上和 short 一样)	0 到约 40 亿
long	4 字节整数	约±20 亿
unsigned long	4 字节无符号整数	0 到约 40 亿

类型	说明(32 位系统)	范围(32 位系统)
bool	整数，其中所有非零值转换成 true(1)；也容纳 false(0)(ANSI)	true 或 false
wchar_t	宽字符，用于容纳 Unicode 字符(ANSI)	和 unsigned int 一样
long long	64 位有符号整数(C++11)	-2^{63} 到 $2^{63}-1$
unsigned long long	64 位无符号整数(C++11)	0 到 $2^{64}-1$
float	单精度浮点	1.2×10^{-38} 到 3.4×10^{38}
double	双精度浮点	2.2×10^{-308} 到 1.8×10^{308}
long double	超宽双精度(ANSI)	至少和 double 一样

数据类型的精度

所有整型始终具有绝对精度。这是它们的主要优点之一。例如，在一个非常大的 long long 数上加 **1**，新值绝对准确。而在非常大的浮点数上加 **1** 则没有效果；加上去的值 **1** 因为舍入错误而丢失了。

- float 类型具有 7 位精度(7 个有效数字)。
- double 类型具有 15 位精度。
- float 类型能精确存储值 **0.0**。还能存储趋近于零的小值，比如 **1.175x10^{-38}**。
- double 类型能精确存储值 **0.0**。还能存储趋近于零的小值，比如 **2.225074x10^{-308}**。

数值字面值的数据类型

在 C++(和其他编程语言)中，字面值是编译器能直接识别成固定值的一组字符。在各种核心语言中，这些总是数字和文本字符串。字面值和符号(通常是变量、类或函数名)不同，后者必须要赋一个值。

```
int i = 23;                  // 23 是字面值
int j = number_of_students;  // 不是字面值
int k = MAX_PATH;            // 不是字面值
```

在这些语句中，**23** 是唯一字面值。MAX_PATH 可能在预处理期间更改为字面值(例如用一个#define 语句替换成 **256** 这样的字面值)，但目前不是。

所有字面值都是常量，但并非所有常量都是字面值。例如，数组名在 C 和 C++中是常量，但它们是符号而非字面值。

默认数值格式是十进制。整数的默认存储是 int 类型。但其他几种数值格式也可用于字面值。

- `0x` 前缀指定十六进制。
- 前导 `0` 指定八进制。
- 对于相容 C++14 的编译器，`0b` 前缀指定二进制。
- 科学记数法指定浮点格式：字面值用 `double` 格式存储。
- 只要有小数点，即使后跟 `0`，都表示浮点格式。字面值同样用 `double` 格式存储。

下面是一个例子：

```
int a = 0xff;        // 将 1111 1111 (256)赋给 a.
int b = 0100;        // 将八进制 100 (64)赋给 b.
double x = 3.14;     // 赋值浮点数
double y = 3.0;      // 也赋值浮点数
double z = 1.6e5;    // 使用科学记数法，1.6 乘 10 的 5 次方
```

另外，几个后缀也影响字面值的存储方式。字面值的存储方式之所以重要，是因为以后将数据拷贝到其他位置时，可能影响精度、允许的范围或者要执行的转换。注意有的整数值不加正确后缀无法表示。

- `L` 后缀表示整数用 `long int` 格式存储。当今大多数计算机 `long` 等价于 `int`。
- `U` 后缀表示整数用 `unsigned int` 格式存储。(倍增整数范围，参考本附录稍后的"有符号整数的 2 的补码格式"一节。)
- `F` 后缀表示用 `float` 格式(通常是 4 字节浮点)而不是 `double` 格式(8 字节浮点)存储。一般情况下用不着，但某些情况下需要，比如从二进制文件读取 4 字节浮点数的时候。
- 如支持 `long long`，则用 `LL` 和 `ULL` 后缀分别表示要将数字存储为 `long long` 和 `unsigned long long` 格式。有的整数值太大，不加这些后缀会超出默认的 `int` 范围。

还要注意，如编译器完全兼容于 C++14，可在数值字面值中将单引号(`'`)作为数位分隔符。参考第 17 章，进一步了解详情。

字符串字面值和转义序列

普通字符串字面值具有 `char*` 类型。会被转换成 `char*` 数组，为其中每个字符都分配一个字节，最后用一个额外的字节表示空终止符。

```
char str[] = "This is a string. ";
```

宽字符串与此相似，但表示宽字符字面值需添加 `L` 前缀。这导致编译器分配一个

wchar_t 数组，为其中每个字符都分配两个字节，包括空终止符。

```
wchar_t unicode_str[] = L"This is a Unicode string. ";
```

字符串字面值中的反斜杠表示它连同下个字符具有特殊含义，这称为"转义序列"。表 B.2 列出了各种转义序列。

表 B.2　C++转义序列

转义序列	含义
\'	字面单引号
\"	字面双引号(否则被解释成终止字符串字面值)
\\	字面反斜杠
\a	响铃
\b	退格
\f	换页
\n	换行
\r	回车
\t	水平制表符
\v	垂直制表符
\nnn	和 nnn 对应的 ASCII 字符，其中 nnn 是八进制数字
\xhh	和 hh 对应的 ASCII 字符，其中 hh 是十六进制数字

有符号整数的 2 的补码格式

今天使用的几乎所有个人电脑(包括 Mac)都用 2 的补码格式存储有符号整数。这是同时表示负数和正数的一个技术。虽然最左边的位总是代表符号，但不等同于符号位。

对于有符号格式(例如 int 相较于 unsigned int)，仅底部一半范围用于表示正值和零。范围上一半代表负值。结果在一个位模式中，最左边的位设为 1，那么总是代表负值。下面描述了该格式的工作方式。用以下步骤获取任意数字的负值(取反)。

1. 反转每一位的设置(称为逻辑按位取反，也称为"1 的补码")。
2. 加 1。

例如，要为单字节数字 1 生成-1，先从 1 的位模式开始。记住，我们要反转每一位再加 1 来获得负值。

```
0000 0001
```

先反转每一位：

1111 1110

加 1 来生成 2 的补码。下面就是-1 的 2 的补码形式：

1111 1111

事实上，对于所有有符号整数，全部位都设为 1，总是代表-1。如使用无符号格式，该位模式被解释成 255。

用全 1 表示-1 在数学上是合理的。再次取反将获得正 1，这完全符合预期。记住，为了获得任何有符号数字的负值(取反)，反转每一位再加 1。用这个办法再次取反获得正 1 的过程如下：

```
  1111 1111   (这是-1)

  0000 0000   反转每一位
+ 0000 0001   加1.
=============
  0000 0001
```

-1 自然不是最小负值。最小负值的位模式总是以 1 开头，之后全 0。

1000 0000

对于有符号的 2 的补码格式，该数字被解释成-128。(无符号格式解释成正 128。)在有符号格式上加 1 获得-127，即一个稍大的数：

1000 0001

规则是任何最左位为 1 的有符号数字都被解释成负数。顺带提一句，0 的 2 的补码生成 0 本身。这在数学上合理，因为 0 乘以-1 得 0。

```
  0000 0000   // 从0开始

  1111 1111   // 反转每一位(1的补码)
+         1   // 加1得2的补码
===========
  0000 0000   // 结果"翻转"，再次生成0
```

用 2 的补码格式表示有符号数字，优点是许多数学运算都能流畅进行，无需检查符号位。除极少数情况，作用于无符号整数的机器指令无需改动即可作用于有符号整数。例如，任何数字加它的负值得 0，这完全符合预期。

```
0000 0001  1
1111 1111  加-1
=========
0000 0000  结果"翻转"，生成 0.
```

语法总结

本附录总结了 C++语言的语法。

基本表达式语法

除了 void 表达式，其他所有表达式都是能生成一个值的东西。表达式是语句的基本单元，加个分号(;)就变成语句。

较小表达式能合成较大表达式。例如，通过加法运算就能合成一个较大的表达式：

　　表达式 + *表达式*

其中任何*表达式*都可以是能生成一个数值的表达式。(另外，如附录 A 所述，指针可以和整数相加。)生成的结果还是一个表达式，后者仍然可以放在更大的表达式中使用。

在 C 和 C++中，表达式可能产生副作用。例如，以下表达式使 j 递减 1，结果乘 3，结果赋给 x 和 y：

　　x = (y = 3 * --j);

该语句包含一个以分号(;)结尾的长表达式。注意赋值不是某种语句，而只是另一种表达式(赋值操作符本质上是会返回一个值的函数)。其中几个表达式具有副作用。首先，--j 先递减 j 的值，再在赋值表达式中使用 j。

　　y = 3 * --j

赋值是具有副作用的表达式，本例就是设置 y 的值。和所有赋值操作符一样(参见附录 A)，所赋的值传给较大的表达式，后者将该值赋给 x。

以下全是表达式：

```
字面值
符号
表达式 操作符 表达式    // (二元操作符)
操作符 表达式          // (一元操作符)
```

表达式 操作符   *// (一元操作符)*
函数 (参数)

此外，C++支持一个三元操作符：条件操作符(?:)。

基本语句语法

语句是程序的基本单元，因为程序由一个或多个函数构成，每个函数包含零个或多个语句。

C++语句最常见的形式是以分号(;)终止的一个表达式。注意分号是语句终止符，而不是像在 Pascal 中那样的语句分隔符。

    表达式；

没有表达式也能创建语句，称为空语句：

    ；

可将任意数量的语句组合到一起来构成复合语句(也称为"代码块")。记住，凡是能使用单个语句的地方，都能使用一个复合语句。

    { 语句(s) }

每个控制结构(下一节讲述)也定义了一个语句。所以控制结构能进行任意级别的嵌套。

除了这些语句和控制结构(if, while, do-while 和 switch)，还有几个分支(直接控制转移)语句：break, continue, return 和 goto。

语句可用符号名(跟变量名的规则一样)标注：

    标签 ： 语句

该语法(和控制结构一样)是递归的，所以语句能有多个标签。switch-case 语句有时可利用这一点。

控制结构和分支语句

C++每种控制结构都单列一节。

if-else 语句

if 语句具有两种形式。第一种形式是：

    if (*条件*)
        语句

其中，*条件*是求值为 true(任何非零值)或 false(零值)的表达式。常规做法是使用关系表达式(比如 n > 0)，这种表达式总是生成 true 或 false；或者使用 bool 类型的一个表达式。C++也允许将指针作为条件。如指针为 NULL(例如，由于一次文件打开操作失败)，条件就求值为 false；否则求值为 true。

可用逻辑取反操作符(!)将指针和 NULL 比较。例如在下例中，文件未成功打开就执行几个语句。

```cpp
ofstream fout(silly_file_name);
if (!fout) {
    cout << "无法打开以下文件: ";
    cout << silly_file_name;
    return -1;
}
```

if 语句可选择添加 else 子句：

```
if (条件)
    语句1
else
    语句2
```

while 语句

while 语句的语法如下所示：

```
while (条件)
    语句
```

其中，*条件*是返回 true/flase 的表达式。参考 if 语句，了解规则。

while 语句的行为是先求值*条件*。为 true 就执行*语句*。然后再次测试*条件*。如此反复，直到*条件*为 false 或其他行动终止循环(如 break;)

例如，以下代码打印一条消息 5 次：

```cpp
int n = 5;

while (n-- > 0) {
    cout << "Hello.";
    cout << endl;
}
```

do-while 循环

do-while 语句的语法如下所示:

```
do
    语句
while (条件)
```

do-while 语句的行为和 while 一样，只是语句无论如何都会执行一遍，然后才测试*条件*判断是否继续。

for 语句

for 语句提供了一种简洁的编程方式来使用三个表达式控制循环。

```
for (初始化表达式; 条件表达式; 递增或递减表达式)
    语句
```

该语句等价于(唯一区别是在涉及 contiune 语句的时候，稍后会讲到):

初始化表达式;

```
while (条件表达式) {
    语句
    递增或递减表达式;
}
```

可在初始化表达式中声明一个或多个变量，这些变量成为 for 语句的局部变量。例如，以下代码打印 **1** 到 **10** 的整数:

```
for (int i = 1; i <= 10; ++i) {
    cout << i << endl; // i 是这个代码块的局部变量
}
```

详情请参见第 3 章，那里全面讲述了 for 语句。

switch-case 语句

如发现需要使用重复性的 if-else 语句，就可用 switch-case 语句简化。语法如下:

```
switch (目标表达式) {
    语句(s)
}
```

可在*语句(s)*中放入用 case 关键字标注的语句(数量任意)。case 语句的语法如下:

```
case 常量 : 语句
```

遵循语法的递归本质，一个语句可以有多个标签。例如：

```
case 'a':
case 'e':
case 'i':
case 'o':
case 'u':
cout << "是元音";
```

还可包含一个可选的 default 标签。

```
default: statement
```

语句标签在 switch 语句的作用域中需保持唯一，但在其他地方可以重复使用。

switch 的行为是求值*目标表达式*。然后，控制会转移到其*常量值*与*目标表达式*的值相匹配的 case 语句(如果有的话)。如果没有找到匹配项，但有一个 default 标签，控制就会转移到那里。如果既没有匹配的 case，也没有 default 标签，控制会转移到 switch 语句末尾之后的第一个语句。

例如，下例根据 c 值打印"是元音""可能是元音"或者"不是元音"。

```
switch (c) {
    case 'a':
    case 'e':
    case 'i':
    case 'o':
    case 'u':
        cout < "是元音";
        break;
    case 'y':
        cout < "可能是元音";
        break;
    default:
        cout < "不是元音";
}
```

控制转移到代码块中的任何语句之后，程序继续正常执行，依次执行后续语句(称为直通或 fall through)，直至遇到一个 break 语句。有鉴于此，每个"case 块"通常都应该用一个 break 语句终止。

break 语句

break 语句会导致退出最内层的 while，do-while，for 或 switch-case 语句，执行转

移到代码块之后的第一个语句。

```
    break;
```

continue 语句

continue 语句造成执行转移到当前 while，do-while 或 for 语句的末尾，进入下一次循环迭代。

```
    continue;
```

在 for 循环中执行 continue，会在进入下一次循环迭代之前对*递增或递减表达式*进行求值。

goto 语句

历史上强烈反对使用 goto，因为滥用会造成所谓的面条代码，即程序中的控制流就像一盘面一样的扭曲纠结。但有时想从一个深度嵌套循环中破出，这时 goto 还是很有用的，因为一个 break 语句无法胜任。

goto 语句可以将控制无条件地转移到一个指定的语句。

```
    goto 标签;
```

标签是对同一个函数中的语句进行标注的符号(即名称)。记住，被标注的语句具有以下语法：

```
    标签：语句
```

return 语句

return 语句有两种形式。第一种是和 void 函数使用，造成立即退出当前函数。控制将返回给函数的调用者。

```
    return;
```

在非 void 的函数中，return 语句必须返回恰当类型的一个值。

```
    return value;
```

注意，在 main 中使用时，return 语句将控制返回给操作系统。此时的返回值可以是一个代表成功或失败的代码(一般用 0 表示无错误，或者成功)。

```
    return EXIT_SUCCESS;
```

throw 语句

throw 语句抛出一个异常，必须由最接近的 catch 块处理，否则异常将异常终止。

throw *异常对象*;

异常对象可具有任何类型。catch 语句查找该类型来处理对象。匹配的 catch 块可以指定同一类型或基类类型(换言之，必须是所抛出对象的类型的先祖类)。

变量声明

数据声明是创建一个或多个特定类型变量的语句。如类型是一个类，变量就是对象。在以下语法中，var_decl 是一个或多个变量声明，多个声明用逗号分隔。

修饰符 类型 var_decls;

每个 var_decl 都是一个变量声明(可选择同时进行初始化)。至于可选的修饰符的含义，请参考本节末尾。

以下两个变量声明都有效：

```
var_name
var_name = init_expression
```

init_expression 是任何具有对应类型的有效表达式，或者是能转换成那种类型的表达式。如变量是数组，init_expression 也可以是一个初始化列表(称为聚合体或 aggregate)：

```
{ init_expression, init_expression... }
```

例如，以下语句声明三个 int 变量，两个初始化：

```
int i = 0, j = 1, k;
```

下例则声明一个二维数组并初始化：

```
double[2][2] = {{1.5, 3.9}, {23.0, -8.1}};
```

如声明的变量是对象(具有类类型)，就可通过"函数式"语法来初始化，即向恰当的构造函数传递实参：

```
Fraction fract1(1, 2);
```

C++11 规范还允许使用"聚合体式"来初始化对象：

```
Fraction fract1{1, 2};
Fraction fract2 = {10, 3};
```

变量声明中的变量名可用操作符限定，包括[]，*，()和&。它们分别创建数组、指针、函数指针和引用。要判断声明了哪一种数据项，必须弄清楚一个数据项在可执行代码中代表什么。例如以下变量声明：

```
int **ptr;
```

意味着当**ptr在代码中出现时，是 int 类型的一个数据项。ptr 本身是一个指向指针的指针，后者又指向一个整数。它必须解引用两次才能生成一个整数。类似地，以下声明创建一个函数指针，而且那个函数必须获取一个 double 实参并返回一个 double。

```
double (*fPointer)(double);
```

函数指针用作回调函数(例如，传给 qsort 库函数)并在函数表中使用。调用前要将一个函数地址赋给函数指针。

```
double (*fPointer)(double);
fPointer = &sqrt;
...
int x = (*fPointer)(5.0); // 调用 sqrt(5)
```

一个例外情况是&符号在声明时创建一个引用。注意引用变量需要初始化，或者需要是引用参数，否则它们什么都引用不了。和指针不同，引用不可以重新赋值来引用新数据。

```
int n = 0;
int &silly = n; // silly 是对 n 的引用
```

变量声明中可包含修饰符，这些修饰符可以是以下任何一个。

- **auto**：基本过时和不必要。它代表自动存储类，局部变量默认都属于这种类。不要和 C++14 规范允许的 auto 变量定义混淆，后者的 auto 关键字用于代替类型名称。
- **const**：声明为 const 的变量作为赋值、递增或递减的左值不能被修改。另外，对 const 变量的引用或指向它的指针不可以传给函数，除非那个函数也声明为 const 或者函数将参数声明为 const。到 const 类型的指针和引用不能更改它们引用的数据。
- **extern**：extern 变量在项目(工程)的所有模块中可见。(除了 extern 声明，还要求变量的定义只能出现在一个模块中，这时声明并初始化不需要添加 extern。)
- **register**：告诉编译器应该为变量专门分配一个寄存器(板载处理器内存)。只要能提升程序性能，现代编译器无论如何都会这样做，所以可能忽略该修饰符。
- **static**：若用于局部变量或数据成员，表示只存在变量的一个拷贝。在局部变量的情况下，这意味着函数能在不同的函数调用之间"记住"值。不兼容递归函数。

- **volatile**：很少使用但偶尔很重要的关键字。volatile(易变)告诉编译器绝对不能将变量放到寄存器中，或者对它在什么时候改变有任何前设。如变量对应的位置要由外部硬件设备(如端口)操作，就适合使用该关键字。

函数声明

一个函数为了由另一个函数调用，首先必须声明或定义。可先为它准备一个类型声明(称为原型)。定义可放到源代码的任何地方，或放到与项目(工程)链接的另一个模块中。

函数原型具有以下语法：

    修饰符 类型 函数名(参数列表)；

*修饰符*可选，本节最后会说明。*类型*指定函数返回值的类型。函数可具有 void 类型，表示不返回值。

*参数列表*包含一个或多个用逗号分隔的参数声明。参数列表可为空，表明函数无参。(和 C 不同，C++不允许用空白参数列表表示一个可在以后填充的、尚未确定的列表。)

*参数列表*的每一项都具有以下形式。语法遵循上一节提到的其他变量声明规则，并允许用初始化表达式表示这是一个默认参数。但要注意，每个*类型*和*变量声明*都必须一对一。

    类型 变量声明

所以，函数原型完整语法如下所示。其中*类型 变量声明*可出现零次或多次。如果有多个，就用逗号分隔。

    修饰符 类型 函数名(类型 变量声明, ...)；

包含定义的完整函数声明没什么变化，只是多了一个代码块，其中可包含零个或多个语句。注意，之前在原型中声明的任何*修饰符*一般不需要在定义中重复。

```
修饰符 类型 函数名(参数列表)；{
    语句(s)
}
```

函数定义的结束大括号后面不要加分号(;)，这一点和类声明不一样。另外，参数(但不能是类型)的名称可在原型中省略，但不能在函数定义中省略。

可选的*修饰符*可以是以下任何一个。

- **const**：const 函数不能修改实参的值，也不能调用其他未声明为 const 的函数。

但这使它能由其他 const 函数调用。

- **inline**：告诉编译器该函数应该是内联函数。现代编译器自己就能做这件事情，目的是提升速度和精简代码。所以，通常不需要手动添加该关键字。此外，在其类声明中定义的成员函数自动内联。
- **static**：在多模块项目(工程)中，函数除非声明为 static，否则自动具有外部链接。不过，每个函数仍需在使用它的源代码文件中添加原型，这就是头文件的用处。
- **virtual**：只和成员函数一起使用。虚函数意味着对函数的调用通过一个称为 vtable 的虚函数表来处理。这意味着函数调用的目标要到运行时才能解析。在 C++中，具体如何执行这一系列操作程序员是看不见的，所以直接像调用其他任何函数那样调用虚函数就好了。virtual 关键字只需写一次(首次在基类中声明函数时)。

类声明

类声明通过创建一个新类型来扩展语言。声明好类之后，类名可直接作为类型名称使用，就像 int，double，float 等基元类型一样。类声明的基本语法如下所示：

```
class 类名 {
    声明
};
```

和函数定义不同，类的声明总是以结束大括号之后的一个分号(;)来终止。

*声明*可包含任意数量的数据和/或函数声明。可在*声明*中用关键字 public，protected 和 private 加一个冒号(:)来指定义后续声明的访问级别。例如以下类声明，数据成员 **a** 和 **b** 是私有；数据成员 **c** 和函数 **f1** 是公共。

```
class my_class {
private:
    int a, b;
public:
    int c;
    void f1(int a);
};
```

用 class 关键字声明类时，成员默认私有。

在类声明中，构造函数和析构函数具有以下特殊声明。构造函数数量任意，用参数列表区分。但析构函数只能有一个。

```
类名(参数列表)      // 构造函数
~类名()             // 析构函数
```

子类声明的语法包含基类名称。虽然 public 关键字在这里并非绝对需要，但强烈建议添加，否则默认基类访问级别私有，所以继承的成员私有。

```
class 类名 : public 基类名称 {
    声明
};
```

大多数版本的 C++还支持多继承，需列出以逗号分隔的多个基类。例如，下例的 Dog(狗)
类同时派生自 Animal(动物)和 Pets(宠物)类，继承两个类的全部成员。

```
class Dog : public Animal, public Pets {
    ...
}
```

注 意 ▶ 该法除了适用于 class 关键字，还适用于 struct 和 union 关键字。struct 和用 class 定义的类相似，只是其成员默认公共，而用 class 定义的默认私有。union 类的成员也默认公共。union 的成员共享内存中的同一地址。通常用 union 创建"可变数据类型"，允许在不同时间使用不同数据格式。

枚举声明

可用 enum 关键字创建一组符号名称(符号)，各自有固定的整数值。下面是常规语法，其中*名称*可选：

```
enum 名称 {
    符号声明(s)
};
```

在这个语法中，*符号声明(s)*由一个或多个名称构成，多个名称用逗号分隔。此外，各自都可手动赋值：

符号 = 值

如不为*符号*赋值(值必须是字面值或其他常量)，它的值就是上个符号的值加 1。如第一个符号未赋值，它的值是零。

例如，以下声明创建枚举常量 rock, paper, scissors，分别获得值 0, 1 和 2。

```
enum {rock, paper, scissors};
```

可选择为枚举赋予一个类型名称，从而创建一个弱类型枚举。(第 17 章讲述了如何创建
C++14 强类型枚举。)

```
enum Choice {rock, paper, scissors};
```

现在可像其他类型名称那样用 **Choice** 这一名称声明变量。枚举底层类型实际是整数，枚举常量可赋给整数变量。但由于是弱类型，除非进行强制类型转换，否则反过来不行。

```
Choice my_play = rock;
int n = paper; // Ok，无需强制类型转换

// 但现在必须进行强制类型转换...
Choice your_play = static_cast<Choice>(1);
```

预处理指令

在开始常规编译过程前，C++预处理器将执行大量有用的操作。例如，可用#define 指令将特定的字替换成另一个，方便在代码中使用易于理解的符号常量，而不是直接写看起来毫无规律的数字。指令还有其他用处，其中最重要的是包含头文件，并确保头文件只编译一次。

除了这里列出的指令，C++还支持一个#pragma 指令，但具体怎么用完全取决于 C++的实现。参考你的编译器文档了解详情。

本附录按字母顺序列出预编译指令，最后是一个预定义编译器常量列表。

#define 指令

#define 指令有三种形式，每种都有不同用处。

```
#define 符号名称
#define 符号名称 替代文本
#define 符号名称(参数) 替代文本
```

前两个版本通过影响随后的#ifdef 及其相关指令的行为来控制编译。例如，可用以下指令表明支持 C++11 规范。详情请参考#if, #ifdef 和#ifndef 指令。

```
#define CPLUSPLUS_0X
```

第二个版本创建预定义常量，帮助从你的程序中移除"魔法数字"(看来很突兀的数字，一眼看不明白)。例如，用这种方式只需定义列宽一次：

```
#define COL_WIDTH 80
...
char input_string[COL_WIDTH+1];
```

以后要更改列宽，只需改动一处。整个源代码将自动反映这一更改(凡是出现 COL_WIDTH 的地方)。

第三个版本用于定义宏函数，函数获取一个或多个参数并将它们展开成更大的表达式。效果如同内联函数，后者在调用者的主体中展开。但宏函数有一些限制，即通常限定单一表达式，而且无类型检查。

以下宏函数求两个数中较大者。它利用了条件操作符(?:)，详情参见附录 A。

```
#define MAX(A, B) ((A)>(B) ? (A) : (B))
```

额外的圆括号虽并非必须，但有助于确保先完整求值 A 和 B，再应用其他操作符。(万一 A 和 B 是复杂表达式呢？)下例使用了该宏：

```
int x, y;
cout << "输入一个数: "
cin >> x;
cout << "输入另一个数: "
cin >> y;
cout << "较大的数是:" << MAX(x, y);
```

预处理期间，编译器将上述代码的最后一行展开成以下代码(删除了额外的圆括号以增强可读性)。条件操作符(?:)的行为是求值第一个表达式(本例是 x>y)，true 返回 x，false 返回 y。

```
cout << "较大的数是:" << (x>y ? x : y);
```

##操作符(连接)
连接操作符在宏中使用以连接文本。例如下面这个宏，它的作用是生成文件名：

```
#define FILE(A, B) myfile__##A.##B
```

表达式 FILE(1, doc)应生成以下文件名：

```
myfile__1.doc
```

defined 函数
该函数几乎总是和#if 和#elif 配合使用。语法如下所示：

```
defined(符号名称)
```

如符号名称已定义(什么值不重要，没有值都可以)，defined 函数就返回 true，否则返回 false。

例如，可用该函数将#if 指令变成#ifdef 指令：

```
#if defined(CPLUSPLUS_0x)
```

下一节提供了更完整的例子。

#elif 指令

#elif 指令作为条件编译块的一部分使用。#elif 开始一个 else if 块。在下例中，根据是否定义了 CPLUSPLUS_0x 符号，是否定义了 ANSI 符号，或者两者都没有定义，来编译不同的源代码。赋给这些符号的值不重要(没有值也行)。

```
#if defined(CPLUSPLUS_0x)

// 在这里添加 C++11 或更高版本的编译器才支持的代码

#elif defined(ANSI)

// 这里的代码相容于 ANSI，但不相容于 C++11

#else

// 这里的代码不相容于 ANSI

#endif
```

基于该条件编译块，可在该块之前插入或删除一行来控制要编译的东西，例如：

```
#define ANSI // 使用 ANSI 特色功能(但 C++0x 的特色功能除外)
```

#endif 指令

#endif 指令结束一个条件编译块，要和#if，#ifdef，#ifndef 和#elif 配合使用。注意这里使用的语法不像是 C++语法。预编译器有自己的一套独立语法，更像是 Basic 而不是 C++。

该指令的示例用法请参考相关小节：#if，#ifdef 和#ifndef 和#elif。

#error 指令

#error 指令在编译期间生成一条错误消息。例如：

```
#ifndef __cplusplus < 199711
#error C++编译器过时
#endif
```

#if 指令

#if 指令开始一个条件编译块，通常和 defined 函数配合使用。例如，虽然具体要取决

于 C++的实现，但编译器可能选择用预定义常量__win32__或__linix__来表示运行它们的操作系统。

```
#if defined(__win32__)
char op_sys[] = "Microsoft Windows";
#endif
```

如#if 后面的值是 true，编译器就读取并处理后续代码行，直至遇到最近的配对#elif，#else 或#endif 指令；否则忽略这些行。

#if 和#endif 的另一个用处是临时注释掉大的代码块。注意，C 风格的注释符号(/*和*/)不能正确嵌套。试图嵌套会造成错误。

```
/* (开始一个注释块...

/*
char op_sys[] = "Overco Operating System";
*/ // OOPS! 终止第一个注释

*/ // 语法错误!
```

但#if/#endif 配对能嵌套任意深度。每一对#if/#endif 都可将你在特定时间不想编译的代码注释掉。一个注释掉的块可放到另一个块中。

```
#if 1
// 做一些事

#if 1
// 做更多事
#endif

...
#endif
```

#ifdef 指令

#ifdef 指令开始一个条件编译块。虽然和#if 指令关系紧密，但它能更简洁地表示#if 指令平时的意图。以下语法：

```
#ifdef 符号名称
```

完全等价于：

```
#if defined(符号名称)
```

上一节的第一个例子可改写成:

```
#ifdef __win32__
char op_sys[] = "Microsoft Windows";
#endif
```

#ifndef 指令

该指令类似于#ifdef 指令, 但意思相反。只有在*符号名称*没有定义的前提下, 才开始条件编译。

> #ifndef *符号名称*

一般用该指令避免使用多个头文件时可能发生的冲突。例如, 以下语句可防止编译一个已经编译的头文件。

```
#ifndef FRACT_H
#define FRACT_H
// 这里是 Fraction.h 的主体
#endif
```

首次读入 Fraction.h 时, 它定义符号 FRACT_H, 进而防止 Fraction.h 被再次编译, 不管有多少不同的文件包含了它。

#include 指令

#include 指令有两个版本。两者都用于包含头文件。头文件中包含的是函数原型以及项目(工程)或标准库的一部分需要的符号常量。

```
#include <文件名>
#include "文件名"
```

两种情况下, #include 的作用都是暂停编译当前文件, 先编译指定文件, 直至抵达文件尾。随后, 编译器将恢复编译当前文件。

第一个版本(使用尖括号)在为头文件设置的目录或文件夹中搜索指定文件。在 MS-DOS 和 Windows 的情况下, 该目录通过设置 INC 环境变量来指定。

第二个版本(使用引号)以同样方式搜索指定文件, 但同时还搜索当前目录或文件夹。根据约定, 几乎总是用第一个版本包含库头文件或者由厂商提供的头文件(虽然两个版本都可以), 而第二个版本用于包含项目的头文件。例如:

```
#include <iostream>
#include <cmath>
```

```
#include "Fraction.h"
```

注　意▶ 每个标准库文件名称都以 c 开头，比如 cmath，对应从 C 语言继承的一个传统.h 文件。另一个例子是 cctype,，它对应 C 中使用的 ctype.h 文件。C++首选较新形式，虽然旧式(C 风格)的头目前仍可工作。

#line 指令

#line 指令有两种形式:

```
#line 文件名 行号
#line 行号
```

作用是重置__FILE__和__LINE__常量值，同时影响计算机以什么方式打印错误消息。例如:

```
#line myfile.cpp 100
```

#undef 指令

#undef 指令撤消具名符号的定义，今后不再视为已定义。

```
#undef 符号名称
```

预定义常量

表 D.1 列出所有 C++预处理器都必须支持的常量。具体的 C++实现可能定义其他常量。

表 D.1　C++预定义常量

常量	含义
__cplusplus	表示支持特定版本的 C++。当下的编译器应把它定义为 199711 或更大
__DATE__	展开成格式为 mm dd yyyy 的日期字符串
__FILE__	准备编译的文件的名称
__LINE__	当前编译的行
__STDC__	C 编译器定义为 1。一般由 C++编译器定义，表示支持 C。但这取决于具体实现
__TIME__	展开成格式为 hh:mm:ss 的时间字符串

ASCII 代码

本附录列出 ASCII 代码的十进制值、十六进制值及其对应字符。可用十六进制代码在字符串嵌入值。还可用(char)强制类型转换打印字符。例如：

```
cout << "十六进制代码 7e 是 " << "\x7e" << endl;

// 打印 32 到 42 的 ASCII 码
for (int i = 32; i <= 42; i++)
    cout << i << ": " << (char) i << endl;
```

有的字符是非打印字符，具有特殊含义。

- NUL：空值
- ACK：确认信号(在网络通信中使用)
- BEL：响铃
- BS：退格
- LF：换行
- FF：分页(新页)
- CR：回车
- NAK：无确认
- DEL：删除

表 E.1 列出标准 ASCII 代码。

表 E.1　标准 ASCII 代码

DEC	HEX	CHAR	DEC	HEX	CHAR	DEC	HEX	CHAR	DEC	HEX	CHAR	DEC	HEX	CHAR
00	00	NUL	26	1a		52	34	4	78	4e	N	104	68	h
01	01		27	1b		53	35	5	79	4f	O	105	69	i
02	02		28	1c	FS	54	36	6	80	50	P	106	6a	j
03	03		29	1d	GS	55	37	7	81	51	Q	107	6b	k
04	04		30	1e	RS	56	38	8	82	52	R	108	6c	l
05	05		31	1f	US	57	39	9	83	53	S	109	6d	m
06	06	ACK	32	20	space	58	3a	:	84	54	T	110	6e	n
07	07	BEL	33	21	!	59	3b	;	85	55	U	111	6f	o
08	08	BS	34	22	"	60	3c	<	86	56	V	112	70	p
09	09		35	23	#	61	3d	=	87	57	W	113	71	q
10	0a	LF	36	24	$	62	3e	>	88	58	X	114	72	r
11	0b	CR	37	25	%	63	3f	?	89	59	Y	115	73	s
12	0c		38	26	&	64	40	@	90	5a	Z	116	74	t
13	0d		39	27	'	65	41	A	91	5b	[	117	75	u
14	0e		40	28	(	66	42	B	92	5c	\	118	76	v
15	0f		41	29	)	67	43	C	93	5d	]	119	77	w
16	10		42	2a	*	68	44	D	94	5e	^	120	78	x
17	11		43	2b	+	69	45	E	95	5f	-	121	79	y
18	12		44	2c	,	70	46	F	96	60	`	122	7a	z
19	13		45	2d	-	71	47	G	97	61	a	123	7b	{
20	14		46	2e	.	72	48	H	98	62	b	124	7c		
21	15	NAK	47	2f	/	73	49	I	99	63	c	125	7d	}
22	16	SYN	48	30	0	74	4a	J	100	64	d	126	7e	~
23	17		49	31	1	75	4b	K	101	65	e	127	7f	DEL
24	18		50	32	2	76	4c	L	102	66	f			
25	19		51	33	3	77	4d	M	103	67	g			

表 E.2 列出扩展 ASCII 代码；注意，这多少取决于实现。在 Windows 电脑上，正确性基本能保证。

表 E.2　扩展 ASCII 代码

DEC	HEX	CHAR	DEC	HEX	CHAR	DEC	HEX	CHAR	DEC	HEX	CHAR	DEC	HEX	CHAR
128	80	Ç	154	9a	Ü	180	b4	⊣	206	ce	╬	232	e8	Φ
129	81	ü	155	9b	¢	181	b5	╡	207	cf	⊥	233	e9	Θ
130	82	é	156	9c	£	182	b6	╢	208	d0	╨	234	ea	Ω
131	83	â	157	9d	¥	183	b7	╖	209	d1	╤	235	eb	δ
132	84	ä	158	9e	₧	184	b8	╕	210	d2	╥	236	ec	∞
133	85	à	159	9f	ƒ	185	b9	╣	211	d3	╙	237	ed	φ
134	86	å	160	a0	á	186	ba	║	212	d4	╘	238	ee	ε
135	87	ç	161	a1	í	187	bb	╗	213	d5	╒	239	ef	∩
136	88	ê	162	a2	ó	188	bc	╝	214	d6	╓	240	f0	≡
137	89	ë	163	a3	ú	189	bd	╜	215	d7	╫	241	f1	±
138	8a	è	164	a4	ñ	190	be	╛	216	d8	╪	242	f2	≥
139	8b	ï	165	a5	Ñ	191	bf	┐	217	d9	┘	243	f3	≤
140	8c	î	166	a6	ª	192	c0	└	218	da	┌	244	f4	⌠
141	8d	ì	167	a7	º	193	c1	┴	219	db	█	245	f5	⌡
142	8e	Ä	168	a8	¿	194	c2	┬	220	dc	▄	246	f6	÷
143	8f	Å	169	a9	⌐	195	c3	├	221	dd	▌	247	f7	≈
144	90	É	170	aa	¬	196	c4	─	222	de	▐	248	f8	°
145	91	æ	171	ab	½	197	c5	┼	223	df	▀	249	f9	·
146	92	Æ	172	ac	¼	198	c6	╞	224	e0	α	250	fa	·
147	93	ô	173	ad	¡	199	c7	╟	225	e1	ß	251	fb	√
148	94	ö	174	ae	«	200	c8	╚	226	e2	Γ	252	fc	ⁿ
149	95	ò	175	af	»	201	c9	╔	227	e3	ϖ	253	fd	²
150	96	û	176	b0	░	202	ca	╩	228	e4	Σ	254	fe	■
151	97	ù	177	b1	▒	203	cb	╦	229	e5	σ	255	ff	
152	98	ÿ	178	b2	▓	204	cc	╠	230	e6	µ			
153	99	Ö	179	b3	│	205	cd	═	231	e7	τ			

标准库函数

最常用的库函数有几类：字符串函数、数据转换函数、单字符函数、数学函数、时间函数以及随机函数。本附录提供了一个概览。注意没有列出 printf 或 fprintf 等 I/O 函数，因为我假定你使用 C++流类。

流对象 cin、cout 和流类的详情请参见附录 G。

字符串(C 字符串)函数

使用这些函数需包含文件<cstring>。函数适用于传统 C char*字符串，不适用于 STL string 类。

表 F.1 中的 s，s1 和 s2 是空终止的 char*字符串，各自等于这些字符串的地址。另外，n 是整数，ch 是单字符。除非额外说明，否则每个函数都返回其第一个实参的地址。

表 F.1　常用字符串函数

函数	行动
strcat(s1, s2)	将 s2 的内容连接到 s1 尾部
strchr(s, ch)	返回一个指针，它指向 ch 在字符串 s 中的第一个实例；没有找到 ch 就返回 NULL
strcmp(s1, s2)	比较 s1 和 s2 的内容，返回一个负整数、0 或正整数，具体取决于按字母顺序，s1 在 s2 之前，s1 和 s2 具有相同内容，还是 s1 在 s2 之后
strcpy(s1, s2)	将 s2 的内容拷贝到 s1，替换现有内容
strcspn(s1, s2)	在 s1 中搜索 s2 也有的任何字符。返回第一个匹配的 s1 字符的索引；没有找到相匹配的字符就返回 s1 的长度
strlen(s)	返回 s 的长度(不包括空字节)
strncat(s1, s2, n)	采取与 strcat 相同的行动，只是最多拷贝 n 个字符
strncmp(s1, s2, n)	采取与 strcmp 相同的行动，只是最多比较 n 个字符
strncpy(s1, s2, n)	采取与 strcpy 相同的行动，只是最多拷贝 n 个字符

函数	行动
strpbrk(s1, s2)	在 s1 中搜索 s2 也有的任何字符。返回一个指针，指向 s1 中第一个匹配字符。没有找到相匹配的字符就返回 s1 的长度
strrchr(s, ch)	采取与 strpbrk 相同的行动，只是按相反的顺序搜索
strspn(s1, s2)	在 s1 中搜索不和 s2 中的任何字符匹配的第一个字符。返回该字符的索引；没有发现不匹配字符就返回 s1 的长度
strstr(s1, s2)	在 s1 中搜索子字符串 s2 的第一个实例。返回一个指针，指向在 s1 中发现的子字符串；没有找到子字符串就返回 NULL
strtok(s1, s2)	返回指向 s1 中的第一个 token(子字符串)的指针。子字符串怎么界定由 s2 指定的定界符来决定。再次调用该函数，同时将第一个参数指定为 NULL，就会查找当前字符串(即之前为 s1 设置的值)的下一个 token。一旦将 s1 设置成非空值，就用新字符串来重置查找 token 的过程

数据转换函数

使用表 F.2 的函数需包含<cstdlib>。

表 F.2　数据转换函数

函数	行动
atof(s)	将 char*文本字符串作为浮点数数位字符串读取，返回等价 double 值。将跳过前导空格，并在遇到不能构成有效浮点数(比如"1.5"或"2e1.2")一部分的第一个字符时停止读取
atoi(s)	将 char*文本字符串作为由整数数位构成的字符串读取，返回等价 int 值。将跳过前导空格，并在遇到不能构成有效整数(比如"-27")一部分的第一个字符时停止读取
atol(s)	读取 char*字符串并生成 long 值；32 位系统上相当于 atoi
atoll(s)	和 atoi 相似，但生成 long long 整数值。C++11 之后支持

单字符函数

使用表 F.3 和表 F.4 的函数需包含<cctype>。表 F.3 的函数测试单个字符并返回 true 或 false。

表 F.3　字符测试函数

函数	行动
isalnum(ch)	字符是字母或数字吗?
isalpha(ch)	字符是字母吗?

函数	行动
iscntrl(ch)	字符是控制字符吗？（包括退格、换行、换页和制表符等；都是非打印字符，用于执行特殊行动）
isdigit(ch)	字符是范围在 0～9 的一个数位吗？
isgraph(ch)	字符可见吗？（包括除空格之外的可打印字符）
islower(ch)	字符是小写字母吗？
isprint(ch)	字符可打印吗？（包括空格）
ispunct(ch)	字符是标点符号吗？
isspace(ch)	字符是空白字符吗？（除了最容易想到的空格，还包括制表符、换行符和换页符）
isupper(ch)	字符是大写字母吗？
isxdigit(ch)	字符是十六进制数位吗？包括 0 到 9，A 到 E 以及 a 到 e 的数位

包含<cctype>之后，以下两个转换函数的声明也包含进来了。

表 F.4　字符转换函数

函数	行动
tolower(ch)	ch 是小写字母就返回对应的大写字母；否则原样返回 ch
toupper(ch)	ch 是大写字母就返回对应的小写字母；否则原样返回 ch

数学函数

使用表 F.5 的函数需包含文件<cmath>。除非额外说明，否则每个函数都获取一个 double 参数并返回一个 double 结果。所有函数都返回运算结果，没有任何一个会更改实参值。

使用这些函数时，注意在要求 double 实参的地方可换成整数。整数自动提升，C++不报错。但除非进行强制类型转换，否则将 double 结果赋给整数变量会报告警告消息。(此时应使用新式强制类型转换 static_cast。)

表 F.5　数学函数

函数	行动
abs(n)	返回 int 实参 n 的绝对值。结果具有 int 类型。浮点版本参考 fabs
acos(x)	x 的反余弦
asin(x)	x 的反正弦
atan(x)	x 的反正切
ceil(x)	将 x 向上取整为最接近的整数(结果仍以 double 返回)

函数	行动
cos(x)	x 的余弦
cosh(x)	x 的双曲余弦
exp(x)	e 的 x 次方
fabs(x)	返回 x 的绝对值
floor(x)	将 x 向下取整为最接近的整数(结果仍以 double 返回)
log(x)	x 的自然对数(base e)
log10(x)	x 的对数(base 10)
pow(x,y)	x 的 y 次方。例如，pow(2,5)返回 32
sin(x)	x 的正弦
sinh(x)	x 的双曲正弦
sqrt(x)	x 的平方根
tan(x)	x 的正切
tanh(x)	x 的双曲正切

随机函数

使用表 F.6 的函数需同时包含`<cstdlib>`和`<ctime>`。这三个函数用法请参考第 3 章。

表 F.6　随机函数

函数	行动
rand()	返回当前随机数序列中的下一个数(一个整数)。该序列首先应调用 srand 来设置。返回值范围在 0 到 RAND_MAX(后者在`<cstdlib>`中定义)之间
srand(seed)	获取种子值(一个 unsigned int)来开始随机数序列，以便在调用 rand 时使用
time(NULL)	返回系统时间。最好调用该函数来获取传给 srand 的种子值

时间函数

使用表 F.7 的库函数需包含`<ctime>`。这些函数的常规行动是调用 `time` 函数来获取代表当前时间的一个 `time_t` 值(一个数字)。然后，将该值作为 `gmtime` 或 `localtime` 的输入，后者填充一个 `tm` 结构来列出具体信息，包括多少月、星期几等。本节最后展示了 `tm` 结构的声明。

也可调用 `asctime` 函数来获取一个 `char*`字符串，以人容易理解的格式来描述时间。或调用 `ctime`，它能更直接地产生一样的结果。

```
#include <ctime>
```

```
#include <iostream>
time_t t = time(NULL);        // 将时间信息放到 t 中
cout << ctime(&t);            // 显示当前时间
```

也可使用 strftime，它返回一个格式化的时间字符串。

表 F.7　时间函数

函数	行动
asctime(tm_ptr)	获取指向一个 tm 结构的指针，返回一个 char*字符串，格式是 Ddd Mmm DD HH:MM:SS YYYY\n。其中，Ddd 是星期几的三字母缩写，Mmm 是月份的三字母缩写。同时参见 ctime
clock()	返回程序执行起(一般为程序的开头)，CPU 时钟所使用的时间。获取 CPU 所用秒数需除以 CLOCKS_PER_SEC 预定义符号
ctime(time_ptr)	获取指向一个 time_t 值(由 time 函数返回)的指针，返回和 asctime 返回的一样格式的 char*字符串。该函数等价于调用 localtime 并将返回的结构传给 asctime
difftime(t1, t2)	返回以秒计的 t1 到 t2。其中 t1 和 t2 是 time_t 值
gmtime(time_ptr)	获取指向一个 time_t 值(由 time 函数返回)的指针，返回指向一个 tm 结构(使用格林威治标准时，即 GMT)的指针
localtime(time_ptr)	获取指向一个 time_t 值(由 time 函数返回)的指针，返回指向一个 tm 结构(使用本地时间)的指针
mktime(tm_ptr)	将由 tm_ptr 指向的 tm 结构转换成 time_t 值并返回该值。忽略 tm 结构的 tm_wday 和 tm_yday 成员
strftime(s, n, fmt, tm_ptr)	获取指向一个 tm 结构(tm_ptr)的指针，根据格式字符 fmt 来格式化该结构中的时间数据。结果放到字符串 s 中。详情参考下一节。n 是写入的最大字符数(含空 NULL)
time(time_ptr)	当前时间作为 time_t 值(一般为 unsigned long，虽然具体取决于实现)返回。传递的实参为 NULL 将被忽略。如非空，返回值被拷贝到指定地址

下例用部分函数将星期几打印成 0 到 6 的一个数。

```
#include <ctime>
...
time_t t = time(NULL);
tm *tm_pointer = localtime(&t);
cout << "今天是 " << tm_pointer->tm_mday;
cout << endl;
```

tm 结构的声明如下所示：

```
tm struct tm {
    int tm_sec;         // 秒，0-59
    int tm_min;         // 分，0-59
    int tm_hour;        // 时，0-23
    int tm_mday;        // 一月中的多少号，1-31
    int tm_mon;         // 月，0-11
    int tm_year;        // 1900 年之后的多少年
    int tm_wday;        // 周日(0)之后的周几；例如，4 代表周四
    int tm_yday;        // 1 月 1 号之后过了多少天，结果是 0 到 365
    int tm_isdst;       // 夏令时...
}                       // 正值：夏令时生效
                        // 零：未生效
                        // 负值：未知
```

strftime 函数的格式

strftime 函数的声明如下：

```
size_t strftime(
    char *str,          // 要向其写入的字符串
    size_t n,           // 要写入的最大字符数(含空终止符)
    char *fmt,          // 格式字符
    tm *tm_ptr          // 指向 tm 结构的指针
);
```

strftime 函数使用来自 tm_ptr 所指向的结构中的时间数据，将数据写入字符串 str。fmt 参数包含的是格式字符，用于决定要写入哪些数据以及怎么写。具体格式参见表 F.8。例如，以下代码显示今天是周几：

```
#include <iostream>
#include <ctime>
...
char s[100];
time_t t = time(NULL);
tm *tm_ptr = localtime(&t);
strftime(s, 100, "今天是%A.", tm_ptr);
cout << s << endl;
```

表 F.8 strftime 函数的格式字符

格式字符	说明
%a	周几，缩写
%A	周几，全称
%b	月份名称，缩写

格式字符	说明
%B	月份名称，全称
%c	完整月日
%D	一月中的多少号，01 到 31
%H	小时，00 到 23（24 小时制）
%I	小时，00 到 11(12 小时制)
%J	一年中的多少天，000 到 366
%m	月份，01 到 12
%M	分钟，00 到 59
%p	a.m./p.m.计时方式
%S	秒，00 到 61(最多 2 闰秒)
%U	一年中的第几周，01 到 53。第一周从首个周日起
%w	周几，0 到 6，周日是 0
%W	一年中的第几周，01 到 53。第一周从首个周一起
%x	日期(无时间)
%X	时间(无日期)
%y	年，00 到 99(一世纪)
%Y	年
%Z	时区；时区未知则为空
%%	字面值%

I/O 流对象和类

本附录的对象和类支持控制台读写，以及文件和字符串读写。要从控制台读取或向其写入，需包含<iostream>：

```
#include <iostream>
cout << "Hello, world." << endl;
```

向字符串写入需包含<sstream>。除了这里列出的之外，字符串流还支持成员函数 str，它返回字符串格式的数据。

```
#include <sstream>

stringstream s_out;
int i = 1;
s_out << "The value of i is " << i << endl;
string s = s_out.str();
cout << s;
```

控制台流对象

表 G.1 列出的对象提供了预声明的流，用于从控制台读取文本，或向控制台写入。各自支持相应的流操作符(<<或>>)。例如：

```
cout << "n 等于" << n << endl;
```

表 G.1　流对象

对象	说明
cerr	控制错误消息流。默认和 cout 一样向控制台写入字符。但该流可重定向而不影响 cout。很少使用该对象
cin	控制台输入流。将输入作为 ASCII (8 位)字符流从控制台读入
clog	控制台日志流。类似于 cerr 和 cout，但作用是显示不一定是错误的运行时消息。很少用到该对象，许多程序员从来不用
cout	控制台输出流。将输出作为 ASCII (8 位)字符流显示到控制台

对象	说明
wcerr	宽字符错误消息流。类似于 cerr，但文本作为一系列宽字符写入
wcin	宽控制台输入。类似于 cin，但输入作为宽字符流从控制台读入
wclog	宽字符日志流。类似于 clog，但文本作为一系列宽字符写入
wcout	宽字符控制台输出流。和 cout 相似，但文本作为一系列宽字符写入

I/O 流操纵元

表 G.2 的 I/O 操纵元和流对象配合使用以修改文本的读写方式。例如，以下语句向控制台写入 0x1f。

```
cout << hex << showbase << 31; // Output 0x1f.
```

部分 I/O 操纵元同时影响输入和输出流，虽然更多的只影响输出。例如，如使用 hex，输入就被解释成十六进制。在以下代码中，输入 10 实际在 n 中写入 16。

```
cin >> hex >> n;
```

表 G.2　流操作元

操纵元	说明
boolalpha	真假布尔值作为 true 和 false 写入，而不是默认的 1 和 0
dec	整数切换为十进制(默认)
fixed	用定点格式显示浮点数
hex	整数切换为十六进制
left	左对齐输出。(指定了最小打印域宽时才有效；参考表 G.4 的 width 函数。)
noboolalpha	关闭 boolalpha，不打印 true 和 false
noshowbase	关闭 showbase(显示进制)
noshowpoint	关闭 showpoint(显示小数点)。例如，浮点数 30.0 作为 30 写入
nouppercase	数值用小写字母显示。例如在开启 showbase 的前提下，十六进制 FF 显示成 0xff(默认)
nounitbuf	关闭 unitbuf
oct	整数切换为八进制
right	右对齐输出。(指定了最小打印域宽时才有效；参考表 G.4 的 width 函数)
scientific	浮点数采用科学计数法
showbase	写入十六进制或八进制时，显示 0x 或 0 前缀
showpoint	写入浮点数时总是显示小数点。例如，浮点数 30 作为 30.000 写入
showpos	正数显示正号(+)

操纵元	说明
uppercase	数值用大写字母显示。例如在开启 showbase 的前提下，十六进制 FF 显示成 0XFF
unitbuf	对于输出流，造成输出缓冲区在每次输出操作后刷新(flush)
endl	若发送给输出流，输出换行符并刷新流
ends	若发送给输出流，输出空终止符。该操作元一般只用于 strstream 对象
flush	刷新①缓冲区，使缓冲区的文本立即写入目的地

输入流函数

表 G.3 的函数由 cin 这样的输入流和输入文件流调用。例如：

```
char input_str[COL_WIDTH];
cin.getline(str, COL_WIDTH);
```

表 G.3　输入流函数

函数	说明
get()	获取输入流的下一个字符
getline(s, n)	将输入行不超过 n-1 个字符拷贝到字符串地址 s
peek()	从输入流返回下个字符但不将其从流中删除
putback(c)	将字符 c 放回输入流
read(s, n)	二进制读取操作：从流中读取 n 个字节并将数据放到地址 s。不是 char 格式的数据需强制类型转换为 char* 类型

输出流函数

表 G.4 的函数由 cout 这样的输出流和输入文件流/字符串流调用。例如，以下代码打印数字 n，使用 20 字符的打印域宽(field width)，并右对齐。

```
int n = 1;
cout.width(20);
cout << right << n << endl;
```

表 G.4　输出流函数

函数	说明
base(n)	将输出操作的进制设为 n，必须是 8，10 或 16
fill(c)	设置在输出小于宽度时，用于填充打印域(field)的填充字符(默认空格)
flush()	刷新输出缓冲，造成立即打印输出

---

① 译注：按文档翻译成"刷新"。其实 flush 在技术文档中的意思和日常生活中一样，即"冲洗(到别处)"。例如，我们会说"冲厕所"，不会说"刷新厕所"。

函数	说明
precision(n)	设置输出浮点数时的小数精度(保留小数点之后多少位)
put(c)	输出字符 c
width(n)	设置下个输出操作的最小打印域宽
write(s, n)	二进制写入操作:在流中插入地址 s 处的前 n 个字节,不是 char 格式的数据需强制类型转换为 char*类型

文件 I/O 函数

使用本节总结的成员函数需包含<fstream>:

    #include <fstream>

可创建 fstream,ifstream 或 ofstream 类型的文件。可选择在声明文件对象时尝试打开文件。也可先声明对象,再用 open 函数尝试打开。

    ofstream fout(文件名);

注意,文件对象在打开尝试失败时会包含 NULL 值。参见第 9 章,可以进一步了解文件流对象的用法。文件流对象除了支持表 G.5 的成员函数,还支持之前的表格中列出的函数。

表 G.5 文件 I/O 函数

函数	说明
open(file, mode)	不是在声明文件对象时打开文件,而是单独调用该函数来打开指定文件(包含文件规范的一个 char*字符串)。mode 参数获取表 G.6 列出的一个或多个标志
close()	关闭文件
eof()	抵达文件尾标志就返回 true
is_open()	文件成功打开就返回 true
seekg(pos)	将输入文件指针移至指定位置(距离文件开头的偏移量,以字节为单位)
seekg(off, dir)	将输入文件指针按 dir 指定的方向移动指定偏移量(正或负的 off 值)。具体 dir 值请参见表 G.7
seekp(pos)	和 seekg 相同,但用于输出文件
seekp(off, dir)	和 seekg 相同,但用于输出文件
tellg()	返回文件位置(距离文件开头的偏移量,以字节为单位)
tellp()	和 tellg 相同,但用于输出文件

表 G.6 的标志值用于 open 函数的 mode 参数。可通过按位 OR 操作符(|)来组合。例如：

```
// 打开由 filename 指定的文件来进行二进制输入
fstream fout;
fout.open(filename, ios::binary | ios::in);
```

表 G.6 文件模式标志

标志	说明
ios::binary	以二进制模式打开文件
ios::in	打开文件进行输入操作
ios::out	打开文件进行输出操作
ios::ate	将文件指针定位到文件尾。ate 是 at end 的意思，即"在末尾"
ios::app	每个 I/O 操作后将文件指针定位到文件尾。app 是 Append 的意思，即"追加"
ios::trunc	执行其他任何操作前删除现有所有内容。trunc 是 Truncate 的意思，即"截断"

表 G.7 的常量用于 seekg 和 seekp 函数。

表 G.7 搜寻(seek)方向标志

方向	说明
ios::beg	搜寻操作相对于文件开始位置
ios::cur	搜寻操作相对于当前位置。正数向前，负数退后
ios::end	如偏移量(off)为正，搜寻操作将文件指针前移至超过当前文件尾的位置；如为负，文件指针从文件尾退后

STL 类和对象

虽然标准模板库(Standard Template Library，STL)支持许多有用的模板，但本附录只总结了其中 5 个(即本书所用的)。

- string 类
- bitset 模板
- list 模板
- vector 模板
- stack 模板

STL 字符串类

使用本节描述的功能需包含<string>。STL 字符串对象声明为 string；未使用 std 命名空间则是 std::string。简单 string 类实例化了模板类 basic_string(char 类型)，所以 basic_string 类也支持这里列出的函数。

```
#include <string>
using namespace std;
...
basic_string<char> s1;                    // 等价于 string
basic_string<wchar_t> s2 = L"Hello";      // 宽字符
wcout << s2;
```

一经声明，string 对象就支持内容复制(=)、连接(+)和内容比较(<，>和==)。和标准 C 字符串(char*字符数组)不同，向 STL 字符串赋值无需担心大小。

```
#include <string>
using namespace std;
...
string your_dog = "Fido";
your_dog = "Montgomery"; // 字符串自动扩大
string my_dog = "Mr. " + your_dog;
```

string 对象可以像 char*字符串那样索引。

```
cout << "The third character is" << my_dog[2];
```

对于表 H.1 列出的大多数函数，str 既可以是 STL 字符串，也可以是 char*字符串。除非额外指出，否则返回值是对当前字符串对象(在上面调用函数的对象)的引用。所有函数中的位置编号都使用基于 0 的索引。

表 H.1 字符串成员函数

函数	说明
append(str)	将字符串 str 追加到当前字符串后
append(str, n)	将 str 的前 n 个字符追加到当前字符串后
append(n, c)	将字符 c 的 n 个拷贝追加到当前字符串后
begin()	返回指向字符串开头的一个迭代器，对应一个单字符
clear()	清除字符串内容，无返回值
c_str()	返回和当前字符串等价的 C 字符串(char)
empty()	如字符串当前为空就返回 true，否则返回 false
erase(pos, n)	从位置 pos 开始删除 n 个字符
end()	返回指向字符串尾(最后一个字符再往后的位置)的一个迭代器
insert(pos, str)	在 pos 处插入字符串 str
insert(iter, c)	在迭代器 iter 指向的位置插入字符 c
find(str, pos)	从位置 pos 开始查找子串 str 的第一个实例。找到子串就返回位置，否则返回 string::npos
find(str)	查找子串 str 的第一个实例。找到子串就返回位置，否则返回 string::npos
find(c, pos)	从位置 pos 开始查找字符 c 的第一个实例。找到字符就返回位置，否则返回 string::npos
find(c)	查找字符 c 的第一个实例。找到字符就返回位置，否则返回 string::npos
find_first_of(s, pos)	从位置 pos 开始查找在字符串 s 中也有的字符的第一个实例。如省略 pos，就从字符串开头查找。返回找到的字符的位置，没找到返回 string::npos
find_first_not_of(s, pos)	从位置 pos 开始查找在字符串 s 中没有的字符的第一个实例。如省略 pos，就从字符串开头查找。返回找到的(没有的)字符的位置。如当前字符串的所有字符在 s 中也有，就返回 string::npos
replace(pos, n, str)	将位置 pos 开始的 n 个字符替换成 str

函数	说明
replace(iter1, iter2, str)	将范围在迭代器 iter1 到 iter2 之间的字符替换成 str
size()	返回字符串当前长度
substr(pos, n)	返回从位置 pos 开始的长度为 n 的子串
swap(str)	将现有内容和指定字符串(一个 STL 字符串)的内容交换，无返回值

<bitset>模板

使用 bitset(位集合)模板需包含<bitset>：

```
#include <bitset>
using namespace std;
```

bitset 模板和其他一些模板的区别在于，它非围绕一个基类型构建，而是围绕一个固定大小的常量整数。该大小决定了数据类型将容纳的位数(注意是精简格式)。例如：

```
bitset<8> his_bits(255);        // 恰好存储 8 位
bitset<16> her_bits(108);       // 恰当存储 16 位
```

用于初始化 bitset 的值不一定是常量，但应是整数值。本例就是 255 或 108。bitset 允许通过索引和其他操作来访问该值中的单独的位。位 0 是最低有效位(lsb)，位 1 是其左边的位置，以此类推。(bitset 索引和其他索引不同，顺序是从右向左，这是由数字的写入方式决定的。)

```
if (his_bits[0]) {
    cout << "最低位是 1.";
}
```

打印 bitset 将显示由 1 和 0 构成的字符串：

```
cout << his_bits << endl;
```

表 H.2 列出了 bitset 的主要成员函数。

表 H.2   bitset 的成员函数

成员函数	说明
flip()	按位取反，1 变成 0，0 变成 1
set(n)	将位置 n 的位设为 1。如省略 n，所有位设为 1
test(n)	返回索引 n 处的位是否设置(该函数和索引操作符[]不同，会先对 n 执行范围检查)

成员函数	说明
reset(n)	将位置 n 的位设为 0。如省略 n，所有位设为 0
to_string()	位集合的值作为包含 1 和 0 字符的字符串对象返回
to_ulong()	位集合的值作为 unsigned long 整数返回
to_ullong()	位集合的值作为 unsigned long long 整数返回

`<list>`模板

使用 list(列表)模板需包含`<list>`：

```
#include <list>
using namespace std;
```

然后就可初始化列表类，创建具有指定基类型的一个列表容器。再然后则通过调用 push_back 等成员函数来添加元素。

```
// 创建几种列表
list<int> list_of_int;
list<double> list_of_double;
list<string> list_of_string;
list<Point> my_list;

list<int> IList; // 创建列表再添加元素
IList.push_back(5);
IList.push_back(225);
IList.push_back(100);
IList.sort(); // 按值对列表进行排序
```

C++11 和更新的版本(当然包括 C++14 规范)可更直接地初始化列表：

```
list<int> IList = {2, 225, 100};
```

创建好列表后，可声明一个迭代器来遍历列表。

```
list<int>::iterator ii; // 声明迭代器 ii
for(ii = IList.begin(); ii != IList.end(); ++ii) {
    cout << *ii << endl;
}
```

C++11 和更高版本可将"基于范围的 for"用于任何列表容器(即使容器用另一个函数创建)，因为 C++总是能识别任何列表容器的开始、结束和大小。

```
for (int i : list_of_int) {
```

```
        cout << i << endl;
    }
```

第 17 章更多地讨论了基于范围的 for。

表 H.3 列出了列表模板的大多数成员函数。一些函数(merge，splice 和 predicates)比较复杂，三言两语说不清楚，详情请参考编译器文档。

注意，和某些容器不同，列表模板有内建的、在许多情况下非常有用的 sort 函数。

表 H.3　列表模板的成员函数

成员函数	说明
assign(n, val)	用 val 的 n 个拷贝替换整个列表的内容，val 是基类型的一个数据对象
begin()	返回指向表头(列表第一个元素)的迭代器
clear()	删除列表全部内容
empty()	列表为空返回 true，否则返回 false
end()	返回指向表尾(列表最后一个元素再往后的那个位置)的迭代器
erase(iter)	删除迭代器 iter 指向的元素
erase(iter1, iter2)	删除 iter1 到 iter2 范围之间的元素
front()	返回第一个元素
insert(iter, val)	在 iter 指向的位置前插入指定值(val)。如 iter 等于 end()，则在列表尾插入
insert(iter, n, val)	在 iter 指向的位置前插入 n 个元素。每个元素都有指定值(val)
pop_back()	删除最后一个元素。如果是空列表，行为属于"未定义"，这时不要依赖程序仍能运行
pop_font()	删除第一个元素。如果是空列表，行为属于"未定义"
push_back(val)	添加指定值 val 到列表最后一个位置
push_front(val)	添加指定值 val 到列表第一个位置
rbegin()	返回指向最后一个元素的(反向)迭代器
rend()	返回指向第一个元素之前一个位置的(反向)迭代器
reverse()	反转列表所有元素的当前顺序
sort()	对列表元素排序，使用为基类型定义的比较操作符(<)
unique()	从列表删除重复的相邻元素

<vector>模板

STL 最有用的一部分就是 vector 模板，它允许为任何基类型构造向量容器。向量和数组相似，但它能无限扩大。例如，可声明以下向量：

```
vector<int> my_vec(100, 0); // my_vec 包含 100 个 0
```

然后可像数组那样对该容器进行索引，索引同样基于 0。扩容使用 push_back 或 insert 函数。

```
my_vec[0] = 5;  // 将 5 赋给第一个元素
```

使用 vector 模板需先包含<vector>。

```
#include <vector>
using namespace std;
```

然后就可实例化向量类，创建具体指定基类型的一个容器。再然后则通过调用
push_back 等成员函数来添加元素。

```
// 创建几种向量
vector<int> iVec;
vector<double> fVec;
vector<string> strVec;
vector<Point> pt_vector;

vector<int> my_vec;
my_vec.push_back(10);
my_vec.push_back(150);
my_vec.push_back(-250);
```

C++11 和更新的版本(当然包括 C++14 规范)可更直接地初始化向量：

```
vector<int> iVec = {10, 150, -250};
```

创建好向量后，可声明一个迭代器来遍历它。(还可像数组那样通过索引来遍历。)

```
vector<int>::iterator ii; // 声明迭代器 ii
for (ii = iVec.begin(); ii != iVec.end(); ++ii){
    cout << *ii << endl;
}
```

C++11 和更高版本可将"基于范围的 for"用于任何向量容器(即使容器用另一个函数创
建)，因为 C++总是能识别任何向量容器的开始、结束和大小。

```
for (int i : iVec) {
    cout << i << endl;
}
```

第 17 章更多地讨论了基于范围的 for。

表 H.4 列出了 vector 模板的主要成员函数。

表 H.4　向量模板的成员函数

成员函数	说明
assign(n, val)	用 val 的 n 个拷贝替换整个向量的内容，val 是基类型的一个数据对象
begin()	返回指向向量第一个元素的迭代器
clear()	删除向量全部内容
empty()	内容为空返回 true，否则返回 false
end()	返回指向向量尾(向量最后一个元素再往后的那个位置)的迭代器
erase(iter)	删除迭代器 iter 指向的元素
erase(iter1, iter2)	删除 iter1 到 iter2 范围之间的元素，但不包括 iter2
front()	返回第一个元素
insert(iter, val)	在 iter 指向的位置前插入指定值(val)。如 iter 等于 end()，则在列表尾插入
insert(iter, n, val)	在 iter 指向的位置前插入 n 个元素。每个元素都具有指定值(val)
pop_back()	删除最后一个元素。如果是空向量，行为属于“未定义”
pop_font()	删除第一个元素。如果是空列表，行为属于“未定义”
push_back(val)	添加指定值 val 到向量最后一个位置
rbegin()	返回指向最后一个元素的(反向)迭代器
rend()	返回指向第一个元素之前一个位置的(反向)迭代器
size()	返回当前元素数量

\<stack\>模板

使用栈模板需包含\<stack\>。

```
#include <stack>
using namespace std;
```

然后就可实例化栈类，以下每个声明都创建具有指定类型的一个栈：

```
stack<int> stack_of_int;
stack<double> stack_of_double;
stack<string> stack_of_string;
stack<Point> my_stack;
```

栈模板创建一个简单的后入先出(LIFO)机制。成员函数不多。由于没有提供用于迭代的

begin 和 end 函数，所以栈类不是完整容器类，从 C++11 开始支持的"基于范围的 for"不能用于栈类。

声明好栈类后可以对成员执行入栈和出栈。注意，STL 栈的出栈过程涉及两个操作：用 top 获取栈顶成员，再用 pop 将其删除。所以，记住每次出栈都要 top 和 pop。

```
stack<string> beats;
beats.push("John");
beats.push("Paul");
beats.push("George");
beats.push("Ringo");
cout << beats.top() << endl; // 打印"Ringo".
a_stack.pop();
cout << beats.top() << endl; // 打印"George".
a_stack.pop();
```

试图从空栈出栈(或删除一项)会造成"未定义"结果，这一般意味着你的程序进入"阴阳魔界"并停留于其中。所以千万不要对空栈进行出栈。

表 H.5 总结了最常用的 stack 模板函数。

表 H.5　栈模板成员函数

成员函数	说明
push(val)	将值(具有栈的底层类型)压入栈顶
top()	从栈顶返回数据(具有栈的底层类型)，但不删除数据。删除要用 pop
pop()	删除栈顶项，不返回数据
size()	返回栈中当前存储的项的数量
empty()	空栈返回 true，否则返回 false

术语表

本书用到的重要术语如下。

(函数)定义 描述函数要做什么的一系列语句。调用函数时，控制会转移到这些语句。

2 的补码 用于存储有符号整数(与之相反的是无符号整数)的最常用格式。负值最左边的位为 1；非负则为 0。详情参考附录 B。

ANSI "美国国家标准协会"(American Nation Standards Institute)的简称。编译器要保持最新状态，就需支持最新 ANSI C++规范。新规范会增加新功能，比如 **bool** 类型和新式强制类型转换操作符等。

ASCII 一种编码系统(厂商按惯例采用，非硬性规定)，为每个可打印字符(和一些非打印字符)分配 1 字节范围内的唯一编号(0 到 255)。结果是 C++中的一个字符作为 char(1 字节整数)存储，字符串则存储在一个 char 数组中。ASCII 代码的使用已内建于计算机和底层软件中，所以假定你打 H，就会在数据流中放入 H 的 ASCII 代码，并在屏幕上显示 H。(具体细节过于底层，不需要关心这些是怎样发生的。) 必须有这样的编码系统，程序才能处理文本，因为在机器码(计算机的原生语言)这一级，只有数字才能被理解。还有其他字符编码系统(例如 EBCDIC)，但 ASCII 在个人电脑和大多数小型计算机系统上用得最普遍。

bitset STL 支持的一种特殊集合，以精简形式表示一个位集。可用 bitset 以索引方式一次访问其中一位。最低有效位的索引是 0。详情参见第 17 章和附录 H。

C++11, C++14 截止本书写作时为止的 C++最新规范。有的 C++11 功能(比如用户自定义字面值和基于范围的 **for**)是 C++程序员多年之诉求。C++14 除包含所有这些功能，还定义了其他好用的工具，比如二进制字面值和数位分隔符。详情参见第 17 章。

CPU 中央处理单元或中央处理器。虽然当今几乎所有计算机都配备了协处理器来完成部分工作(主要是浮点运算和图形)，但个人电脑通常只有一个、且只有一个中央处理器。它是对程序中的每一条机器码指令进行求值的硅芯片。(记住，所有程序都要先编译成机器码才能运行。)中央处理器逐条执行这些指令来实现程序功能，包括判断、运算、将值拷贝到内存等。

C 字符串 C 语言支持的旧式文本字符串类型，C++也完全支持。实际是 char 类型的一个数组，最后包含一个空终止字节。虽然 STL string 类比 C 字符串好用很多，但字符串字面值仍作为 C 字符串存储。另外，标准库中的一些旧式字符串函数(比如 strtok)仍然很有用。详情参见第 8 章。

GCF 最大公因数(Greatest Common Factor)，能整除两个多个整数的最大整数。例如，12 和 18 的最大公因数是 6；300 和 400 的最大公因数是 100。

IDE 即集成开发环境(Integrated Development Environment)，帮助你写代码、运行编译器和测试程序的一个开发环境。

LCM 最小公倍数(Lowest Common Multiple)，两个或多个整数公有的倍数就是它们的公倍数，其中除 0 以外最小的就是最小公倍数。例如，20 和 30 的最小公倍数是 60，因为 60 能同时被 20 和 30 整除(无余数)。换种说法就是 20 和 30 都是 60 的因数(约数)。

LIFO 后入先入(Last-in-first-out)。栈采用的一种数据管理系统。入栈的最后一项最先出栈。这正是栈的操作通常称为 push(压入)和 pop(弹出)的原因。

main 函数 main 函数是 C++程序的起点，使用前无需声明。在控制台应用程序中，main 函数是必须的；其他类型的应用程序可使用其他起点。在控制台应用程序中，main 是唯一保证运行的函数。程序中的其他函数在调用时才执行。

OOPS 一个人把水泼到了键盘上，会说"OOPS!"。但严肃地说，这是"面向对象编程系统"的简称。参考"面向对象编程"。

STL 参考标准模板库(STL)。

token 中文可翻译成"子串"，即通过词法分析来生成的单词、符号或操作符。通俗地说，如输入一行文本，由空格或逗号分隔的每一项都是一个 token。比如在字符串"amt = 3 + 15"中，amt，=，3，+和 15 均为 token。

按位运算(操作) 将一个操作数中单独的位和另一个操作数中单独的位进行比较。这种运算有助于创建精简位存储，并有助于创建位掩码，以便将几个位的组合一次性遮掩掉(置零)或者使用按位 OR 将一组选择的位设为 1。与之对比的逻辑操作。

编译器 一个语言翻译程序，读入你的 C++程序，生成机器码，并(最终)生成能在计算机上运行的可执行文件。该可执行文件也称为"应用程序"。

变量 用于存储程序数据的一个具名位置。每个变量在程序内存中都有唯一位置(它的地址)。变量的其他特性还有它的类型(比如 int，double 或 float)，它的可见性(局部或全局)以及存储类(自动或全局)。

标准模板库(STL) 最近版本的 C++才支持的模板库。STL 包含易于使用的 string 类，具有比旧式 C 字符串更多的优势。还包含一个简化的栈类，以及其他许多有用的容器类。本书介绍了 STL string 类以及 bitset，list，vector 和 stack 模板。

布尔(Boolean)　真假值或真假运算。在 ANSI C++和以后版本中，bool 类型获得了完全支持。凡是期待一个布尔值的地方(比如 if 条件)，任何非零值都转换成 1 并被解释成真。注意，可将特殊值 true 和 false 赋给用 bool 声明的对象。(分别等于 1 和 0，但只在布尔运算中使用。若将任何非零值赋给布尔类型，它被转换成真或 1。)

操作符(运算子)　合并一个或多个子表达式，以构成一个更大表达式的符号(通常是+这样的单字符)。有的操作符是一元的，只获取一个操作数；其他大多数操作符都是二元的，要获取两个操作数。例如在表达式 x + *p 中，加号(+)是二元操作符，而星号(*)是一元操作符。此外，C++支持一个三元条件操作符(?:)。

操作数(运算元)　在更大的表达式中通过操作符(运算符)来操作(运算)的表达式。例如在表达式 x + 5 中，x 和 5 是操作数。

常量　不允许更改的一个值。所有字面值都是常量，但并非所有常量都是字面值。在 C 和 C++中，数组名称是符号(即一个名称)，但它是求值为数组第一个元素的地址的一个常量。

成员　类中声明的一个 item。其中，数据成员类似于记录或结构的"字段"。而成员函数定义了适合类的操作，它们通常操作的是类的成员。

成员函数　类中声明的一个函数，有的语言也把它称为"方法"。成员函数在调用时，作用于在其上调用它的那个对象(例如 A.foo()，意思就是在 A 上调用 foo()，或者说通过 A 来调用foo()。此时函数将作用于对象 A。函数操作对象 A 的成员时不需要限定，即不需要附加 A.前缀)。注意，同一个类的所有对象都支持同一组成员函数和数据成员。

程序　执行特定行动的一组命令(或者说语句)。字处理软件就是程序，电子表格软件也是。从用户的角度，程序通常称为应用程序或应用。C++是用一系列明确的关键字和语法来写计算机程序的语言。写出来的程序(称为源代码)要翻译成机器可读的形式(机器码)才能直接在计算机上运行。参考"应用程序"。

持久性存储器　保存半永久性记录的存储器，程序结束或计算机关机之后，数据仍能保持。计算机的持久性存储器一般是硬盘或其他媒体(如光盘、U 盘和内存棒)。

抽象类　不能用于创建对象的一种类，主要作为其他类的常规模式(即接口)使用。抽象类至少要有一个纯虚函数。用 virtual 关键字声明这种函数，并为实现使用=0 语法。

处理器　参考 CPU。

纯虚函数　在声明它的那个类中，没有具体实现的函数。代替实现的是纯虚函数的特殊语法：=0。

存储类 变量在计算机上的存储方式。其中，静态存储类在程序使用的数据区域中只维护变量的一个拷贝。而自动存储类(局部变量默认使用)在栈上为变量分配空间，使函数的每个实例都维护自己的变量拷贝，而且每次函数调用时都重新分配和重新初始化数据。

存储器 虽然存储器可以是易失的，也可以是持久的(换言之，存储在磁盘文件或其他半永久性媒体中)，但平时说到存储器时一般就是指主内存(主存储器)，或者说 RAM。

代码 "程序"编译成应用程序之前的另一种说法。C++程序员提到代码时，一般是指 C++源代码，即构成程序的一组 C++语句。"代码"一词起源于计算机编程的早期岁月，当时所有编程都必须用机器码来进行。当时，编码的每条指令都是 1 和 0 的独特组合。C 和 C++在可读性方面要强上千万倍，但"代码"这个术语被保留下来了。

代码块 两个大括号(({}))之间的一组语句。代码块作为一个整体执行(要么其中全部语句执行，要么一个都不执行)。代码块定义了一个可见性级别(称为作用域)，块中声明的局部变量仅在该块内可见。参考"复合语句"。

地址 一个数据块或者程序代码在内存中的数值位置。该位置一般称为内存中的"物理位置"(虽然打开电脑并试图找到该位置将无功而返)。地址在显示时一般采用十六进制记数法，而且一般只有在程序的上下文中才有意义。CPU 只理解数字，不理解单词或字母。CPU 用来访问主存储器中的地址所用的数字就是地址。

递归 函数自己调用自己的一种编程技术。听起来像逻辑悖论，似乎会无限进行。但只要有一个终止条件(此时函数不再调用自身)，该技术就能完美地实现。终止时，函数调用(全都存储在栈上)从最后一个开始依次返回。第 5 章探讨了递归的几个例子。递归方案在效率上通常不如迭代，但某些问题(例如第 5 章的汉诺塔问题)不用递归就很难解决。

迭代 使用重复的语句(循环)来计算，所以通常也称为循环迭代。迭代(与之对应的是递归)方案通常在 while，do-while 或 for 循环中重复执行一系列语句，到达循环底部后再跳回循环顶部。

迭代器 用于遍历容器中所有元素的一个对象或变量，通常在 for 循环中使用。对于数组，可将一个简单的循环计数器作为基本的迭代器使用，但要小心设置起始和结束限制。对于 STL容器类(比如<list>)，迭代器提供了遍历所有元素的一种安全和便利的方式(虽然基于范围的 for通常更好)。详情参见第 13 章。

对象 可具有行为(由成员函数实现)和内部状态的一种数据单元。概念源自传统的"数据记录"，但要灵活得多。通过写成员函数，可定义对象的功能来响应各种请求。此外，由于 C++支持"多态性"，如何执行一个操作的逻辑可集成到对象自身中，而不是由对象的用户实现。对象的类型就是它的"类"。一个类可声明任意数量的对象。注意，虽然对象同时集成了状态(数据)和行为(函数)，但所有函数代码都由同一个类的对象共享。所以，类才是声明和定义成员函数的地方。

多态性　即"多种形式"(many forms)。在计算机编程中，即在运行时调用函数并令其以多种方式响应当前上下文的一种能力。换言之，具体调用哪个实现，将取决于对象。对象根据运行时的情况发生改变，从而用它自己的函数代码来做出响应。更简单的说法是：如何响应一个函数调用，其逻辑内建于对象自身，而不是由使用对象的代码来实现。这样一来，现有的软件就可无缝地与还没有写出来的新软件交互。在 C++中，多态性通过虚函数来实现。详情参考第16 章。

范围　在特定类型的变量中能存储的内容的高低限制。例如，unsigned char(1 字节)的范围是 0 到 255。

方法　参考"成员函数"。

访问级别　级别(private，protected 或 public)决定谁或什么能访问给定类的成员。公共成员在类外能自由访问(虽然对此类成员的引用必须正确限定)。私有成员只能在类中访问。受保护成员可在类中访问，也可在任何派生类中访问。

废弃　被 C++标准委员会定义为废弃(deprecated)的功能强烈建议不要再用，编译器会生成警告消息，指出该语言功能将来可能不再支持。其实委员会老早就想废弃旧式 C 强制类型转换，但一直举棋不定，因为用 C++维护的 C 遗留代码实在是太多了。

封装　隐藏或保护内容的一种能力，通过提供常规(还应易于使用)的接口来公开底层功能。例如，声明一个文件流对象即可读写文件，同时不必关心操作系统的低级文件命令。将复杂操作和数据封装到类中，并提供一致的、易于使用的接口，这是面向对象编程的常规目标。

浮点　一种数据格式，能存储数字的小数部分。此外，浮点类型允许存储比整型(int，short 和 long 等)大得多的数。计算机上的浮点数内部采用二进制存储，但用十进制显示。可能出现舍入错误。许多分数(比如 1/3)不能用浮点格式精确存储，只能以一个特定的精度来取近似值。C++主要浮点类型是 double，是"double precision"(双精度)的简称。浮点数总是可能出现舍入错误，因为每个浮点格式都具有有限的精度。某些时候，非常大的整数也不能精确存储(但 long int 或 long long int 也许能用绝对精度存储同样的数)。总之，凡是整数够用的地方都不要使用浮点类型。

符号　一个变量、类或函数名称。有别于字面值，符号只是名称，其含义和值依赖于上下文。通常，除非进行赋值或初始化，否则它没有设定好的值。符号(或符号名称)必须遵从 C++命名规范：必须以字母或下划线(_)开头，其余字符只能是字母、数字或下划线(_)。

复合语句　大括号({})中的零个或多个语句(通常至少 2 个)。也称为代码块或语句块。C 和 C++的一个核心语法是：凡是能使用单个语句的地方，都能使用一个复合语句。例如，可利用该语法在 while 循环主体放入任意数量的语句。这样每次循环迭代时，这些语句都会执行。注意，复合语句(或代码块)能为局部变量定义一个可见性级别，在其中声明的变量只局部于该块(作用域限制于该块)。

构造函数　一种特殊成员函数，在创建对象(类的实例)时自动调用。构造函数隐式返回类的一个实例，虽然构造函数永远没有显式的返回类型。(按照语法，除了构造函数和析构函数之外，C++的每个函数都必须有一个返回类型，即使是 `void` 函数。)构造函数一般执行某种初始化。但要注意，编译器提供的默认构造函数(参考默认构造函数)不执行初始化。

关键字　对 C++语言具有特殊含义的一个单词(比如 `if`, `for`, `while`, `return` 或 `do`)。你自己提供或由库提供的函数和变量名则不是关键字，也不能是。

换行符　向输出流/输出设备发送的开始一个新行的信号。

回调　将函数地址给另一个进程或函数，使其能回调位于指定地址处的函数。例如，为了调用 C++标准库函数 `qsort`，需向 `qsort` 传递一个比较函数的地址。`qsort` 随后调用该函数来判断任意两个数组元素的正确顺序。对于 C++和其他面向对象语言，回调函数因为虚函数的存在而失去了太多意义。虚函数提供更安全、更结构化的方式来执行回调函数的功能。

机器码　计算机自己的内部语言。这样的语言(每个厂商和不同的处理器型号都不同)为每个可能的操作都安排了由 1 和 0 构成的唯一模式。这正是我们习惯将程序称为代码的原因，因为每条机器指令都是为一个特定的操作而安排的机器码。代码一词起源于上个世纪 50 年代，并从此固定。现在很少有程序员还需要写机器码。就连汇编语言都很少用。汇编语言和机器码相似，但指令使用了容易记忆的名称，比如 `COPY`, `JUMP` 或 `JNZ` (非零则跳转，`jump if not zero`)，而不是使用位模式。由于 Basic 或 C++这样的语言更接近人类语言，而且程序员不再需要关心处理器的架构，所以编程效率大大提高。

基类　能从中派生出其他类的类。基类继承除构造函数之外的所有基类成员。

基于 0 的索引　数组和字符串的索引起始于 0，结束于 N − 1；其中 N 是容器大小。虽然该技术刚开始并不起眼，但从偏移量(`offset`)的角度思考索引，就很有意义了。第一个元素距离开头的偏移量总是 0 个单位。针对数组和字符串，以及其他你想得到的几乎所有情况，C 和 C++都采用基于 0 的索引。

基于 1 的索引　数组和字符串的索引从 1 开始。在几乎所有情况下，C 和 C++都使用基于 0 的索引。

基于范围的 for　这是 C++版本的"foreach"语法，其他几种语言早已开始支持。该语言功能自 C++11 开始引入，允许无脑地处理一个容器中的每个元素，不必关心开始和结束僧。这样就将最容易出错的地方绕过去了。详情参见第 17 章。在 C++11 和之后的版本中，基于范围的 for 能处理 STL 容器(只要它们提供了 `begin` 和 `end` 函数)，也能有限地处理数组。数组的限制主要在于，如数组声明为局部于一个函数并传给另一个，则第二个函数不知道数组有多大，这时基于范围的 for 就不起作用。但用基于范围的 for 来处理声明为全局变量的数组是毫无问题的。

继承　为一个类赋予另一个以前声明好类的属性的能力。这是通过"子类化"来完成的。新类自动具有基类声明的全部成员(构造函数除外)。参考"子类"。

间接(访问)　通过一个指针来间接访问数据。例如，假定指针 ptr 指向变量 amount，则表达式*ptr = 10 会间接更改 amount 的值。

接口　不同上下文中有不同含义。本书用它描述一组常规服务，不同的子类可用自己的方式实现那些服务。C++要用抽象类来定义接口。

结合性(关联性)　对表达式求值时，如两个操作符具有相同优先级，结合性就决定了是按从左到右的顺序求值，还是按从右到左的顺序求值。例如在表达式*p++中，操作符从右向左结合，所以表达式等价于*(p++)。这意味着递增指针以指向下个元素，而不是递增元素本身。

解引用　获取指针指向之数据的过程。如 p 是指向 n 的指针，则表达式*p 通过获取存储在 n 中的数据来"解引用"指针。理论上，可以让指针指向一个指向指针的指针。这时，用***p 将完全解引用指针，生成基类型的数据。

进制(进位制)　利用这种记数法，可使用有限种数字符号来表示所有数值。一种进制的可用数字符号数目称为该进制的基数或底数。若一个进制的基数为 n，就称之为 n 进制。大多数时候都默认使用十进制。C++还允许用八进制(前缀是 0)和十六进制(前缀是 0x)写数值字面值。C++14 终于开始支持二进制(前缀是 0b)，其中所有数位都是 1 或 0。

静态存储类　技术上说，全局变量属于静态存储类，用 static 关键字声明的局部变量也是。和自动变量(放到栈上)或动态分配的数据(用 new 创建)不同，这种数据对象只在程序启动时创建一次。静态局部变量只在函数中可见，但仍然具有和程序一样的生存期。

局部变量　对特定函数或代码块来说"私有"的一个变量。局部变量的优势在于，每个函数都有自己的变量 x(举个例子)，在一个函数中更改 x 不会和另一个函数中的 x 冲突。我们说局部变量 x 仅在它自己的函数中可见(作用域限定于 x 所在的函数)。在 C++中，每个代码块(或复合语句)都能声明自己的局部变量。这种变量在块外不可见。大多数局部变量都兼具两个特点：局部可见性和一个自动存储类，意思是它们在栈上作为临时变量分配。声明为 static 的局部变量的局部可见性不变，但有一个静态存储类，程序仅在启动时加载它一次。

拷贝构造函数　一种特殊构造函数，能根据同类型的另一个对象来初始化当前对象。如果没有写，编译器自动为每个类提供一个拷贝构造函数，执行简单的逐成员拷贝。

可见性　基本等同于作用域。全局变量从声明位置开始，到源代码文件末尾可见。局部变量仅在声明它的函数中可见(同样从声明位置开始可见)。参考"作用域"。

空指针 具有零值的指针，表示"哪里都不指向"。但空指针不是未初始化的指针(后者非常危险，它可能指向任何地方)。相反，空指针是专门设置成不和任意数据关联的指针。指针可以和 NULL 或 nullptr 比较，检查它当前是否指向任何有意义的地址。在 C++11 和之后，nullptr 是具有零值但总是具有指针(或地址)类型的一个关键字。如支持，在进行指针初始化和比较时，应尽量使用 nullptr 而非 NULL。例子参见第 12 章。

控制结构 控制程序中接下来要发生什么的一种方式，而不是默认的"执行下个语句"。控制结构可以做出判断、重复操作或将控制转移到一个新的程序位置。if，while，do-while，for和 switch 语句都是控制结构。

类 一种用户自定义数据类型，或者在库中定义的数据类型。C++类可用 class，struct 或 union 关键字声明。在传统编程中，用户定义类型(或结构)能包含任意数量的数据成员。C++面向对象编程完全支持结构，但增添了声明函数成员(也称为方法)的能力。声明好类之后，可用它创建任意数量的类实例，即对象。参考"面向对象编程"。

逻辑操作(运算) 创建复杂布尔(真/假)表达式的操作。例如，逻辑 AND (&&)仅在两个操作数都为 true 的前提下才生成 true。考虑到条件求值的目的，任何非零的表达式或操作数都被视为true。所以，逻辑表达式 5 && 2 求值为 true，但按位表达式 5 & 2 将按位模式 101 和 010 合并，所以生成零(false)。C++的逻辑表达式采用短路逻辑。所以在 op1 && op2 这个表达式中，如第一个操作数求值为 false，第二个就不必求值了。

面向对象编程 即 OOP(Object-Oriented Programming)。一种程序设计和编码方式，以数据对象为中心，允许根据要包含的数据和要执行的操作来定义对象。进行面向对象编程时，首先要问："程序需要哪些种类的数据，要对每种数据对象执行哪些操作？"作为一种设计方法学，面向对象的方式具有显著优势。更容易将一个大项目分解成主要组件。大程序可更好地组织，而且更容易理解，因为不再需要面对大量孤立的函数和孤立的数据结构。相反，是由紧密联系的模块(或者说类)共同协作，大型程序现在能更容易地阅读和维护。

模板 一个通用类，一般是围绕更具体的类构建的容器。例如，STL list 类可用于创建任意类型的列表：list<int>，list<float>，list<double>等等。模板利用了通用算法或解决方案，适用于不同种类的数据。近代 C++编译器允许定义新模板，同时在标准模板库(STL)中提供了许多现成的、有用的模板。

模块 构成一个完整程序的各个半独立分区。每个模块都对应一个源代码文件。大型程序由多个模块构成，各自都有自己的源代码文件，它们最后会编译并链接到一起。面向对象编程也鼓励模块化编程，但推荐用类声明来界定模块，而不是一定要求单独的源代码文件。

默认构造函数 即无参构造函数。如果没有写任何构造函数，编译器自动提供一个默认构造函数。但只要写了任何构造函数，编译器就不自动提供默认构造函数。这时如果不初始化就无法创建对象。该行为有时会出乎人的预料，但如果你想强迫类的用户初始化新对象，就显得比较好用了。要避免该行为，可以主动写自己的默认构造函数。编译器提供的默认构造函数不会执行初始化。除了为对象分配内存(所有构造函数都会隐式地执行该操作)，它什么都不做。

目标码　编译器生成并存储到中间文件以便链接到最终可执行文件(Windows 系统就是 EXE 文件)的机器码。该术语和对象以及面向对象编程没有任何关系。在英语世界用了同一个词是一种遗憾。(英语的目标和对象都是 object。)

内联函数　这种函数的语句将直接插入调用该函数的位置。在普通函数调用中，程序控制会跳转到新位置，并在执行完毕后返回。但内联函数没有这个过程。相反，对内联函数的调用被自动替换成它的定义语句，就像是一个"宏"。如果在类声明中(而不是在类声明外)定义一个成员函数，该函数自动成为内联函数。

派生类　参考"子类"。

嵌套　将一个控制结构放在另一个控制结构内部或将一个声明放到另一个声明内部。

强制类型转换　也称为"强制转换"(偶尔可以说数据转换)。改变表达式类型的一种操作。将较小范围的一个类型赋给更大范围的一个变量，C++自动提升较小的类型，一般不需要强制类型转换。但在相反方向上，比如将浮点数赋给整数变量，就需要进行强制类型转换来避免警告消息。强制类型转换在其他情况下也很有用。向二进制文件写入时，期待的是基类型为 char 的指针，所以需要将其他地址类型重新转换为 char*。如使用新式强制类型转换，这时就需要使用 reinterpret_cast，因其涉及指针。参见附录 A，了解新式强制类型转换以及旧式"C 风格"强制类型转换。

全局变量　由同一个源代码文件的所有函数(或至少其定义在全局变量声明之后出现的所有函数)共享的变量。对于 C++，在任何函数外部声明的变量就是全局变量。在多模块程序中，甚至可用 extern 声明在程序的所有函数中共享一个全局变量。全局变量从声明之处开始，一直到文件尾可见。全局变量自动属于一个静态存储类。

声明　为变量、类、成员或函数提供类型信息的一个语句。数据声明(extern 声明除外)创建一个变量，造成编译器为其分配内存。函数声明既可以是原型(其中只包含类型信息)，也可以是定义(实际描述函数的工作)。除 main 之外，C++的每个变量和函数都必须先声明再使用。注意，#include 指令会引入大部分标准库的声明。

实参　实际传给函数的值。声明时的参数称为"形参"。

实例/实例化　实例是某一常规类别的具现。例如，"西尔斯大厦"就是"建筑"的具现。在 C++中，"实例"一般与"对象"同义。一个单独的值或变量是某个类型的实例。数字 5 是 int 的实例，数字 3.1415927 是 double 的实例。每个对象都是某个类的实例。对类进行实例化，意思就是创建类的一个对象。

实现　不同上下文中有不同含义。但在 C++中，它通常是指提供了具体函数定义的一个虚函数实现。这样就和虚函数的声明前后呼应。

数据成员　类的数据字段。类的每个对象都有自己的数据成员拷贝(除非将成员声明为静态)。

数组　一种特殊数据结构,由多个元素构成,每个元素都具有相同基类型。单独的元素通过索引编号和数组名来访问。例如,假定将一个数组声明为 int arr[5],那么它包含 5 个 int(整数)值,通过 arr[0]到 arr[4]来访问。在 C 和 C++中,索引编号从 0 到 N − 1。N 是数组大小。

索引　用于引用数组元素的一个编号。索引编号也可用于 char*字符串(后者真的是数组)、STL string 对象以及支持方括号访问操作符([])的其他任何容器类。注意 C++中的索引在几乎所有上下文中都是基于零的(从 0 开始),而不是基于 1(从 1 开始)。

头文件　包含一系列声明和(可选的)预编译指令的一个文件。其宗旨是能由多个文件包含(使用#include 指令)。这是一个能节省大量开发时间的设计,程序员不必在项目(工程)的每个模块中重复列出所有需要的声明,也不必为库函数声明原型。记住,C++要求变量、类和函数都必须先声明再使用。

晚期绑定　在运行时而不是编译时或链接时为函数分配地址。在程序中发出一个函数调用时,函数地址一般必须同一个目标地址绑定。晚期绑定造成该决策推迟到运行时,届时目标地址可以变动。这是 C++和其他语言为成员函数赋予多态性的一个手段。对象指向的确切类型要到运行时才知道,届时可根据对象所属的类来调用函数的不同实现。

位(bit,比特)　CPU 或内存中存储的最小数位单元,值只能是 0 或 1。8 位构成一个字节。只能通过位域(bit field,位段)、bitset 模板和按位操作来访问单独的位。

文本字符串　参考"字符串"。

无限循环　由于循环条件总是为 true,造成循环无法终止的情况。无限循环一般意味着程序出现严重错误。

析构函数　并没有听起来那么高深。析构函数是在销毁对象时执行资源清理和终止工作的成员函数。析构函数在对象准备从内存中删除前调用。析构函数的声明语法是~类名()。并非所有类都需要析构函数。但假如那个类的对象占有一些宝贵的系统资源(比如内存和文件句柄),必须在对象不再使用的时候归还,就应该提供析构函数。

向后兼容　新版本 C++编译器即使引入了新功能,也应继续支持旧程序。这就是向后兼容。C++的一个宗旨就是大量向后兼容 C 语言(虽然不是百分之百)。缺少向后兼容,可能造成程序员出大问题。他们会发现之前能完美编译和运行的程序突然不能用了,而原因仅仅是更新了一下编译器。此时他们会发现愤怒的咆哮:"标准委员会破坏了我的程序!"因此,委员会将尽力避免出现这样的问题。

向量(vector) 相当于能无限扩容的数组。STL 通过 vector 模板来支持该机制。详情参考第 15 章。

虚函数 地址要到运行时才能确定(称为"晚期绑定")的一种函数。C++的虚函数和多态性的概念密切相关。虚函数具有特殊的灵活性:可在子类中安全地重写(override)虚函数。不管对象如何访问,都总是调用函数的正确版本。例如,对于 ptr->vfunc()这样的函数调用,将总是调用对象自己的 vfunc 实现,而不会调用基类版本。参考"晚期绑定"。

循环 重复执行的一组语句。之所以留下"循环"的印象,是因为每次抵达末尾,控制都返回顶部。

循环计数器 控制循环次数的一个变量。基于范围的 for 无需循环计数器。

异常 运行时出乎预料的情况,一般(但并非肯定)是一个运行时错误。所有异常共通的地方在于,它们干扰了程序正常流程,要求立即采取对策。未处理的异常会导致程序突兀地终止,用户基本上看不到任何解释。异常的一个例子是被零除。C++提供 try,catch 和 throw 关键字来集中处理异常。

引用 一种特殊的变量或参数,作为另一个变量或参数的别名使用。例如,马克·吐温是塞姆·克莱门斯的笔名。不同的名字引用完全一样的个体。在这种情况下,"马克·吐温"是对塞姆·克莱门斯的一个引用。引用的行为方式和指针区别不大,但没有指针语法。除语法之外,指针和引用最大的一个区别是引用一旦赋值,就不能再引用别的东西。注意,如果以传引用的方式传递实参,则函数将引用原始变量本身,而不是拷贝。所以对这种实参的更改具有持久的副作用(即永久改变变量的值)。

应用程序 从用户角度看,就是一个完整的、具有正常功能的程序。字处理软件就是一个应用程序,电子表格程序也是。基本上,任何编译好的、经过测试的、能做一些有意义的事情的程序都是应用程序或应用。C++编译器也是一种应用程序,虽然它只面向专业用户(程序员)。应将编译器想象成工具,而程序在编译后就是应用程序。

优先级 在复杂表达式中决定操作先后顺序的规则。例如在表达式 2 + 3 * 4 中,先执行的是乘法(*)运算,因为乘法运算的优先级高于加法运算。附录 A 总结了 C++的操作符优先级。

语句 C++程序的基本语法单位。C++语句大致等价于英语等日常语言中的一个"指令"或"句子"。和人们说的句子一样,C++语句也没有长度限制。它可以在任何时候终止(通常用一个分号),但复杂度随意。函数定义由零个或多个语句构成。

语句块 参考"复合语句"。

预编译指令 传达给编译器的常规命令。预编译指令影响编译器对程序的解释,但不直接对应于运行时行动。例如,#include 指令造成编译器包含另一个源代码文件的内容。和大多数语句不同,预编译指令不以分号(;)结尾。

原型 只提供类型信息(但不提供定义)的函数声明。记住,定义告诉函数"做什么"。

源代码文件 包含 C++语句(以及注释和/或预编译指令)的文本文件。

栈 计算机编程的"栈"有两个不同的含义。内存中有个专门的区域称为"栈",计算机在其中放入函数返回地址。每次函数调用时的实参和局部变量值也放在这里。对这个栈的管理 C++程序员一般是看不见的。此外,有的程序使用栈机制来编程,这样的数据类型由 STL 提供,即<stack>模板。所有栈共通的地方在于,它们都使用后入先出(LIFO)数据管理机制,即入栈的第一项最后一个出栈。参考递归。

整数 无小数部分的一个数,比如 1,2,3……。还包括 0 和负整数-1,-2,-3……整数数量理论上无限,但计算机上的整数范围有限,这和其他数据类型一样。

指针 包含另一个变量、数组或函数的地址的变量。指针可以是空指针,不指向任何地方。如第 7 章所述,指针在 C++中有多种用途。指针的优点在于只需传递一个数据块的"句柄"(handle),而不必拷贝全部数据(指针和句柄还是有区别的,但这超出了本书范围)。拷贝指针值(即地址)就可以了。指针还使动态内存分配成为可能。另外,可通过指针创建链表、树和其他内存中的数据结构。

重载 将一个名称或符号重用于不同(虽然又通常相关)的含义。函数重载允许不限次数地定义同名函数,只要求每个版本都有不同参数列表。操作符重载允许定义标准 C++操作符(比如*,+和<)如何操作你自己的类的对象

主内存(主存,主存储器) 所有计算机程序都在内存(存储器)中运行,也称为 RAM。虽然程序存储在磁盘文件或网络位置,但计算机必须先将程序下载到主内存才能运行。该区域是易失的(断电即消失),不能永久保存数据。但从一般意义上讲,它是 CPU 唯一能直接访问的存储器。主内存由同时运行的多个程序共享,其中包括操作系统。

子类 从另一个类(称为基类)继承的类。子类继承除构造函数之外的所有基类成员。子类中的任何声明都创建新的或重写(override)的成员。注意,对没有声明为 virtual 的函数进行重写是不安全的。

字符串 一系列文本字符,可用于表示名称、单词和短语……由可打印或不可打印字符构成的任何东西。C++编译器支持 C 字符串,其本质是 char*数组。也支持新的 STL string 类型,它定义了赋值(=)、测试相等性(==)和连接(+)等操作。STL string 类型一般比 C 字符串更好用,尤其是你不需要关心大小限制。这种字符串能按需扩容,只受可用内存的限制。

字符串字面值 引号中封闭的文本字符串,例如"Here comes the sun."。C++在源代码文件中看到一个文本字符串时(注释中的除外),会将其存储为 C 字符串,这其实是一个 char 数组,最后用一个代表空终止符的额外字节结尾。字符串名称随即与该数据的地址关联。注意

C++字符串中的反斜杠(\)代表转义符。要表示一个实际的反斜杠，需使用两个反斜杠(\\)。转义字符的列表请参考附录 B。

字节 一组共 8 位的数据单元。计算机内存按字节来组织，所以每个字节都具有唯一地址。

字面值 一个固定数字(比如 5，−100 或 3.1415927)或文本字符串(比如"Mary had a little lamb")。编译器在源代码文件中看到字面值时，会把它解释成特定类型的值。其值在编译时将被完全确定(并固定)。和符号不同，字面值不通过一个表来检索其值。所以，它不需要初始化就能立即使用。(更常见的是用字面值来初始化符号！)所有字面值都是常量，但并非所有常量都是字面值。

最终用户 最终运行(而不是写)程序的人。大多数程序都是并非专家、不懂编程的最终用户(一般简称为用户)设计。但有意思的是，程序的第一个用户(第一个尝试它的人)几乎必然是程序员自己。

左值(lvalue) 在赋值操作符左侧出现的值。换言之，左值是可以向其赋值的一个东西。变量是左值，字面值则不是。其他左值还有数组成员、大多数类数据成员(必须是普通变量，不能是数组名)以及完全解引用的指针。和数组成员相反，数组名称之所以不是左值，是因为它们是常量。

作用域 变量在程序中可见的区域。局部变量具有局部作用域，意味着在代码块或函数中修改变量在函数外部没有效果。所以，每个函数都可以它自己的局部变量 i(举个例子)，不影响其他函数中的 i。作用域也可由命名空间和类定义；在这种情况下，作用域操作符(::)使符号在它的原始命名空间外部也可见。